Lineare Algebra

Jochen Balla

Lineare Algebra

leicht gemacht!

Springer Spektrum

Jochen Balla
Bochum - University of Applied Sciences
Hattingen, Deutschland

ISBN 978-3-662-67666-0 ISBN 978-3-662-67667-7 (eBook)
https://doi.org/10.1007/978-3-662-67667-7

Die Deutsche Nationalbibliothek verzeichnet diese Publikation in der Deutschen Nationalbibliografie; detaillierte bibliografische Daten sind im Internet über http://dnb.d-nb.de abrufbar.

Springer Spektrum

Springer Spektrum ist ein Imprint der eingetragenen Gesellschaft Springer-Verlag GmbH, DE und ist ein Teil von Springer Nature.
Die Anschrift der Gesellschaft ist: Heidelberger Platz 3, 14197 Berlin, Germany

Vorwort

Die Lineare Algebra ist neben der Analysis das zweite wichtige Grundgebiet der Mathematik. Die Objekte der linearen Algebra sind Vektoren und Matrizen, mit denen sich Abbildungen von Vektoren beschreiben lassen. Zwei- und dreidimensionale Vektoren besitzen eine unmittelbare geometrische Bedeutung und sind daher in Naturwissenschaft und Technik allgegenwärtig. Aber auch höherdimensionale Vektoren sind, beispielsweise im Zusammenhang mit linearen Gleichungssystemen, nützliche und oft verwendete Werkzeuge.

Die Notation ist in der Mathematik oft von grundlegender Bedeutung und für die Lineare Algebra gilt dies in besonderem Maß. Ich habe mich bemüht, sie einfach und doch möglichst klar zu gestalten – einen in allen Einzelheiten eindeutigen Standard gibt es diesbezüglich nicht.

Zielsetzung dieses Buchs Dieses Buch bietet eine – wie ich hoffe – leicht lesbare Darstellung der Linearen Algebra. Es ist gedacht für Studierende der Natur- und Ingenieurwissenschaften, aber auch der Wirtschaftswissenschaften und anderer Fachrichtungen, in denen die Methoden der linearen Algebra eine Rolle spielen. Und natürlich sollte es auch Studierenden der Mathematik als Einführung gute Dienste leisten. Die Darstellung erfolgt anwendungsorientiert und mit vielen Beispielen, enthält aber ebenso die notwendigen theoretischen Grundlagen. Der Inhalt lässt sich wie folgt umreißen:

- Der **Vektor** wird als Element eines zugrunde liegenden Vektorraums definiert. Diese Definition schließt das wichtige Beispiel der **Ortsvektoren** ein und ist gleichzeitig der Schlüssel zum allgemeinen Begriff des Vektors. Weitere Grundbegriffe sind die **lineare Unabhängigkeit** von Vektoren, die **Basis** eines Vektorraums und die **Koordinaten** der Vektoren. Dabei lernen wir das **Gauß-Schema** als ein Standardrechenverfahren der linearen Algebra kennen.
- **Lineare Abbildungen** von Vektoren können durch **Matrizen** beschrieben werden. Die Eigenschaften der Abbildungen spiegeln sich in entsprechenden Eigenschaften der Matrizen wieder. Wir lernen in diesem Zusammenhang das Rechnen

mit Matrizen kennen, insbesondere ihre Multiplikation und die **Inversion von Matrizen**.

- In vielen Anwendungen ist es erforderlich, zwischen „Bezugssystemen“ wechseln zu können, gleichbedeutend mit einer **Basistransformation**. Ihre Beschreibung durch Matrizen erlaubt es, die Zusammenhänge einfach wiederzugeben. Wir können nun zwischen aktiven und passiven Drehungen unterscheiden und sie auch kombinieren.
- **Determinanten** besitzen viele Anwendungen. Der Blick auf ihren theoretischen Hintergrund erlaubt es, die Sarrus-Regel begründen zu können und weitere nützliche Formeln zu gewinnen.
- Lineare Abbildungen können **Eigenwerte** und **Eigenvektoren** besitzen. Ihre Kenntnis erlaubt einen Einblick in das Wesen der Abbildung, so ist beispielsweise die Drehachse einer dreidimensionalen Drehung gleichbedeutend mit einem Eigenraum.
- In **euklidischen Vektorräumen** kann „gemessen“ werden, d. h., die Länge von Vektoren und der Winkel zwischen Vektoren können definiert werden. Im gewöhnlichen R3 entspricht dies den geometrischen Verhältnissen. Daraus ergeben sich naturgemäß unzählige Anwendungen der **analytischen Geometrie**, Ebenen und Geraden können analysiert werden, gegenseitige Abstände können berechnet werden usw.

Hilfestellungen Lineare Algebra „leicht gemacht“ ist leicht gesagt. Aber tatsächlich gibt dir das Buch eine Reihe zusätzlicher Hilfestellungen, die sich in grauen Boxen wie der folgenden finden:

- Zu Beginn eines jeden Kapitels wird erläutert, in welchen Zusammenhängen die Inhalte bedeutsam sind.
- Der Text wird durch zahlreiche **Lesehilfen** ergänzt, die Begriffe, Schreibweisen, Hintergründe erläutern und dir über problematische Stellen hinweghelfen.
- Der Text enthält **Zwischenfragen** (und etwas verzögert auch die **Antworten**), die dich zum Hinterfragen des Gelesenen anregen und das Verständnis prüfen und vertiefen.
- Am Ende eines jeden Kapitels erlaubt **„Das Wichtigste in Kürze“** eine Rekapitulation der Inhalte, ergänzt durch eine kleine **Formelsammlung**. Verstehst du genau, was hier steht, und kannst du jede Formel erklären, so hast du das Kapitel gut verinnerlicht.

Darüber hinaus ist jedes Kapitel mit **Übungsaufgaben** versehen. Sie zielen auf das Vertiefen des Verständnisses und auch auf das Training der Rechentechniken ab. Die ausführlichen **Lösungen** erlauben dir eine unmittelbare Selbstkontrolle.

Literatur Es gibt viele gute Bücher, die ein vertiefendes Studium der Linearen Algebra erlauben. Mit der hier vorliegenden „Einführung" in das Thema solltest du mit jedem weiterführenden Buch zurechtkommen.

Abschließend ein Hinweis in eigener Sache: Die *Lineare Algebra* ist das vierte Buch der kleinen „leicht gemacht"-Reihe bei Springer Spektrum, neben der *Differenzialrechnung*, der *Integralrechnung* und den *Gewöhnlichen Differenzialgleichungen.*

Ich wünsche dir viel Erfolg im Studium und würde mich freuen, wenn dieses Buch einen Beitrag dazu leisten kann :-)

April 2023 Jochen Balla

Inhaltsverzeichnis

1 Vektorräume

Der *Vektor* ist der Grundbegriff der linearen Algebra. Seine ursprünglich geometrische Bedeutung als Ortsvektor, also als Verbindungspfeil zu einem Punkt in der Ebene oder im Raum, findet sich in der Schreibweise $\vec{x}$ für einen Vektor x wieder. Ortsvektoren lassen sich auf anschauliche Weise addieren und mit einer Zahl multiplizieren. Daraus ergibt sich die Idee für den allgemeinen Begriff eines Vektors: Vektoren sind Objekte, für die sich analoge lineare Operationen finden lassen. Sie sind Elemente eines entsprechenden *Vektorraums*, in dem die Rechenregeln und Eigenschaften enthalten sind.

Ein wichtiges Beispiel für Vektoren sind die n-Tupel. Für $n = 2, 3$ lassen sich die Ortsvektoren in ihnen wiederfinden, aber auch für $n > 3$ sind sie etwa für die Lösung von linearen Gleichungssystemen von zentraler Bedeutung.

Wozu dieses Kapitel im Einzelnen

- Der Vektor ist der Grundbegriff der linearen Algebra. Wir wollen genau wissen, was man mit Vektoren machen darf, und sind dann bei den linearen Operationen.
- Es gibt Gruppen, es gibt Körper, es gibt Skalare. Diese Begriffe spielen bei Vektorräumen eine Rolle und wir werden sehen, wie sie hier zusammenhängen.
- Der Vektorraum ist der Raum, in dem sich die Vektoren befinden. Er kann Unterräume besitzen, zu denen man in Anwendungen oft von alleine gelangt. Wir wollen daher sehen, was einen Unterraum ausmacht.

J. Balla, *Lineare Algebra*, https://doi.org/10.1007/978-3-662-67667-7_1

1.1 Ortsvektoren

Wir geben in der Ebene oder im Raum einen festen Anfangspunkt O vor. Jedem Punkt X kann dann eindeutig der von O nach X weisende Pfeil zugeordnet werden. Diesen Pfeil nennt man den *Ortsvektor von X (bezüglich des Anfangspunkts O)* und wir wollen diesen Vektor zur Unterscheidung von Zahlen mit dem fettgedruckten Buchstaben $\boldsymbol{x}$ bezeichnen.[1]

Lesehilfe
In Büchern bzw. in mit dem Computer erstellten Texten ist es allgemein üblich, Vektoren durch fettgedruckte Buchstaben kenntlich zu machen. Handschriftlich erreichst du dies am einfachsten durch Unterstreichen, also $\boldsymbol{x} = \underline{x}$. Aber du kannst auch bei der Schreibweise $\vec{x}$ bleiben, wie du sie vielleicht aus der Schule kennst.

Ortsvektoren können addiert werden: Ist $\boldsymbol{y}$ ein zweiter Ortsvektor, so ist der Summenvektor $\boldsymbol{x} + \boldsymbol{y}$ gleich dem Diagonalpfeil in dem durch die beiden Vektoren aufgespannten Parallelogramm und ergibt einen weiteren Ortsvektor, siehe Abb. 1.1. Diese Addition ist offenbar kommutativ, d. h., es gilt

$$\boldsymbol{x} + \boldsymbol{y} = \boldsymbol{y} + \boldsymbol{x}. \tag{1.1}$$

Durch einfache geometrische Überlegungen lässt sich darüber hinaus sehen, dass die Addition dem Assoziativgesetz genügt, d. h., dass mit einem dritten Ortsvektor $\boldsymbol{z}$ gilt

$$(\boldsymbol{x} + \boldsymbol{y}) + \boldsymbol{z} = \boldsymbol{x} + (\boldsymbol{y} + \boldsymbol{z}) = \boldsymbol{x} + \boldsymbol{y} + \boldsymbol{z}. \tag{1.2}$$

Lesehilfe
Aufgrund des Assoziativgesetzes sind bei Vektorsummen keine Klammern notwendig. Geometrisch kann eine Summe $\boldsymbol{x} + \boldsymbol{y} + \boldsymbol{z} + \ldots$ leicht ausgeführt werden, indem die Vektorpfeile aneinandergehängt werden.

Das neutrale Element der Addition ist der *Nullvektor* $\boldsymbol{0}$, also der zu einem Punkt entartete Ortsvektor des Anfangspunkts O selbst, mit der Eigenschaft

$$\boldsymbol{x} + \boldsymbol{0} = \boldsymbol{x}. \tag{1.3}$$

[1] In alten Büchern werden Vektoren oft mit Frakturbuchstaben bezeichnet, also etwa $\mathfrak{x}$, $\mathfrak{y}$, $\mathfrak{z}$ anstelle von $\boldsymbol{x}, \boldsymbol{y}, \boldsymbol{z}$.

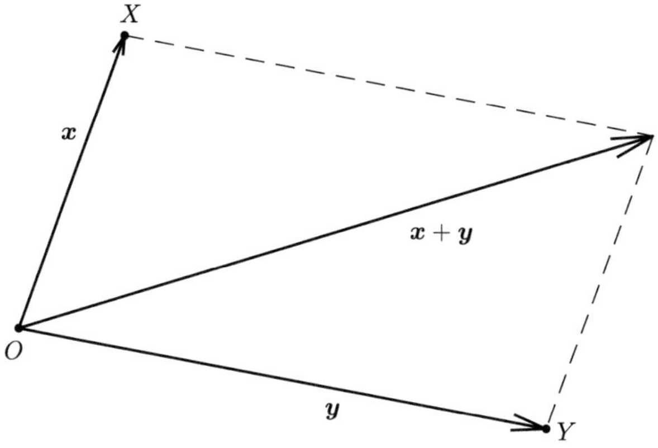

Abb. 1.1 Der Ortsvektor $\boldsymbol{x}$ eines Punkts X bezüglich des Anfangspunkts O entspricht dem Pfeil von O nach X. Die Addition zweier Vektoren $\boldsymbol{x}$ und $\boldsymbol{y}$ erfolgt nach der Parallelogrammregel: Die beiden Vektoren spannen ein Parallelogramm auf und der Summenvektor entspricht dem im Anfangspunkt O beginnenden diagonalen Pfeil in diesem Parallelogramm. Die Addition kann auch erfolgen, indem die Vektorpfeile von $\boldsymbol{x}$ und $\boldsymbol{y}$ aneinandergehängt werden

Das inverse Element zum Ortsvektor $\boldsymbol{x}$ ist der zu $\boldsymbol{x}$ entgegengesetzt orientierte Pfeil $-\boldsymbol{x}$. Es ist also

$$\boldsymbol{x} + (-\boldsymbol{x}) = \boldsymbol{0}. \tag{1.4}$$

Die obenstehenden Eigenschaften lassen sich wie folgt zusammenfassen:

Satz 1.1 *Die Ortsvektoren bilden bezüglich der Addition eine kommutative Gruppe.*

Ortsvektoren können darüber hinaus mit einer Zahl a multipliziert werden: $a\boldsymbol{x}$ ist der Vektor mit der $|a|$-fachen Länge von $\boldsymbol{x}$, wobei seine Orientierung für $a > 0$ mit der von $\boldsymbol{x}$ übereinstimmt und ihr für $a < 0$ entgegengesetzt ist. Für diese Multiplikation gilt (b sei eine weitere Zahl):

$$\begin{aligned} (ab)\boldsymbol{x} &= a(b\boldsymbol{x}) \\ a(\boldsymbol{x} + \boldsymbol{y}) &= a\boldsymbol{x} + a\boldsymbol{y} \\ (a + b)\boldsymbol{x} &= a\boldsymbol{x} + b\boldsymbol{x}. \end{aligned} \tag{1.5}$$

Die Rechenregeln für die Zahlen, die man zur Unterscheidung von den Vektoren als *Skalare* bezeichnet, ergeben sich aus den Eigenschaften ihres Zahlenkörpers. Bei den Ortsvektoren haben wir es mit den reellen Zahlen und dem Körper $\mathbb{R}$ zu tun.

1.2 Definition des Vektorraums

Die obigen Eigenschaften von Ortsvektoren erweitern wir nun zum allgemeinen Begriff eines Vektorraums:

Definition 1.1 *Ein* Vektorraum *besteht aus einer additiv geschriebenen kommutativen Gruppe V, deren Elemente* Vektoren *genannt werden, einem kommutativen Skalarenkörper $\mathbb{K}$ und einer Multiplikation, die jedem $a \in \mathbb{K}$ und $\boldsymbol{x} \in V$ eindeutig einen Vektor $a\boldsymbol{x} \in V$ zuordnet und für die gilt ($a, b \in \mathbb{K}$; $\boldsymbol{x}, \boldsymbol{y} \in V$):*

$$
\begin{aligned}
&(1) \quad (ab)\boldsymbol{x} = a(b\boldsymbol{x}) && \textit{(Assoziativität)}\\
&(2) \quad a(\boldsymbol{x} + \boldsymbol{y}) = a\boldsymbol{x} + a\boldsymbol{y} &&\\
& \quad (a + b)\boldsymbol{x} = a\boldsymbol{x} + b\boldsymbol{x} && \textit{(Distributivität)}\\
&(3) \quad 1\boldsymbol{x} = \boldsymbol{x}.
\end{aligned}
$$

In der Gruppeneigenschaft ist insbesondere die *Abgeschlossenheit* enthalten, d. h., dass die Summe zweier Vektoren aus V wieder einen Vektor in V ergibt. Bei dem Skalarenkörper $\mathbb{K}$ handelt es sich in der Regel um den Körper $\mathbb{R}$ und wir sprechen dann von *reellen Vektorräumen*. Da in Anwendungen manchmal auch die komplexen Zahlen $\mathbb{C}$ von Interesse sind, verwenden wir für den Skalarenkörper die allgemeine Bezeichnung $\mathbb{K}$.

Lesehilfe
In diesem Buch bleiben wir durchgehend bei reellen Zahlen, lass dich daher von dem $\mathbb{K}$ nicht irritieren. Aber Vektorräume funktionieren eben auch mit anderen Skalarenkörpern.

Bei den Vektoren kann es sich um unterschiedliche Objekte handeln: Natürlich sind die Ortsvektoren Vektoren, aber auch Funktionen können Vektoren sein, Zahlen, Zahlentupel usw. Die Frage „Was ist ein Vektor?" ist abstrakt zu beantworten mit: „Ein Vektor ist ein Element eines Vektorraums." Für Vektoren müssen daher eine Addition und eine Multiplikation mit einem Skalar definiert sein. Diese charakteristischen Operationen eines Vektorraums, also die

- Vektoraddition und die
- Multiplikation der Vektoren mit Skalaren

werden als die *linearen Operationen* bezeichnet und ein Vektorraum wird auch *linearer Raum* genannt.

Satz 1.2 *Für beliebige Vektoren $\boldsymbol{x}$ und Skalare c gilt $0\boldsymbol{x} = \boldsymbol{0}$ und $c\boldsymbol{0} = \boldsymbol{0}$. Aus $c\boldsymbol{x} = \boldsymbol{0}$ folgt $c = 0$ oder $\boldsymbol{x} = \boldsymbol{0}$. Des Weiteren ist $(-1)\boldsymbol{x} = -\boldsymbol{x}$.*

Beweis Aus der Distributivität folgt

$$\begin{aligned} 0\boldsymbol{x} + 0\boldsymbol{x} &= (0+0)\boldsymbol{x} = 0\boldsymbol{x} \quad &\Rightarrow \quad 0\boldsymbol{x} = \boldsymbol{0} \\ c\boldsymbol{0} + c\boldsymbol{0} &= c(\boldsymbol{0}+\boldsymbol{0}) = c\boldsymbol{0} \quad &\Rightarrow \quad c\boldsymbol{0} = \boldsymbol{0}. \end{aligned}$$

Es sei nun $c\boldsymbol{x} = \boldsymbol{0}$ und $c \neq 0$. Aus $1\boldsymbol{x} = \boldsymbol{x}$ erhält man dann

$$\boldsymbol{x} = 1\boldsymbol{x} = c^{-1}c\boldsymbol{x} = c^{-1}\boldsymbol{0} = \boldsymbol{0}.$$

Schließlich ist

$$\boldsymbol{x} + (-1)\boldsymbol{x} = 1\boldsymbol{x} + (-1)\boldsymbol{x} = (1-1)\boldsymbol{x} = 0\boldsymbol{x} = \boldsymbol{0}$$

und daher $(-1)\boldsymbol{x} = -\boldsymbol{x}$. •

Lesehilfe
Die Gleichung $(-1)\boldsymbol{x} = -\boldsymbol{x}$ sieht „selbstverständlich" aus. Hier steht, dass die Multiplikation von $\boldsymbol{x}$ mit der Zahl -1 gleich dem inversen Element von $\boldsymbol{x}$ bezüglich der Vektoraddition ist. Man muss das zunächst unterscheiden und der Satz besagt, dass es eben doch gleich ist, sodass ein Minuszeichen vor dem $\boldsymbol{x}$ beides bedeuten kann und eine Unterscheidung nicht notwendig ist.

Des Weiteren siehst du im Beweis, dass die vielleicht etwas eigenartige Forderung von $1\boldsymbol{x} = \boldsymbol{x}$ aus Definition 1.1 notwendig ist. Sie stellt also ein „normales" Verhalten im Vektorraum sicher.

Beispiele für reelle Vektorräume
(1) Die Ortsvektoren in der Ebene oder im Raum bezüglich eines festen Anfangspunkts bilden einen reellen Vektorraum.

(2) Die Menge F sei die Menge aller auf einem reellen Intervall $[a,b]$ definierten Funktionen $f : [a,b] \to \mathbb{R}$. Für $f, g \in F$ definiert man $f + g$ für alle $t \in [a,b]$ durch

$$(f+g)(t) := f(t) + g(t) \tag{1.6}$$

und cf für $c \in \mathbb{R}$ durch

$$(cf)(t) := c(f(t)). \tag{1.7}$$

Mit diesen linearen Operationen ist F ein reeller Vektorraum. Der Nullvektor ist die auf $[a,b]$ identisch verschwindende Funktion n, d. h., $n(t) = 0$ für alle $t \in [a,b]$.

Lesehilfe
Funktionenräume spielen in vielen Bereichen der höheren Mathematik eine wichtige Rolle. Auch wenn sie in der linearen Algebra für uns nicht in der ersten Reihe stehen, sehen wir uns daher auch entsprechende Beispiele an. Sofern du mit den Funktionenbegriffen nicht vertraut bist, kannst du diese Beispiele einfach überlesen.

Zwischenfrage (1)
Bilden auch die stetigen Funktionen $f_c : [a, b] \to \mathbb{R}$ mit den obigen linearen Operationen einen reellen Vektorraum? Und wie sieht es mit den nichtnegativen Funktionen $f_+ : [a, b] \to \mathbb{R}_+$ aus?

1.3 Beispiel: n-Tupel

Wegen ihrer großen praktischen Bedeutung wollen wir die n-Tupel als weiteres Beispiel für Vektorräume ausführlich besprechen: Ein n-Tupel besteht aus n Zahlen $x_1, \ldots, x_n \in \mathbb{K}$, $n \geq 1$. Der aus ihnen bestehende Vektor kann liegend geschrieben werden, $(x_1, \ldots, x_n)$, oder aufrecht, $\begin{pmatrix} x_1 \\ \vdots \\ x_n \end{pmatrix}$. Die Menge der n-Tupel wird mit $\mathbb{K}^n$ bezeichnet.

Lesehilfe
Das kleinste Tupel, ein 1-Tupel, ist nur eine Zahl. Zwar lassen sich Zahlen als Vektoren auffassen, man schränkt sie aber damit nur ein.

Lineare Operationen
Für $\boldsymbol{x} = (x_1, \ldots, x_n)$, $\boldsymbol{y} = (y_1, \ldots, y_n)$ und $a \in \mathbb{K}$ setzt man

$$\begin{aligned} \boldsymbol{x} + \boldsymbol{y} &:= (x_1 + y_1, \ldots, x_n + y_n) \quad &&\text{(komponentenweise Addition)} \\ a\boldsymbol{x} &:= (ax_1, \ldots, ax_n) \quad &&\text{(komponentenweise Multiplikation).} \end{aligned} \tag{1.8}$$

Es ist also z. B.

$$(1, 2, 3) + (-2, 4, -10) = (-1, 6, -7) \quad \text{und} \quad -2(1, 2, -3) = (-2, -4, 6).$$

Mit diesen linearen Operationen ist $\mathbb{K}^n$ ein Vektorraum. Der Nullvektor ist $\mathbf{0} = (0, \ldots, 0)$.

In den meisten Fällen wird man es mit reellen n-Tupeln, also dem reellen Vektorraum $\mathbb{R}^n$ zu tun haben.

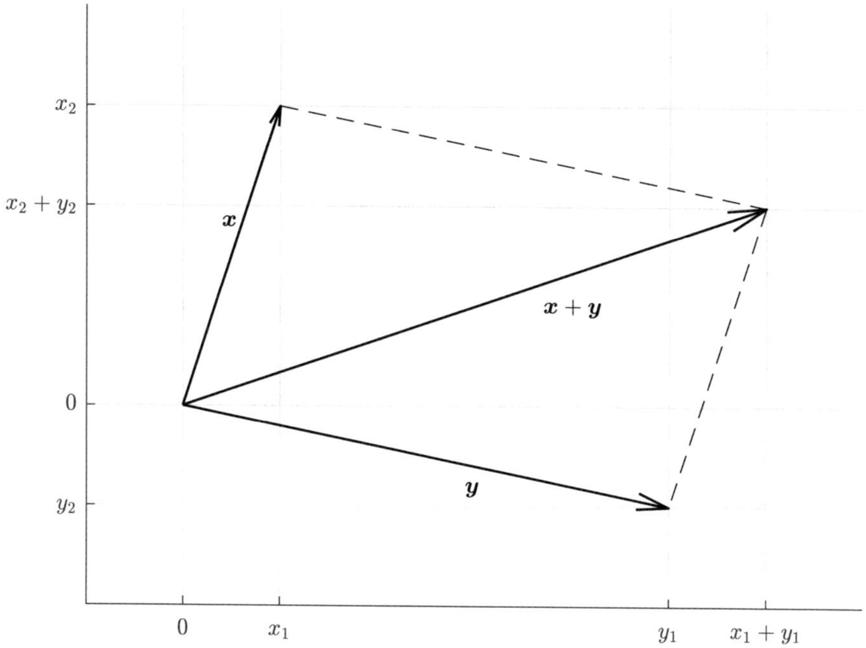

Abb. 1.2 Die Komponenten eines 2-Tupels (x_1, x_2) werden als Koordinaten eines Punkts in einem Koordinatensystem aufgefasst. Der Vektor (x_1, x_2) wird durch den Pfeil vom Ursprung zum Punkt (x_1, x_2) dargestellt. Die Addition mit einem zweiten Vektor (y_1, y_2) erfolgt wie bei der Parallelogrammregel

Graphische Darstellung von reellen 2- und 3-Tupeln

Reelle 2-Tupel können graphisch dargestellt werden, indem man sie als die Koordinaten eines Punkts in einem ebenen Koordinatensystem auffasst. Ein Tupel (x_1, x_2) wird dann durch den Pfeil vom Ursprung des Koordinatensystems zum Punkt (x_1, x_2) dargestellt, siehe Abb. 1.2. Analog lassen sich reelle 3-Tupel (x_1, x_2, x_3) in einem räumlichen Koordinatensystem darstellen. Die Pfeildarstellungen der Tupel entsprechen somit den Ortsvektoren der Ebene (des Raums), deren Anfangspunkt im Ursprung des Koordinatensystems liegt, und die linearen Operationen (1.8) ergeben dasselbe Ergebnis, wie es sich auch aus der Parallelogrammregel und der Multiplikation eines Ortsvektors mit einem Skalar ergibt, siehe Abb. 1.2.[2]

Für n-Tupel mit $n \geq 4$ ist naturgemäß keine graphische Darstellung mehr möglich.

[2] Es ist dabei nicht notwendig, ein kartesisches Koordinatensystem zur Darstellung der Tupel zu verwenden. Schiefe Achsen mit unterschiedlichen Maßstäben funktionieren ebenso.

Antwort auf Zwischenfrage (1)
Gefragt war, ob die stetigen oder die nichtnegativen Funktionen einen Vektorraum bilden.

Die Vektoren eines Vektorraums müssen eine Gruppe bilden: Die Nullfunktion ist stetig (somit gibt es das neutrale Element), die Summe zweier stetiger Funktionen ist wieder stetig (Abgeschlossenheit) usw. Des Weiteren ändert auch die Multiplikation mit einem Skalar nichts an der Stetigkeit. Die stetigen Funktionen bilden einen Vektorraum.

Nun zu den nichtnegativen Funktionen: Zwar ist darin auch die Nullfunktion enthalten, aber es gibt bezüglich der Vektorraddition keine inversen Elemente. Auch erhält man bei der Multiplikation einer nichtnegativen Funktion mit einem negativen Skalar nicht wieder eine nichtnegative Funktion. Die nichtnegativen Funktionen bilden somit keinen Vektorraum.

1.4 Unterräume

Teilmengen eines Vektorraums können selbst wieder Vektorräume sein:

Definition 1.2 *Eine Teilmenge U eines Vektorraums V heißt ein* Unterraum von V, *wenn sie selbst ein Vektorraum ist.*

Lesehilfe
Wir erinnern an Schreibweisen für Mengen: U ist eine Teilmenge von V ist gleichbedeutend mit $U \subseteq V$, die leere Menge schreibt man als $\emptyset$ oder auch $\{\}$, der Durchschnitt zweier Mengen U_1 und U_2 ist $U_1 \cap U_2$ und ihre Vereinigung $U_1 \cup U_2$.

In einem Unterraum U werden natürlich dieselben linearen Operationen wie in V verwendet. Um herauszufinden, ob es sich bei einer gegebenen Teilmenge um einen Unterraum handelt, ist nicht notwendig, sämtliche Eigenschaften des Vektorraums zu prüfen:

Satz 1.3 *Eine nichtleere Teilmenge U eines Vektorraums V ist genau dann ein Unterraum von V, wenn sie gegenüber den linearen Operationen abgeschlossen ist.*

Beweis „$\Rightarrow$“ folgt aus der Definition des Unterraums.

„$\Leftarrow$“: Zu zeigen ist, dass das neutrale Element und das inverse Element in U liegen. Wegen $U \neq \emptyset$ gibt es ein $\boldsymbol{x} \in U$. Aus der Abgeschlossenheit folgt dann $0\boldsymbol{x} = \boldsymbol{0} \in U$ und $(-1)\boldsymbol{x} = -\boldsymbol{x} \in U$. •

Bei einem Unterraum dürfen also die linearen Operationen nicht aus der Menge herausführen, d. h., für alle $\boldsymbol{x}, \boldsymbol{y} \in U$ und $a \in \mathbb{K}$ müssen auch $\boldsymbol{x} + \boldsymbol{y}$ und $a\boldsymbol{x}$ in U liegen. Wir halten darüber hinaus noch einmal fest, dass *jeder Unterraum den Nullvektor enthält.*

Satz 1.4 *Der Durchschnitt beliebig vieler Unterräume eines Vektorraums ist selbst wieder ein Unterraum.*

Beweis Es sei I eine beliebige Indexmenge und $U_i, i \in I$, seien Unterräume eines Vektorraums. Ihr Durchschnitt ist $D = \bigcap\{U_i \mid i \in I\}$. Aus $\boldsymbol{x}, \boldsymbol{y} \in D$ folgt $\boldsymbol{x}, \boldsymbol{y} \in U_i$ für alle $i \in I$. Wegen der Abgeschlossenheit der Unterräume gilt dann auch $\boldsymbol{x} + \boldsymbol{y} \in U_i$ für alle $i \in I$ und somit $\boldsymbol{x} + \boldsymbol{y} \in D$. Analog gilt für $a \in \mathbb{K}$ auch $a\boldsymbol{x} \in D$. Des Weiteren ist notwendig $\boldsymbol{0} \in D$ und daher $D \neq \emptyset$. Nach Satz 1.3 ist D somit ein Unterraum. •

Lesehilfe zum Beweis
Der Durchschnitt $U_1 \cap U_2 \cap \ldots \cap U_k$ ist ein Durchschnitt von k Mengen. Man kann ihn auch schreiben als $\bigcap\{U_i \mid i \in \{1, \ldots, k\}\}$ mit der endlichen Indexmenge $\{1, \ldots, k\}$. Im obigen Beweis ist nun eine beliebige Indexmenge erlaubt, d. h., es sind auch Durchschnitte unendlich vieler Mengen U_i eingeschlossen.

Zwischenfrage (2)
Jemand sagt: „Was ein Durchschnitt von Mengen kann, kann ihre Vereinigung erst recht. Daher ist die Vereinigung von Unterräumen natürlich auch wieder ein Unterraum.“ Hat er recht?

Beispiele
(1) Der *Nullraum*, das heißt die Menge $\{\boldsymbol{0}\}$, ist ein Unterraum des Vektorraums V. Er ist offenbar der kleinste Unterraum von V. Auch V selbst ist ein Unterraum.

Lesehilfe
Es ist $V \subseteq V$, d. h., V ist eine Teilmenge von sich selbst (allerdings keine echte Teilmenge). Insofern ist V Unterraum von sich selbst. Wenn man also sagt „Für jeden Unterraum von V gilt ...“, so gilt dies auch für V.

(2) Wir betrachten den reellen Vektorraum der Ortsvektoren im Raum bezüglich des Anfangspunkts O. Es sei E eine Ebene, die den Anfangspunkt O enthält. Die Ortsvektoren, die zu den Punkten von E gehören, bilden dann einen Unterraum. Denn

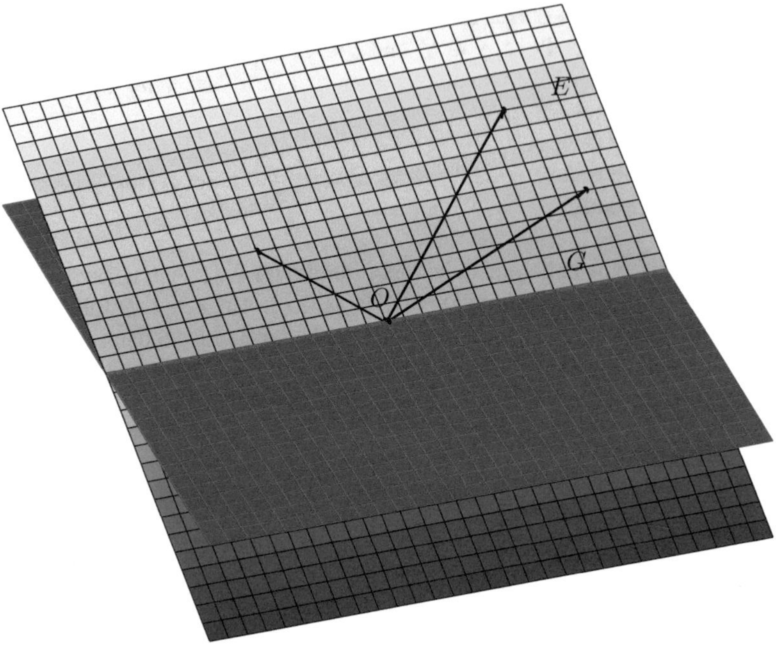

Abb. 1.3 Die Ebene E enthalte den Anfangspunkt O. Die Ortsvektoren, die zu den Punkten von E führen, bilden einen Unterraum des Vektorraums der räumlichen Ortsvektoren. Betrachtet man zusätzlich eine zweite Ebene, so erhält man als Durchschnitt der beiden Ebenen eine Gerade G durch den Anfangspunkt O, die ebenfalls ein Unterraum der räumlichen Ortsvektoren ist

wie man sich leicht klarmacht, ist eine solche Ursprungsebene abgeschlossen gegenüber den linearen Operationen. Ebenso verhält es sich mit einer Gerade G durch den Anfangspunkt: Die zu ihren Punkten gehörenden Ortsvektoren bilden ebenfalls einen Unterraum, siehe Abb. 1.3. Die Ebenen und Geraden, die den Anfangspunkt enthalten, und der Nullraum sind die einzigen Unterräume des Raums.

Lesehilfe
Machen wir uns das noch einmal klar: Addiert man zwei Ortsvektoren einer Ebene, so erhält man wieder einen Ortsvektor, der in der Ebene liegt. Ebenso verhält es sich mit dem Vielfachen eines Ortsvektors. Dabei darf die Ebene nicht beschränkt sein, etwa auf einen Kreis um den Ursprung: Dann führte etwa ein geeignetes Vielfaches eines Vektors im Kreis aus dem Kreis heraus. Analog verhält es sich mit einer Gerade.

Der Schnitt zweier Ebenen durch den Anfangspunkt bildet i. Allg. eine Gerade. Sie ist als Durchschnitt zweier Unterräume wieder Unterraum. Der Schnitt dreier solcher Ebenen ergibt i. Allg. nur den Anfangspunkt, also den Nullraum und damit erneut einen Unterraum.

(3) Die Menge aller n-Tupel der Form $(0, x_2, \ldots, x_n)$ mit $x_2, \ldots, x_n \in \mathbb{K}$ bildet einen Unterraum des $\mathbb{K}^n$. Für die n-Tupel der Form $(c, x_2, \ldots, x_n)$ mit $c \neq 0$ ist dies jedoch nicht der Fall, weil sie nicht den Nullvektor enthalten.

(4) Im Raum F aller Funktionen $f : [a, b] \to \mathbb{R}$ bilden die Teilmengen der integrierbaren, der stetigen, der differenzierbaren Funktionen jeweils einen Unterraum. Auch ist die Menge der Polynome ein Unterraum von F. In der angegebenen Reihenfolge sind diese Räume darüber hinaus jeweils Unterräume voneinander.

Antwort auf Zwischenfrage (2)
Gefragt war, ob die Vereinigung von Unterräumen auch wieder Unterraum ist.

Nein, das stimmt nicht. Die Abgeschlossenheit ist dann normalerweise nicht mehr gegeben: Addiert man ein Element eines Unterraums zu dem eines anderen Unterraums, erhält man i. Allg. einen Vektor, der in keinem der beiden Unterräume liegt. Betrachten wir ein Beispiel im $\mathbb{R}^3$: Es sei $U_1 = \{(s, 0, 0) \mid s \in \mathbb{R}\}$ und $U_2 = \{(0, u, 0) \mid u \in \mathbb{R}\}$, beide Mengen sind Unterräume. Die Summe $(1, 0, 0) + (0, 1, 0) = (1, 1, 0)$ liegt aber in keinem der beiden Unteräume und somit auch nicht in der Vereinigung.

Das Wichtigste in Kürze

- **Ortsvektoren** können auf natürliche Weise addiert und mit einer reellen Zahl multipliziert werden.
- Allgemein ist ein **Vektor** ein Element eines **Vektorraums**. In ihm sind die **linearen Operationen** definiert.
- Beispielsweise sind **n-Tupel** Vektoren. 2- und 3-Tupel können auf elementare Weise graphisch dargestellt werden und lassen sich mit den Ortsvektoren der Ebene bzw. des Raums identifizieren.
- Eine Teilmenge eines Vektorraums kann ein **Unterraum** sein. Unterräume besitzen alle Eigenschaften eines Vektorraums und sind insbesondere abgeschlossen gegenüber den linearen Operationen. ◄

Und was bedeuten die Formeln?

$$(\boldsymbol{x} + \boldsymbol{y}) + \boldsymbol{z} = \boldsymbol{x} + (\boldsymbol{y} + \boldsymbol{z}) = \boldsymbol{x} + \boldsymbol{y} + \boldsymbol{z}, \quad \boldsymbol{x} + (-\boldsymbol{x}) = \boldsymbol{0},$$
$$(ab)\boldsymbol{x} = a(b\boldsymbol{x}), \quad a(\boldsymbol{x} + \boldsymbol{y}) = a\boldsymbol{x} + a\boldsymbol{y}, \quad (a + b)\boldsymbol{x} = a\boldsymbol{x} + b\boldsymbol{x},$$
$$\mathbb{K}^n = \{(x_1, \ldots, x_n) \mid x_1, \ldots, x_n \in \mathbb{K}\},$$
$$\boldsymbol{x} + \boldsymbol{y} = (x_1 + y_1, \ldots, x_n + y_n), \quad a\boldsymbol{x} = (ax_1, \ldots, ax_n),$$
$$D = \bigcap\{U_i | i \in I\}.$$

Übungsaufgaben

A1.1 Wir betrachten den Vektorraum der ebenen Ortsvektoren mit dem Anfangspunkt O, der im Ursprung eines gewöhnlichen Koordinatensystems liege. Der Vektor $\boldsymbol{x}$ sei der Ortsvektor des Punkts mit den Koordinaten $(1, 2)$, der Vektor $\boldsymbol{y}$ zeige zum Punkt $(4, 1)$ und $\boldsymbol{z}$ zum Punkt $(-1, 1)$.

Konstruiere graphisch die folgenden Vektoren: $\boldsymbol{x} + \boldsymbol{y} + \boldsymbol{z}$, $-\boldsymbol{x}$, $\boldsymbol{y} - \boldsymbol{x}$, $2\boldsymbol{z} - \frac{1}{2}\boldsymbol{y}$.

A1.2 Im reellen Vektorraum $\mathbb{R}^4$ mit der üblichen komponentenweisen Addition und Multiplikation mit einem Skalar seien die Vektoren $\boldsymbol{x} = (1, 0, -2, -3)$, $\boldsymbol{y} = (5, -1, 2, 5)$, $\boldsymbol{z} = (0, 0, -7, 7)$ gegeben.

Berechne die folgenden Vektoren: $\boldsymbol{x} + \boldsymbol{y} + \boldsymbol{z}$, $-\boldsymbol{x}$, $\boldsymbol{x} - \boldsymbol{y}$, $3\boldsymbol{x}$, $2\boldsymbol{x} - \frac{3}{2}\boldsymbol{z}$.

A1.3 Handelt es sich bei den Mengen

$$U_1 := \{(0, s^2) \mid s \in \mathbb{R}\}$$
$$U_2 := \{(0, s^3) \mid s \in \mathbb{R}\}$$
$$U_3 := \{(s, s^3) \mid s \in \mathbb{R}\}$$

jeweils um einen Unterraum des reellen Vektorraums $\mathbb{R}^2$? Warum (nicht)?

A1.4 Sind die folgenden Aussagen richtig oder falsch? Begründe jeweils deine Antwort.

(I) Der Vektorraum $\mathbb{R}^2$ besitzt unendlich viele verschiedene Unterräume.
(II) Der Vektorraum $\mathbb{R}^3$ besitzt unendlich viele verschiedene Unterräume.
(III) Der Durchschnitt zweier verschiedener echter Unterräume des $\mathbb{R}^2$ ist der Nullraum.
(IV) Der Durchschnitt zweier verschiedener echter Unterräume des $\mathbb{R}^3$ ist der Nullraum.

Basis und Koordinaten

2

Man kann die Gesamtheit aller Vektoren eines Vektorraums erhalten, indem man sie auf bestimmte „Basisvektoren" zurückführt. Eine *Basis*, also eine vollständige Menge von Basisvektoren, erlaubt es, jeden Vektor auf eindeutige Weise als Linearkombination zu erhalten. Ein Vektor kann daher mit den Koeffizienten seiner Linearkombination, seinen *Koordinaten*, identifiziert werden und das Rechnen mit Vektoren kann in endlichdimensionalen Vektorräumen letztlich das (einfache) Rechnen mit n-Tupeln zurückgeführt werden.

Wozu dieses Kapitel im Einzelnen

- Vektoren lassen sich linear kombinieren und erzeugen damit einen ganzen Raum von Vektoren. Linearkombinationen sind für die lineare Algebra von großer Bedeutung.
- Mengen von Vektoren können linear unabhängig sein. Der Begriff der linearen Unabhängigkeit ist grundlegend für eine Basis und wir müssen ihn uns genau ansehen.
- Ein Vektorraum kann zwar unterschiedliche Basen besitzen, aber seine Basen enthalten alle dieselbe Anzahl von Vektoren. Diese Anzahl nennt man die Dimension des Vektorraums. Wir werden sehen, dass sie dem geometrischen Begriff von „zwei-" oder „dreidimensional" entspricht, es aber ohne Weiteres auch höhere Dimensionen gibt.
- Koordinaten verbindet man gewöhnlich mit Koordinatensystemen. Wir werden erkennen, dass ein Koordinatensystem letztlich einer Basis entspricht.

J. Balla, *Lineare Algebra*, https://doi.org/10.1007/978-3-662-67667-7_2

2.1 Erzeugnis und Linearkombinationen

Wir bilden zunächst den allgemeinen Begriff des *Erzeugnisses einer Menge*: Zu einer Teilmenge M des Vektorraums V betrachten wir sämtliche Unterräume U von V, in denen M vollständig enthalten ist. Der Durchschnitt dieser Unterräume ist nach Satz 1.4 selbst wieder Unterraum von V, und zwar der kleinste Unterraum von V, der die Menge M enthält, und man setzt

Definition 2.1 *Die Menge M sei eine Teilmenge des Vektorraums V. Dann nennt man*

$$\langle M \rangle := \bigcap \{U \mid M \subseteq U,\ U \text{ ist Unterraum von } V\}$$

das Erzeugnis der Menge M.

Lesehilfe
Der Begriff des Erzeugnisses, so wie er hier definiert wird, ist sicherlich etwas abstrakt. Wir werden aber gleich sehen, dass er sich letztlich auf Linearkombinationen von Vektoren zurückführen lässt und damit leicht zu fassen ist :-)

Der Unterraum $\langle M \rangle$ wird in diesem Sinn von der Menge M *erzeugt* oder *aufgespannt*. Sofern die Menge M selbst bereits ein Unterraum ist, gilt $\langle M \rangle = M$. Außerdem ist offenbar $\langle \emptyset \rangle = \{\mathbf{0}\} = \langle \mathbf{0} \rangle$.

Zwischenfrage (1)
Warum ist „offenbar“ $\langle \emptyset \rangle = \{\mathbf{0}\} = \langle \mathbf{0} \rangle$?

Auch in einem anderen Sinn kann eine nichtleere Menge von Vektoren andere Vektoren „erzeugen“, nämlich indem man die *Linearkombinationen* ihrer Vektoren betrachtet:

Definition 2.2 *Es seien $\boldsymbol{v}_1, \ldots, \boldsymbol{v}_k$ endlich viele Vektoren eines Vektorraums V und $c_1, \ldots, c_k$ beliebige Skalare. Ein Vektor der Form $c_1 \boldsymbol{v}_1 + \ldots + c_k \boldsymbol{v}_k$ wird dann eine* Linearkombination der Vektoren *$\boldsymbol{v}_1, \ldots, \boldsymbol{v}_k$ genannt.*

Ein Vektor heißt Linearkombination der Menge *M, wenn er eine Linearkombination endlich vieler Vektoren aus M ist.*

Auch bei unendlichen Mengen wird eine Linearkombination also stets aus nur *endlich vielen* Vektoren gebildet.

Lesehilfe
Eine Linearkombination aus unendlich vielen Vektoren wäre eine unendliche Summe mit all ihren Problemen. Man müsste sich beispielsweise nach ihrer Konvergenz fragen. Linearkombinationen sind aber nur endliche Summen und können ganz ohne solche Schwierigkeiten verwendet werden.

Zwischen dem Erzeugnis einer Menge und ihren Linearkombinationen besteht nun der folgende Zusammenhang:

Satz 2.1 *Der von einer nichtleeren Teilmenge M eines Vektorraums aufgespannte Unterraum $\langle M \rangle$ besteht genau aus allen Linearkombinationen von M.*

Beweis Addiert man zwei Linearkombinationen von M oder multipliziert sie mit einem Skalar, so erhält man offenbar wieder eine Linearkombination von M. Wegen Satz 1.3 ist daher die Menge L_M aller Linearkombinationen von M ein Unterraum von V. Jeder Vektor $\boldsymbol{v} \in M$ ist wegen $\boldsymbol{v} = 1\boldsymbol{v}$ auch Linearkombination von M. Daher gilt $M \subseteq L_M$. Da $\langle M \rangle$ der kleinste Unterraum ist, der M enthält, folgt $\langle M \rangle \subseteq L_M$. Andererseits muss $\langle M \rangle$ als Unterraum mit je endlich vielen Vektoren aus M auch jede ihrer Linearkombinationen enthalten, d. h., es gilt umgekehrt $L_M \subseteq \langle M \rangle$. Zusammen ergibt dies $\langle M \rangle = L_M$. •

Wollen wir also das Erzeugnis einer nichtleeren Menge angeben, so müssen wir dazu nur die Menge aller Linearkombinationen bilden.

Antwort auf Zwischenfrage (1)
Gefragt war nach $\langle \emptyset \rangle = \{\mathbf{0}\} = \langle \mathbf{0} \rangle$.

Das Erzeugnis $\langle \emptyset \rangle$ ist nach Definition der Durchschnitt aller Unterräume, die die leere Menge enthalten, also aller Unterräume (denn die leere Menge ist trivialerweise Teil jeder Menge). Jeder Unterraum muss die $\mathbf{0}$ enthalten und der kleinste Unterraum ist der Nullraum $\{\mathbf{0}\}$; dies ist somit auch der Durchschnitt aller Unterräume und haben wir $\langle \emptyset \rangle = \{\mathbf{0}\}$. Das zweite Gleichheitszeichen gilt ebenso.

Beispiele
(1) Im Vektorraum der reellen 3-Tupel besitzt die Menge

$$M = \left\{ \begin{pmatrix} 3 \\ -2 \\ 1 \end{pmatrix}, \begin{pmatrix} 1 \\ 0 \\ -1 \end{pmatrix} \right\}$$

das Erzeugnis

$$\langle M \rangle = \left\{ \boldsymbol{x} \in \mathbb{R}^3 \,\middle|\, \boldsymbol{x} = s \begin{pmatrix} 3 \\ -2 \\ 1 \end{pmatrix} + u \begin{pmatrix} 1 \\ 0 \\ -1 \end{pmatrix};\ s, u \in \mathbb{R} \right\}.$$

Dieses Erzeugnis $\langle M \rangle$ ist die durch die beiden Vektoren aufgespannte Ebene.

Wir prüfen, ob der Vektor $\boldsymbol{x}_1 = \begin{pmatrix} -1 \\ 2 \\ -3 \end{pmatrix}$ in $\langle M \rangle$ enthalten ist: Die Vektorgleichung

$$s \begin{pmatrix} 3 \\ -2 \\ 1 \end{pmatrix} + u \begin{pmatrix} 1 \\ 0 \\ -1 \end{pmatrix} = \boldsymbol{x}_1 = \begin{pmatrix} -1 \\ 2 \\ -3 \end{pmatrix}$$

entspricht dem folgenden linearen Gleichungssystem für die Variablen s und u:

$$\begin{aligned} 3s + u &= -1 \\ -2s \phantom{{}+u} &= 2\,. \\ s - u &= -3 \end{aligned}$$

Ist es lösbar, so gilt $\boldsymbol{x}_1 \in \langle M \rangle$. Aus der zweiten Gleichung folgt $s = -1$. Dies eingesetzt in die dritte Gleichung ergibt $u = 2$. Setzt man nun dieses s und u in die erste Gleichung ein, so ergibt sich eine wahre Aussage. Also gilt $\boldsymbol{x}_1 \in \langle M \rangle$.

Lesehilfe
Hier ist wichtig, dass alle drei Gleichungen erfüllt sein müssen. Zwar lassen sich ein s und u finden, sodass die zweite und dritte Gleichung erfüllt sind. Aber nur dann, wenn sie auch die erste Gleichung erfüllen, haben wir eine Lösung des Gleichungssystems vor uns.

Wie man aus dem obigen Beispiel ersieht, ist andererseits jeder Vektor $\boldsymbol{x}_a = \begin{pmatrix} -a \\ 2 \\ -3 \end{pmatrix}$ mit $a \neq 1$ nicht in $\langle M \rangle$ enthalten.

(2) Wir betrachten die Menge der Sinusfunktionen $\sin_k : x \mapsto \sin(kx)$,

$$M = \{\sin_k \mid k \in \mathbb{N}^*\}. \tag{2.1}$$

Diese Menge ist unendlich, d. h., sie besitzt unendlich viele Elemente. Ihre Linearkombinationen werden gegeben durch die Summen $\sum_{k=1}^{n} c_k \sin_k$ mit beliebigem $n \in \mathbb{N}^*$. Zwar kann n jeden beliebigen Wert annehmen, aber man hat es immer mit endlichen Summen zu tun. Natürlich dürfen die c_k (einzelne oder alle) dabei auch den Wert 0 haben.

2.2 Lineare Unabhängigkeit

Es seien $\boldsymbol{v}_1, \ldots, \boldsymbol{v}_k$ Vektoren eines Vektorraums V. Diese Vektoren spannen einen Unterraum U auf, der aus den Linearkombinationen

$$c_1 \boldsymbol{v}_1 + \ldots + c_k \boldsymbol{v}_k \quad \text{mit } c_1, \ldots, c_k \in \mathbb{K}$$

besteht. Auch der Nullvektor lässt sich als notwendiges Element jedes Unterraums aus einer solchen Linearkombination erhalten: Für ihn gibt es mindestens die *triviale Darstellung*

$$\mathbf{0} = 0\,\boldsymbol{v}_1 + \ldots + 0\,\boldsymbol{v}_k,$$

in der sämtliche Koeffizienten gleich 0 sind. Daneben können aber auch nichttriviale Darstellungen

$$\mathbf{0} = c_1 \boldsymbol{v}_1 + \ldots + c_k \boldsymbol{v}_k \quad \text{mit } c_i \neq 0 \text{ für mindestens ein } i$$

existieren. Man verwendet in diesem Zusammenhang die folgende

Definition 2.3 *Endlich viele Vektoren $\boldsymbol{v}_1, \ldots, \boldsymbol{v}_k$ eines Vektorraums heißen* linear unabhängig, *wenn sie den Nullvektor nur über die triviale Darstellung erzeugen, wenn also aus $c_1 \boldsymbol{v}_1 + \ldots + c_k \boldsymbol{v}_k = \mathbf{0}$ folgt $c_1 = \ldots = c_k = 0$. Andernfalls heißen die Vektoren $\boldsymbol{v}_1, \ldots, \boldsymbol{v}_k$* linear abhängig.

Eine Teilmenge M eines Vektorraums heißt linear unabhängig, *wenn je endlich viele verschiedene Vektoren aus M linear unabhängig sind. Andernfalls heißt die Menge* linear abhängig.

Der zweite Teil der Definition erweitert den Begriff auf unendliche Mengen. Eine Menge linear unabhängiger Vektoren kann offenbar nicht den Nullvektor enthalten, denn es ergäbe sich etwa für $\boldsymbol{v}_1 = \mathbf{0}$ sofort die nichttriviale Darstellung $\mathbf{0} = 1\,\boldsymbol{v}_1 + 0\,\boldsymbol{v}_2 + \ldots + 0\,\boldsymbol{v}_k$.

Lesehilfe

Wir werden sehen, dass die lineare Unabhängigkeit ein zentraler Begriff ist, auch und insbesondere im Zusammenhang mit Basen von Vektorräumen. Ihre Definition enthält die „Rechenvorschrift" zur Prüfung der linearen Unabhängigkeit: Die homogene Gleichung $c_1 \boldsymbol{v}_1 + \ldots + c_k \boldsymbol{v}_k = \mathbf{0}$, bei n-Tupeln gleichbedeutend mit einem homogenen Gleichungssystem von n linearen Gleichungen, muss *eindeutig* lösbar sein. Die Frage lautet also nicht, *ob* die Gleichung lösbar ist (das ist sie mit der trivialen Lösung immer), sondern ob die triviale Lösung die einzige ist.

Schließlich geben wir noch einen Satz an, der für die Prüfung der linearen Unabhängigkeit einer Menge nützlich sein kann:

Satz 2.2 *Eine aus mindestens zwei Vektoren bestehende Teilmenge M eines Vektorraums ist genau dann linear abhängig, wenn sich mindestens ein Vektor $\boldsymbol{v} \in M$ als Linearkombination anderer Vektoren $\boldsymbol{v}_1, \ldots, \boldsymbol{v}_k \in M$ darstellen lässt.*

Beweis „⇒“: M sei linear abhängig. Dann gibt es Vektoren $\boldsymbol{v}_1, \ldots, \boldsymbol{v}_k \in M$, die eine nichttriviale Darstellung $\mathbf{0} = c_1\boldsymbol{v}_1 + \ldots + c_k\boldsymbol{v}_k$ mit $c_i \neq 0$ für mindestens ein i erlauben. Ohne Beschränkung der Allgemeinheit sei $c_1 \neq 0$. Dann folgt $\boldsymbol{v}_1 = -c_1^{-1}c_2\boldsymbol{v}_2 - \ldots - c_1^{-1}c_k\boldsymbol{v}_k$, d. h., $\boldsymbol{v}_1$ kann als Linearkombination von $\boldsymbol{v}_2, \ldots, \boldsymbol{v}_k$ dargestellt werden.

„⇐“: Aus $\boldsymbol{v} = c_1\boldsymbol{v}_1 + \ldots + c_k\boldsymbol{v}_k$ mit verschiedenen Vektoren $\boldsymbol{v}, \boldsymbol{v}_1, \ldots, \boldsymbol{v}_k \in M$ ergibt sich $\mathbf{0} = 1\,\boldsymbol{v} - c_1\boldsymbol{v}_1 - \ldots - c_k\boldsymbol{v}_k$, also eine nichttriviale Darstellung des Nullvektors. •

Beispiele

(1) Die Menge $\{\mathbf{0}\}$ ist linear abhängig, die Menge $\{\boldsymbol{v}\}$ mit $\boldsymbol{v} \neq \mathbf{0}$ ist linear unabhängig. Die Menge $\{\boldsymbol{v}_1, \boldsymbol{v}_2\}$ ist linear unabhängig, wenn $\boldsymbol{v}_2$ kein Vielfaches von $\boldsymbol{v}_1$ ist. Bei bis zu zwei Vektoren erkennt man daher leicht, ob die Menge linear unabhängig ist.

(2) Wir betrachten den Vektorraum $\mathbb{R}^3$ der reellen 3-Tupel und wollen prüfen, ob die Vektoren $\boldsymbol{v}_1, \boldsymbol{v}_2, \boldsymbol{v}_3$ mit

$$\boldsymbol{v}_1 = \begin{pmatrix} 1 \\ 2 \\ -1 \end{pmatrix}, \quad \boldsymbol{v}_2 = \begin{pmatrix} -1 \\ -1 \\ 2 \end{pmatrix}, \quad \boldsymbol{v}_3 = \begin{pmatrix} 3 \\ 0 \\ 7 \end{pmatrix} \tag{2.2}$$

linear unabhängig sind. Wir müssen also herausfinden, ob sich der Nullvektor nur in trivialer Weise aus diesen Vektoren erzeugen lässt. Das ist der Fall, wenn die Gleichung

$$c_1\boldsymbol{v}_1 + c_2\boldsymbol{v}_2 + c_3\boldsymbol{v}_3 = c_1\begin{pmatrix} 1 \\ 2 \\ -1 \end{pmatrix} + c_2\begin{pmatrix} -1 \\ -1 \\ 2 \end{pmatrix} + c_3\begin{pmatrix} 3 \\ 0 \\ 7 \end{pmatrix} = \begin{pmatrix} 0 \\ 0 \\ 0 \end{pmatrix} \tag{2.3}$$

nur durch $c_1 = c_2 = c_3 = 0$ gelöst werden kann. Diese Gleichung entspricht einem linearen Gleichungssystem von drei Gleichungen mit den drei Unbekannten c_1, c_2, c_3,

$$\begin{aligned} c_1 - c_2 + 3c_3 &= 0 \\ 2c_1 - c_2 \phantom{{}+7c_3} &= 0\,, \\ -c_1 + 2c_2 + 7c_3 &= 0 \end{aligned}$$

das wir abgekürzt schreiben wollen als

$$\begin{array}{ccc|c} 1 & -1 & 3 & 0 \\ 2 & -1 & 0 & 0 \\ -1 & 2 & 7 & 0 \end{array}\,. \tag{2.4}$$

Die vollständige Lösung dieses linearen Gleichungssystems ist zu ermitteln. Wir verwenden dazu das Additionsverfahren, wobei wir nach dem *Gauß-Schema*[1] vorgehen und bei den Koeffizienten ein oberes Dreiecksschema erzeugen. Die einzelnen Rechenschritte, also das Wievielfache einer Gleichung jeweils zu einer anderen Gleichung addiert wird, werden dabei angegeben:

$$\begin{array}{ccc|c} 1 & -1 & 3 & 0 \\ 2 & -1 & 0 & 0 \\ -1 & 2 & 7 & 0 \end{array} \begin{array}{cc} (-2) & (1) \\ \downarrow & \\ & \downarrow \end{array} \Leftrightarrow \begin{array}{ccc|c} 1 & -1 & 3 & 0 \\ 0 & 1 & -6 & 0 \\ 0 & 1 & 10 & 0 \end{array} \begin{array}{c} \\ (-1) \\ \downarrow \end{array} \Leftrightarrow \begin{array}{ccc|c} 1 & -1 & 3 & 0 \\ 0 & 1 & -6 & 0 \\ 0 & 0 & 16 & 0 \end{array}\,.$$

Die Lösung kann nun durch *Rückwärtseinsetzen* abgelesen werden: Aus der letzten Zeile ergibt sich $c_3 = 0$, dies eingesetzt in die vorletzte Zeile ergibt dort $c_2 = 0$ und beides zusammen mit der ersten Zeile schließlich auch $c_1 = 0$. Das Gleichungssystem ist somit nur trivial lösbar und die Vektoren $\boldsymbol{v}_1, \boldsymbol{v}_2, \boldsymbol{v}_3$ sind linear unabhängig.

Lesehilfe

Wir haben hier eine Standardrechenaufgabe der linearen Algebra. Die abkürzende Schreibweise für das Gleichungssystem lässt alles Unnötige weg und erleichtert das Aufschreiben und Rechnen; bei Bedarf können die Namen der Unbekannten (hier c_1, c_2, c_3) über die Spalten geschrieben werden.

Bei einem linearen Gleichungssystem wie (2.4) dürfen Zeilen vertauscht werden – was nur einer anderen Reihenfolge der Gleichungen entspricht – und es dürfen Zeilen mit einer Zahl ungleich 0 multipliziert werden.

Beim Additionsverfahren werden nun Vielfache von Zeilen (Gleichungen) zu anderen Zeilen (Gleichungen) addiert. Beim Gauß-Verfahren handelt es sich um eine spezielle Durchführung, die auf ein oberes Dreiecksschema abzielt. Dabei ist *von oben nach unten* vorzugehen: Zunächst ist ggf. durch Vertauschen von Zeilen dafür zu sorgen, dass die erste Zeile an erster Stelle keine 0 aufweist. Anschließend werden durch das Addieren geeigneter Vielfacher der ersten Zeile zu den anderen Zeilen abwärts Nullen in der ersten Spalte erzeugt. Anschließend erzeugt man – ggf. nach Zeilentausch – mit der zweiten Zeile abwärts die Nullen der zweiten Spalte usw.

[1] Benannt nach dem deutschen Mathematiker Carl Friedrich Gauß, 1777–1855.

Zwischenfrage (2)
Jemand sagt: „Die Frage, ob die Vektoren $\boldsymbol{v}_1, \boldsymbol{v}_2, \boldsymbol{v}_3$ linear unabhängig sind, kann doch aufgrund von Satz 2.2 viel einfacher beantwortet werden, indem man prüft, ob sich $\boldsymbol{v}_1$ als Linearkombination von $\boldsymbol{v}_2$ und $\boldsymbol{v}_3$ darstellen lässt.“ Stimmt das?

Umgekehrt ist die Menge $\{\boldsymbol{v}_1, \boldsymbol{v}_2, \boldsymbol{w}\}$ mit $\boldsymbol{w} = \begin{pmatrix} 3 \\ 0 \\ -9 \end{pmatrix}$ nicht linear unabhängig, sondern linear abhängig. Hier ergibt die Lösung des entsprechenden Gleichungssystems

$$\begin{array}{rrr|l} 1 & -1 & 3 & 0 \\ 2 & -1 & 0 & 0 \\ -1 & 2 & -9 & 0 \end{array} \begin{array}{cc} (-2) & (1) \\ \downarrow & \\ & \downarrow \end{array} \quad \begin{array}{c} \\ \Leftrightarrow \\ \\ \end{array} \begin{array}{rrr|l} 1 & -1 & 3 & 0 \\ 0 & 1 & -6 & 0 \\ 0 & 1 & -6 & 0 \end{array} \begin{array}{c} \\ (-1) \\ \downarrow \end{array} \quad \begin{array}{c} \\ \Leftrightarrow \\ \\ \end{array} \begin{array}{rrr|l} 1 & -1 & 3 & 0 \\ 0 & 1 & -6 & 0 \\ 0 & 0 & 0 & 0 \end{array} .$$

Es entsteht hier kein vollständiges oberes Dreiecksschema in den Koeffizienten des Gleichungssystems, sondern eine Nullzeile, die keine Aussage mehr enthält. Das Gleichungssystem ist daher *nicht eindeutig* lösbar, sondern mehrdeutig. Also sind die Vektoren $\boldsymbol{v}_1, \boldsymbol{v}_2, \boldsymbol{w}$ linear abhängig.

Lesehilfe
Ein mehrdeutig lösbares Gleichungssystem besitzt eine Lösungsmenge. Sie kann hier beispielsweise angegeben werden, indem man die zweite Zeile nach c_2 auflöst und das Ergebnis in die erste Zeile einsetzt, die nach c_1 aufgelöst wird:

$$\mathbb{L} = \{(c_1, c_2, c_3) \mid c_2 = 6c_3 \wedge c_1 = 3c_3, c_3 \in \mathbb{R}\}.$$

Der Parameter $c_3 \in \mathbb{R}$ kann beliebig vorgegeben werden und es gibt damit neben der trivialen Lösung unendlich viele weitere Lösungen.

(3) Anhand von Satz 2.2 und mit Hilfe der geometrischen Anschauung macht man sich klar:

- Zwei Ortsvektoren, deren Endpunkte nicht auf derselben Gerade durch den Anfangspunkt liegen, sind linear unabhängig.
- Drei Ortsvektoren der Ebene sind linear abhängig.
- Drei Ortsvektoren des Raums sind linear unabhängig dann, wenn ihre Endpunkte nicht in einer Ebene durch den Anfangspunkt liegen.
- Vier Ortsvektoren des Raums sind linear abhängig.

(4) Die Menge (2.1) der Sinusfunktionen $\sin_k$, $k \in \mathbb{N}^*$, ist linear unabhängig, da eine Linearkombination $\sum_{k=1}^{n} c_k \sin_k$ nur die Nullfunktion ergibt, wenn sämtliche $c_k = 0$ sind.

Antwort auf Zwischenfrage (2)
Gefragt war, ob die Vektoren $\boldsymbol{v}_1, \boldsymbol{v}_2, \boldsymbol{v}_3$ linear unabhängig sind, wenn sich $\boldsymbol{v}_1$ nicht als Linearkombination von $\boldsymbol{v}_2$ und $\boldsymbol{v}_3$ darstellen lässt.

Die Aussage von Satz 2.2 lautet, dass sich in einer linear unabhängigen Menge kein Vektor durch die anderen darstellen lässt. Also $\boldsymbol{v}_1$ nicht durch $\boldsymbol{v}_2$ und $\boldsymbol{v}_3$, $\boldsymbol{v}_2$ nicht durch $\boldsymbol{v}_1$ und $\boldsymbol{v}_3$ und $\boldsymbol{v}_3$ nicht durch $\boldsymbol{v}_1$ und $\boldsymbol{v}_2$. Im Prinzip hätte man also zunächst drei Rechenaufgaben und nicht nur eine.

Tatsächlich sind die Verhältnisse für drei 3-Tupel $\boldsymbol{v}_1, \boldsymbol{v}_2, \boldsymbol{v}_3$ aber einfacher zu überblicken: Man prüft durch Hinsehen, dass kein Vektor ein Vielfaches eines anderen ist, es sind also keine Vektoren kolinear. Die drei Vektoren liegen somit genau dann in einer Ebene und sind linear abhängig, wenn sich einer durch die anderen beiden darstellen lässt. Mit dieser Vorüberlegung reicht es dann tatsächlich aus, zu prüfen, ob sich $\boldsymbol{v}_1$ als Linearkombination von $\boldsymbol{v}_2$ und $\boldsymbol{v}_3$ erhalten lässt. Die Beantwortung der Frage, ob die Gleichung $\boldsymbol{v}_1 = a_2\boldsymbol{v}_2 + a_3\boldsymbol{v}_3$ lösbar ist, verursacht aber letztlich nicht weniger Rechenaufwand als die Lösung von (2.3).

2.3 Basis

Wir kommen nun zu dem für Vektorräume und deren Anwendungen grundlegenden Begriff der *Basis*:

Definition 2.4 *Eine Teilmenge B eines Vektorraums V heißt eine* Basis von V, *wenn B linear unabhängig ist und den ganzen Raum V aufspannt, wenn also gilt* $\langle B \rangle = V$.

Jede linear unabhängige Menge kann Ausgangspunkt einer Basis sein:

Satz 2.3 *Es sei M eine linear unabhängige Teilmenge des Vektorraums V. Dann gibt es eine Basis von V, die M enthält.*

Der **Beweis** erfordert transfinite Methoden der Mengenlehre wie das Zornsche Lemma. Wir führen ihn nicht aus. ○

Mit $M = \emptyset$ folgt aus Satz 2.3, dass *jeder Vektorraum eine Basis besitzt.*

Lesehilfe

In Räumen wie dem $\mathbb{R}^n$ ist es keine Frage, ob es eine Basis gibt: Wir werden sehen, dass sich hier leicht explizit Basen angeben lassen. Aber es gibt Vektorräume, bei denen das nicht offensichtlich ist, man denke etwa an den Vektorraum aller Funktionen $f : [a, b] \to \mathbb{R}$. Die Fülle dieser Funktionen ist gänzlich unüberschaubar und doch gibt es eine Basis, mit der sich jede Funktion als endliche Linearkombination erzeugen lässt.

Im folgenden Satz sind wichtige Eigenschaften einer Basis zusammengefasst. Der große theoretische und praktische Nutzen einer Basis ergibt sich insbesondere aus Eigenschaft (2):

Satz 2.4 *Für Teilmengen B des Vektorraums V, der nicht der Nullraum ist, sind folgende Aussagen gleichwertig:*

(1) *B ist eine Basis von V.*

(2) *Jeder Vektor $\boldsymbol{x} \in V$ kann auf genau eine Weise als Linearkombination von B dargestellt werden, d. h., aus $\boldsymbol{x} = x_1\boldsymbol{b}_1 + \ldots + x_n\boldsymbol{b}_n$ und $\boldsymbol{x} = x_1'\boldsymbol{b}_1 + \ldots + x_n'\boldsymbol{b}_n$ mit verschiedenen Vektoren $\boldsymbol{b}_1, \ldots, \boldsymbol{b}_n \in B$ folgt $x_k = x_k'$ für $k = 1, \ldots, n$.*

(3) *B ist die minimale Menge, die V erzeugt, d. h., es gilt $\langle B \rangle = V$, aber für jede echte Teilmenge $C \subset B$ ist $\langle C \rangle \neq V$.*

(4) *B ist eine maximale linear unabhängige Teilmenge von V, d. h., wird ein beliebiger Vektor hinzugefügt, so entsteht eine linear abhängige Menge.*

Lesehilfe zum Satz

Der Nullraum ist ein Sonderfall: Die Basis des Nullraums ist die leere Menge, denn sie erzeugt den Nullraum und sie ist linear unabhängig (was sich als Sonderfall aus Definition 2.3 entnehmen lässt). Aber der Nullraum passt damit nicht zu den obigen Aussagen.

Beweis Der Beweis folgt dem Schema (1)⇒(2)⇒(3)⇒(4)⇒(1).

(1)⇒(2): Wegen $\langle B \rangle = V$ kann jeder Vektor $\boldsymbol{x} \in V$ auf mindestens eine Weise als Linearkombination von B dargestellt werden. Es seien nun

$$\boldsymbol{x} = x_1\boldsymbol{b}_1 + \ldots + x_n\boldsymbol{b}_n \quad \text{und} \quad \boldsymbol{x} = x_1'\boldsymbol{b}_1 + \ldots + x_n'\boldsymbol{b}_n$$

zwei solche Darstellungen. Dann folgt

$$(x_1 - x_1')\boldsymbol{b}_1 + \ldots + (x_n - x_n')\boldsymbol{b}_n = \boldsymbol{0}.$$

Nun ist B linear unabhängig, so dass sich $x_k - x_k' = 0$ und damit $x_k = x_k'$ für $k = 1, \ldots, n$ ergibt.

(2)⇒(3): Aus (2) folgt insbesondere, dass B den Raum V erzeugt, also $\langle B \rangle = V$. Nun sei C eine echte Teilmenge von B und es werde $\langle C \rangle = V$ angenommen. Wegen $V \neq \{\mathbf{0}\}$ gilt $C \neq \emptyset$. Da C echte Teilmenge von B ist, gibt es einen Vektor $\boldsymbol{x} \in B$ mit $\boldsymbol{x} \notin C$. Wegen $\boldsymbol{x} \in \langle C \rangle$ gibt es eine Darstellung $\boldsymbol{x} = x_1\boldsymbol{b}_1 + \ldots + x_n\boldsymbol{b}_n$ mit Vektoren $\boldsymbol{b}_1, \ldots, \boldsymbol{b}_n \in C$. Andererseits gilt aber auch $\boldsymbol{x} = 1\,\boldsymbol{x}$. Dies sind im Widerspruch zu (2) aber zwei verschiedene Darstellungen von $\boldsymbol{x}$ als Linearkombination von B.

(3)⇒(4): Wegen $\langle B \rangle = V \neq \{\mathbf{0}\}$ ist B nicht leer. Fall 1: B enthält nur einen Vektor, $B = \{\boldsymbol{b}\}$. Es folgt $\boldsymbol{b} \neq \mathbf{0}$ und damit die lineare Unabhängigkeit von B. Fügt man hier einen weiteren Vektor aus $V = \langle B \rangle$ hinzu, so kann dies nur ein Vielfaches von $\boldsymbol{b}$ sein und die Menge würde linear abhängig. Fall 2: B enthält mindestens 2 Vektoren. Wäre B linear abhängig, so gäbe es nach Satz 2.2 einen Vektor $\boldsymbol{x} \in B$, der als Linearkombination von weiteren Vektoren aus B darstellbar wäre. Die aus B durch Herausnahme von $\boldsymbol{x}$ entstehende Menge C wäre dann eine echte Teilmenge von B, es würde $\boldsymbol{x} \in \langle C \rangle$ und daher auch $B \subseteq \langle C \rangle$ und weiter $V = \langle B \rangle \subseteq \langle C \rangle$, also $V = \langle C \rangle$ gelten. Dies widerspricht aber der Minimalitätsbedingung aus (3). Daher ist B in jedem Fall linear unabhängig. Weil andererseits jeder nicht in B liegende Vektor aus V eine Linearkombination von B ist, kann erneut wegen Satz 2.2 keine echte Obermenge von B linear unabhängig sein.

(4)⇒(1): Da B linear unabhängig ist, gibt es nach Satz 2.3 eine Basis B^* von V mit $B \subseteq B^*$. Da B^* als Basis ebenfalls linear unabhängig ist, muss wegen der Maximalität von B sogar $B = B^*$ gelten. Also ist B eine Basis von V. •

Wir wollen den Inhalt des Satzes 2.4 noch einmal mit anderen Worten wiedergeben:

- Die Darstellung eines Vektors als Linearkombination von Vektoren einer Basis ist eindeutig. *Ein Vektor kann daher mit den Koeffizienten seiner Linearkombination identifiziert werden.* Wir werden sehen, dass dies auf den Begriff der Koordinaten des Vektors führt.
- Aus einer Basis kann kein Vektor entfernt werden, ohne dass damit ihre Eigenschaft, den gesamten Vektorraum zu erzeugen, verloren ginge. Es sind also sämtliche Vektoren auch tatsächlich „notwendig“.
- Eine Basis kann nicht um einen Vektor erweitert werden, ohne dass damit ihre Eigenschaft der linearen Unabhängigkeit verloren ginge.

Beispiele

(1) Im reellen Vektorraum der ebenen Ortsvektoren bilden je zwei Ortsvektoren, deren Endpunkte nicht mit dem Anfangspunkt auf derselben Gerade liegen, eine Basis. Zwei solche Vektoren spannen die gesamte Ebene auf und sind linear unabhängig.

Im Raum bilden je drei Ortsvektoren, deren Endpunkte nicht mit dem Anfangspunkt in einer Ebene liegen, eine Basis. Siehe Abb. 2.1.

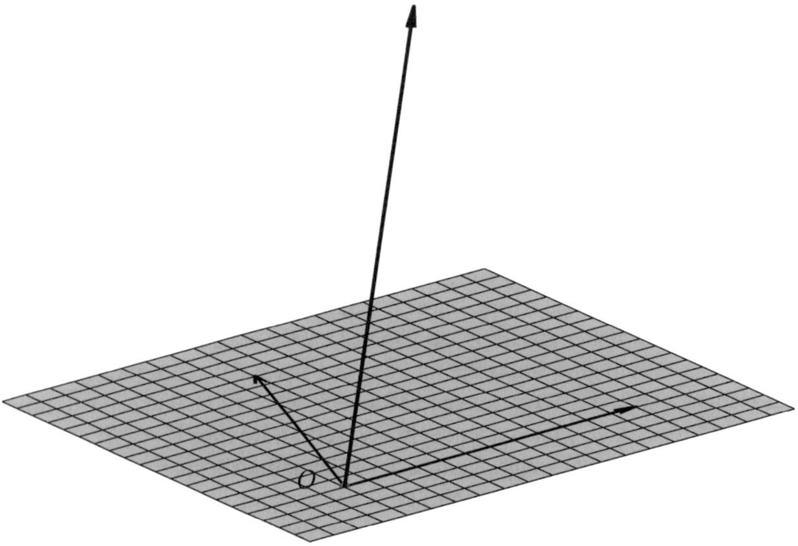

Abb. 2.1 Zwei räumliche Ortsvektoren, die nicht kolinear sind, spannen eine Ebene auf. Sie sind eine Basis dieses Unterraums. Zusammen mit einem dritten Vektor, der nicht in dieser Ebene liegt, wird der gesamte Raum aufgespannt. Solche drei Vektoren bilden somit eine Basis des Vektorraums der räumlichen Ortsvektoren

(2) Im Vektorraum der n-Tupel bilden die n Vektoren

$$\boldsymbol{e}_1 = \begin{pmatrix} 1 \\ 0 \\ 0 \\ \vdots \\ 0 \end{pmatrix}, \ \boldsymbol{e}_2 = \begin{pmatrix} 0 \\ 1 \\ 0 \\ \vdots \\ 0 \end{pmatrix}, \dots, \ \boldsymbol{e}_n = \begin{pmatrix} 0 \\ 0 \\ \vdots \\ 0 \\ 1 \end{pmatrix} \tag{2.5}$$

eine Basis. Sie heißt die *kanonische Basis* des $\mathbb{K}^n$ und die Vektoren $\boldsymbol{e}_1, \dots, \boldsymbol{e}_n$ werden als die *kanonischen Einheitsvektoren* bezeichnet. Beispielsweise wird die kanonische Basis des $\mathbb{R}^3$ gegeben durch

$$\{\boldsymbol{e}_1, \boldsymbol{e}_2, \boldsymbol{e}_3\} = \left\{ \begin{pmatrix} 1 \\ 0 \\ 0 \end{pmatrix}, \begin{pmatrix} 0 \\ 1 \\ 0 \end{pmatrix}, \begin{pmatrix} 0 \\ 0 \\ 1 \end{pmatrix} \right\}.$$

Natürlich ist dies nicht die einzige Basis des $\mathbb{R}^3$. Zum Beispiel bilden die Vektoren

$$\begin{pmatrix} 1 \\ 1 \\ 0 \end{pmatrix}, \begin{pmatrix} 0 \\ 2 \\ 0 \end{pmatrix}, \begin{pmatrix} 0 \\ 0 \\ 3 \end{pmatrix}$$

ebenso eine Basis, da sie linear unabhängig sind und den gesamten Raum aufspannen.

(3) Im Vektorraum F aller Funktionen $f : [a,b] \to \mathbb{R}$ bilden die Polynomfunktionen $f_k = \mathrm{id}^k$, $k = 0, 1, 2, \ldots$, d. h. die Funktionen, für die gilt $f_k(t) = t^k$, eine Basis des Unterraums aller Polynomfunktionen. Sie besitzt unendlich viele Elemente.

2.4 Dimension

Wir kommen nun zur Frage nach der Anzahl der Basisvektoren. Wir werden sehen, dass die Basen eines Vektorraums immer dieselbe Anzahl von Vektoren aufweisen. Diese Eigenschaft ergibt sich aus dem *Austauschsatz von Steinitz*, der manchmal auch als „großer Austauschsatz" bezeichnet wird. Der „kleine Austauschsatz" beschreibt zunächst den Austausch eines Basisvektors:

Satz 2.5 *Es sei $\{\boldsymbol{b}_1, \ldots, \boldsymbol{b}_n\}$ eine Basis des Vektorraums V und der Vektor $\boldsymbol{v} \in V$ besitze die Darstellung $\boldsymbol{v} = v_1\boldsymbol{b}_1 + \ldots + v_n\boldsymbol{b}_n$. Gilt dann $v_k \neq 0$, so ist auch die Menge $\{\boldsymbol{b}_1, \ldots, \boldsymbol{b}_{k-1}, \boldsymbol{v}, \boldsymbol{b}_{k+1}, \ldots, \boldsymbol{b}_n\}$ eine Basis von V. Man kann also den Vektor $\boldsymbol{b}_k$ gegen den Vektor $\boldsymbol{v}$ austauschen und erhält wieder eine Basis.*

Lesehilfe zum Satz
Beachte, dass hier und im Folgenden von einer Basis $\{\boldsymbol{b}_1, \ldots, \boldsymbol{b}_n\}$ gesprochen wird. Dabei ist $n \geq 1$ eine feste Zahl, die Basis besitzt somit endlich viele Vektoren.

Beweis Ohne Beschränkung der Allgemeinheit kann $k = 1$ angenommen werden. Jeder Vektor $\boldsymbol{x} \in V$ besitzt eine Darstellung $\boldsymbol{x} = x_1\boldsymbol{b}_1 + \ldots + x_n\boldsymbol{b}_n$. Wegen $v_1 \neq 0$ kann der Basisvektor $\boldsymbol{b}_1$ dargestellt werden als $\boldsymbol{b}_1 = v_1^{-1}(\boldsymbol{v} - v_2\boldsymbol{b}_2 - \ldots - v_n\boldsymbol{b}_n)$ und es folgt durch Einsetzen dieses Ausdrucks für $\boldsymbol{b}_1$ in die Darstellung von $\boldsymbol{x}$:

$$\boldsymbol{x} = v_1^{-1}x_1\boldsymbol{v} + \big(x_2 - x_1v_1^{-1}v_2\big)\boldsymbol{b}_2 + \ldots + \big(x_n - x_1v_1^{-1}v_n\big)\boldsymbol{b}_n.$$

Da der Vektor $\boldsymbol{x} \in V$ beliebig gewählt war, erzeugt die Menge $\{\boldsymbol{v}, \boldsymbol{b}_2, \ldots, \boldsymbol{b}_n\}$ also den gesamten Raum V. Außerdem ist die Menge linear unabhängig: Aus $c\boldsymbol{v} + c_2\boldsymbol{b}_2 + \ldots + c_n\boldsymbol{b}_n = \boldsymbol{0}$ folgt durch Einsetzen der Darstellung von $\boldsymbol{v}$ zunächst

$$cv_1\boldsymbol{b}_1 + (cv_2 + c_2)\boldsymbol{b}_2 + \ldots + (cv_n + c_n)\boldsymbol{b}_n = \boldsymbol{0}.$$

Da $\{\boldsymbol{b}_1, \ldots, \boldsymbol{b}_n\}$ linear unabhängig ist, bedeutet das

$$cv_1 = cv_2 + c_2 = \ldots = cv_n + c_n = 0.$$

Wegen $v_1 \neq 0$ ergibt dies $c = 0$ und damit weiter aus den übrigen Gleichungen $c_2 = \ldots = c_n = 0$. •

Zwischenfrage (3)
Kann in Satz 2.5 auch $\boldsymbol{v} = \boldsymbol{0}$ sein? Und: Warum kann im Beweis „ohne Beschränkung der Allgemeinheit“ $k = 1$ angenommen werden?

Mit anderen Worten könnte man also sagen: Ein Basisvektor kann ersetzt werden, solange sichergestellt ist, dass der neue Vektor „eine Komponente in Richtung des ursprünglichen Basisvektors“ enthält. Die Aussage des großen Austauschsatzes ist weitreichender:

Satz 2.6 (Austauschsatz von Steinitz)[2] *Es sei* $\{\boldsymbol{b}_1, \ldots, \boldsymbol{b}_n\}$ *eine Basis des Vektorraums* V *und die Vektoren* $\boldsymbol{v}_1, \ldots, \boldsymbol{v}_k \in V$ *seien linear unabhängig. Dann ist* $k \leq n$ *und bei geeigneter Nummerierung der Vektoren* $\boldsymbol{b}_1, \ldots, \boldsymbol{b}_n$ *ist auch* $\{\boldsymbol{v}_1, \ldots, \boldsymbol{v}_k, \boldsymbol{b}_{k+1}, \ldots, \boldsymbol{b}_n\}$ *eine Basis von* V.

Lesehilfe
Wie du siehst, ist die Aussage von Satz 2.5 mit $k = 1$ in Satz 2.6 enthalten. Man „braucht“ daher eigentlich nur Satz 2.6, aber sein Beweis verwendet die Aussage von Satz 2.5.

Beweis durch Induktion über k: Der Induktionsbeginn für $k = 0$ ist trivial.

Für den Induktionsschritt betrachten wir $k - 1$ linear unabhängige Vektoren $\boldsymbol{v}_1, \ldots, \boldsymbol{v}_{k-1}$. Nach Induktionsvoraussetzung ist dann $k - 1 \leq n$ und bei geeigneter Nummerierung ist $\{\boldsymbol{v}_1, \ldots, \boldsymbol{v}_{k-1}, \boldsymbol{b}_k, \ldots, \boldsymbol{b}_n\}$ eine Basis von V. Wäre $k - 1 = n$, so wäre bereits $\{\boldsymbol{v}_1, \ldots, \boldsymbol{v}_{k-1}\}$ eine Basis von V und $\boldsymbol{v}_k$ müsste sich als Linearkombination von $\boldsymbol{v}_1, \ldots, \boldsymbol{v}_{k-1}$ darstellen lassen. Dies widerspricht der linearen Unabhängigkeit der Vektoren $\boldsymbol{v}_1, \ldots, \boldsymbol{v}_k$, so dass $k - 1 < n$ und damit $k \leq n$ sein muss. Da $\{\boldsymbol{v}_1, \ldots, \boldsymbol{v}_{k-1}, \boldsymbol{b}_k, \ldots, \boldsymbol{b}_n\}$ eine Basis von V ist, gibt es eine Darstellung

$$\boldsymbol{v}_k = c_1\boldsymbol{v}_1 + \ldots + c_{k-1}\boldsymbol{v}_{k-1} + c_k\boldsymbol{b}_k \ldots + c_n\boldsymbol{b}_n.$$

Würde hierbei $c_k = \ldots = c_n = 0$ gelten, widerspräche dies wieder der linearen Unabhängigkeit der Vektoren $\boldsymbol{v}_1, \ldots, \boldsymbol{v}_k$. Bei geeigneter Nummerierung kann daher $c_k \neq 0$ angenommen werden und nach Satz 2.5 ist auch $\{\boldsymbol{v}_1, \ldots, \boldsymbol{v}_k, \boldsymbol{b}_{k+1}, \ldots, \boldsymbol{b}_n\}$ eine Basis von V. •

[2] Benannt nach dem deutschen Mathematiker Ernst Steinitz, 1871–1928.

Antwort auf Zwischenfrage (3)

Gefragt war, ob in Satz 2.5 auch $\boldsymbol{v} = \boldsymbol{0}$ sein kann und warum im Beweis ohne Beschränkung der Allgemeinheit $k = 1$ angenommen werden kann.

Nach Voraussetzung ist die Menge $\{\boldsymbol{b}_1, \ldots, \boldsymbol{b}_n\}$ als Basis linear unabhängig. Der Vektor $\boldsymbol{v} = \boldsymbol{0}$ besitzt daher nur die triviale Darstellung $v_1\boldsymbol{b}_1 + \ldots + v_n\boldsymbol{b}_n = \boldsymbol{0}$ mit $v_1 = \ldots = v_n = 0$ und es gibt somit kein $v_k \neq 0$. Somit kann $\boldsymbol{v} = \boldsymbol{0}$ (natürlich) keinen Basisvektor ersetzen.

Die Voraussetzung des Satzes ist, dass in der Linearkombination $\boldsymbol{v} = v_1\boldsymbol{b}_1 + \ldots + v_n\boldsymbol{b}_n$ ein Koeffizient $v_k \neq 0$ ist. In der zugrunde liegenden Basis $\{\boldsymbol{b}_1, \ldots, \boldsymbol{b}_n\}$ spielt aber die Reihenfolge bzw. die Nummerierung der Vektoren keine Rolle. Wenn daher der Koeffizient v_k (des Vektors $\boldsymbol{b}_k$) mit irgendeinem k zwischen 1 und n ungleich 0 ist, kann man durch Umnummerieren der Basisvektoren ohne Weiteres dafür sorgen, dass dieser Basisvektor als erster in der Basis steht und damit $k = 1$ wird. Dies ist immer möglich und es stellt somit keine Beschränkung der Allgemeinheit dar, von $k = 1$ auszugehen.

Aus Satz 2.6 ergibt sich eine wichtige Folgerung: Wenn $\{\boldsymbol{b}_1, \ldots, \boldsymbol{b}_n\}$ und $\{\boldsymbol{b}_1^*, \ldots, \boldsymbol{b}_k^*\}$ zwei Basen von V sind, dann sind beide Mengen insbesondere linear unabhängig. Daher muss einerseits $k \leq n$ gelten und andererseits auch $n \leq k$, also ist $n = k$. Wenn daher ein Vektorraum überhaupt eine endliche Basis besitzt, dann *enthalten alle seine Basen gleich viele Vektoren* und man setzt:

Definition 2.5 *Wenn ein Vektorraum V eine endliche Basis besitzt, wird die allen Basen von V gemeinsame Anzahl der Basisvektoren die* Dimension von V *genannt, in Zeichen* $\dim V$. *Besitzt V keine endliche Basis, so heißt V* unendlichdimensional, *in Zeichen* $\dim V = \infty$. *Die Dimension des Nullraums wird gleich* 0 *gesetzt.*

Lesehilfe

Die Dimension 0 des Nullraums $\{\boldsymbol{0}\}$ ist leicht nachzuvollziehen: Seine Basis, die leere Menge, enthält 0 Vektoren.

Die Frage, ob es sich bei einer linear unabhängigen Menge um eine Basis eines endlichdimensionalen Vektorraums handelt, kann nun auf allein auf die Anzahl der Vektoren zurückgeführt werden:

Satz 2.7 *In einem Vektorraum V mit* $\dim V = n < \infty$ *ist eine linear unabhängige Menge genau dann eine Basis, wenn sie aus n Vektoren besteht.*

Beweis Nach Satz 2.3 kann jede linear unabhängige Menge zu einer Basis erweitert werden, die wegen $\dim V = n$ aus genau n Vektoren bestehen muss. Wenn die Menge bereits aus n Vektoren besteht, ist sie somit bereits eine Basis. •

Lesehilfe
Im Zusammenhang mit der Anzahl von Basisvektoren muss man sich klarmachen, dass unendlichdimensionale Räume diesbezüglich „anders“ sind. Beispielsweise besitzt der Vektorraum der Polynome die Basis t^k, $k = 0, 1, 2, \ldots$ und ist unendlichdimensional. Aber auch der echte Unterraum der geraden Polynome, der mit $k = 0, 2, 4, \ldots$ erzeugt wird, ist ebenso unendlichdimensional, trotzdem ihm ja „die Hälfte“ der Basisvektoren fehlt. Man kann also nicht mehr einfach mit einer Anzahl von Basisvektoren argumentieren.

Will man beispielsweise herausfinden, ob eine gegebene Menge eine Basis des $\mathbb{R}^n$ ist, so muss man zunächst zählen, ob die Anzahl ihrer Vektoren gleich n ist. Sofern das der Fall ist, ist nur noch die lineare Unabhängigkeit zu prüfen. Eine zusätzliche Prüfung, ob diese Menge dann auch den ganzen Raum erzeugt, ist nicht notwendig.

Lesehilfe
Im $\mathbb{R}^2$ siehst du sofort, ob zwei Vektoren eine Basis bilden: Sie dürfen nur keine Vielfachen voneinander sein. Im $\mathbb{R}^3$ hat man drei 3-Tupel auf lineare Unabhängigkeit zu prüfen: In einfachen Fällen reicht dafür auch Hinsehen (z. B. wenn schon praktisch ein oberes Dreiecksschema vorliegt) und andernfalls führst du den ersten Schritt des Gauß-Schemas durch und siehst dann, ob die beiden unteren Zeilen Vielfache voneinander sind.

Beispiele
(1) Der Vektorraum der ebenen Ortsvektoren hat die Dimension 2, der Raum der räumlichen Ortsvektoren die Dimension 3. Die mathematische Dimension entspricht damit dem „Alltagsbegriff“: Die Fläche ist zweidimensional und der Raum dreidimensional.

(2) Eine Basis des Raums $\mathbb{K}^n$ der n-Tupel wird durch die Vektoren $\boldsymbol{e}_1, \ldots, \boldsymbol{e}_n$ gegeben, siehe (2.5), und besitzt die Dimension n. Insbesondere ist $\dim \mathbb{R}^2 = 2$ und $\dim \mathbb{R}^3 = 3$.

(3) Die Vektoren (2.2) bilden eine Basis des $\mathbb{R}^3$, da sie linear unabhängig sind.

(4) Der Vektorraum der Polynomfunktionen auf dem Intervall $[a, b]$ besitzt die Basis $\{1, \mathrm{id}, \mathrm{id}^2, \mathrm{id}^3, \ldots\}$ und ist unendlichdimensional. Der Vektorraum aller Funktionen $f : [a, b] \to \mathbb{R}$ ist damit erst recht unendlichdimensional (er enthält die Polynomfunktionen).

2.5 Koordinaten

In der Geometrie wird die Lage eines Punkts durch seine Koordinaten eindeutig festgelegt, wenn klar ist, auf welches Koordinatensystem sie sich beziehen. Ebenso funktionieren die Koordinaten auch im allgemeinen Fall, wobei ihr „Koordinatensystem" durch die Basis festgelegt wird: Es sei $\mathcal{B} = \{\boldsymbol{b}_1, \ldots, \boldsymbol{b}_n\}$ eine Basis von V. Dann besitzt jeder Vektor $\boldsymbol{x} \in V$ nach Satz 2.4 eine eindeutige Darstellung

$$\boldsymbol{x} = x_1\boldsymbol{b}_1 + \ldots + x_n\boldsymbol{b}_n = \sum_{i=1}^{n} x_i\boldsymbol{b}_i. \tag{2.6}$$

Die hier auftretenden, durch $\boldsymbol{x}$ und die Basis $\mathcal{B}$ eindeutig bestimmten Koeffizienten x_i werden die *Koordinaten des Vektors $\boldsymbol{x}$ hinsichtlich der Basis $\mathcal{B}$* genannt. Dabei ist zu beachten, dass die *Nummerierung der Koordinaten die entsprechende Nummerierung der Basisvektoren voraussetzt*. Wir wollen daher *hier und im Folgenden Basen als nummerierte Basen, also als geordnete Mengen auffassen* und schreiben sie mit kalligraphischen Buchstaben wie $\mathcal{B}$. So ergibt die Vertauschung zweier Basisvektoren eine neue Basis und andere Koordinaten, die sich nun ebenso in ihrer Reihenfolge unterscheiden.

Lesehilfe

Mengen als solche sind nicht nummeriert, d. h., es ist $\{1, 2, 3\} = \{2, 1, 3\} = \{3, 1, 2\}$ usw. Die Reihenfolge, in der die Elemente angegeben werden, spielt keine Rolle. Ebenso ist bei Mengen von Vektoren $\{\boldsymbol{b}_1, \boldsymbol{b}_2, \boldsymbol{b}_3\} = \{\boldsymbol{b}_2, \boldsymbol{b}_1, \boldsymbol{b}_3\} = \{\boldsymbol{b}_3, \boldsymbol{b}_1, \boldsymbol{b}_2\}$ usw. Für die eindeutige Zuordnung von Koordinaten muss aber klar sein, auf welchen Basisvektor sich die jeweilige Koordinate bezieht. Eine *geordnete Menge* von Vektoren besitzt einen eindeutigen Vektor auf der 1-Position, einen eindeutigen Vektor auf der 2-Position usw.

Betrachten wir zusätzlich einen zweiten Vektor

$$\boldsymbol{y} = y_1\boldsymbol{b}_1 + \ldots + y_n\boldsymbol{b}_n = \sum_{i=1}^{n} y_i\boldsymbol{b}_i \tag{2.7}$$

und einen Skalar $c \in \mathbb{K}$, so erhält man

$$\boldsymbol{x} + \boldsymbol{y} = (x_1 + y_1)\boldsymbol{b}_1 + \ldots + (x_n + y_n)\boldsymbol{b}_n = \sum_{i=1}^{n}(x_i + y_i)\boldsymbol{b}_i \tag{2.8}$$

$$c\boldsymbol{x} = (cx_1)\boldsymbol{b}_1 + \ldots + (cx_n)\boldsymbol{b}_n = \sum_{i=1}^{n}(cx_i)\boldsymbol{b}_i. \tag{2.9}$$

Es werden also Vektoren addiert bzw. mit einem Skalar multipliziert, indem man ihre Koordinaten addiert bzw. mit dem Skalar multipliziert.

Die Koordinaten eines Vektors $\boldsymbol{x} \in V$ hinsichtlich der Basis $\mathcal{B}$ können zu dem Koordinaten-n-Tupel $(x_1, \ldots, x_n) =: \boldsymbol{x}^{\mathcal{B}}$ zusammengefasst werden. Dieses n-Tupel ist selbst ein Vektor im $\mathbb{K}^n$ und man bezeichnet $\boldsymbol{x}^{\mathcal{B}}$ als den *Koordinatenvektor* von $\boldsymbol{x}$ hinsichtlich der Basis $\mathcal{B}$. *Die linearen Operationen in V übertragen sich auf die entsprechenden Operationen im Koordinatenvektorraum* $\mathbb{K}^n$, siehe (2.8) und (2.9). Daraus folgt insbesondere

Satz 2.8 *Vektoren $\boldsymbol{v}_1, \ldots, \boldsymbol{v}_k \in V$ sind genau dann linear unabhängig, wenn ihre (hinsichtlich einer beliebigen Basis von V gebildeten) Koordinatenvektoren als Vektoren aus $\mathbb{K}^n$ linear unabhängig sind.*

Zusammenfassend kann man also *statt mit den Vektoren in V einfach mit ihren Koordinatenvektoren im $\mathbb{K}^n$ rechnen.*

Lesehilfe
Wir sehen hier die grundlegende Bedeutung des $\mathbb{K}^n$ für endlichdimensionale Vektorräume: Mit den Eigenschaften des $\mathbb{K}^n$ sind die Eigenschaften sämtlicher n-dimensionaler Vektorräume vollständig erfasst.

Beispiele
(1) Wir betrachten im reellen Vektorraum der 3-Tupel den Vektor $\boldsymbol{x} = \begin{pmatrix} -2 \\ 1 \\ 0 \end{pmatrix}$. Wir ermitteln zunächst seine Koordinaten hinsichtlich der kanonischen Basis

$$\mathcal{E} = \{\boldsymbol{e}_1, \boldsymbol{e}_2, \boldsymbol{e}_3\} = \left\{ \begin{pmatrix} 1 \\ 0 \\ 0 \end{pmatrix}, \begin{pmatrix} 0 \\ 1 \\ 0 \end{pmatrix}, \begin{pmatrix} 0 \\ 0 \\ 1 \end{pmatrix} \right\}.$$

Sie ergeben sich als die Koeffizienten $x_1^{\mathcal{E}}, x_2^{\mathcal{E}}, x_3^{\mathcal{E}}$ der Linearkombination

$$\begin{pmatrix} -2 \\ 1 \\ 0 \end{pmatrix} = x_1^{\mathcal{E}} \begin{pmatrix} 1 \\ 0 \\ 0 \end{pmatrix} + x_2^{\mathcal{E}} \begin{pmatrix} 0 \\ 1 \\ 0 \end{pmatrix} + x_3^{\mathcal{E}} \begin{pmatrix} 0 \\ 0 \\ 1 \end{pmatrix},$$

also als die Lösungen des (abgekürzt geschriebenen) Gleichungssystems

$$\begin{array}{ccc|c} 1 & 0 & 0 & -2 \\ 0 & 1 & 0 & 1 \\ 0 & 0 & 1 & 0 \end{array}\,.$$

Die Lösungen dieses Gleichungssystems lassen sich für die kanonische Basis einfach ablesen: Es ist $x_1^{\mathcal{E}} = -2$, $x_2^{\mathcal{E}} = 1$, $x_3^{\mathcal{E}} = 0$ und der Koordinatenvektor von $\boldsymbol{x}$ hinsichtlich der Basis $\mathcal{E}$ lautet

$$\boldsymbol{x}^{\mathcal{E}} = (-2, 1, 0). \tag{2.10}$$

Wir betrachten nun eine andere Basis

$$\mathcal{B} = \{\boldsymbol{b}_1, \boldsymbol{b}_2, \boldsymbol{b}_3\} = \left\{ \begin{pmatrix} 1 \\ 2 \\ 1 \end{pmatrix}, \begin{pmatrix} 2 \\ 1 \\ 1 \end{pmatrix}, \begin{pmatrix} 1 \\ 1 \\ 2 \end{pmatrix} \right\}.$$

Die Koordinaten von $\boldsymbol{x}$ hinsichtlich dieser Basis ergeben sich aus dem Gleichungssystem

$$\begin{array}{ccc|c} 1 & 2 & 1 & -2 \\ 2 & 1 & 1 & 1 \\ 1 & 1 & 2 & 0 \end{array}, \tag{2.11}$$

dessen Lösung wir wie folgt erhalten:

$$\begin{array}{ccc|cll} 1 & 2 & 1 & -2 & (-2) & (-1) \\ 2 & 1 & 1 & 1 & \downarrow & \\ 1 & 1 & 2 & 0 & & \downarrow \end{array} \Leftrightarrow \begin{array}{ccc|cl} 1 & 2 & 1 & -2 & \\ 0 & -3 & -1 & 5 & (-\frac{1}{3}) \\ 0 & -1 & 1 & 2 & \downarrow \end{array} \Leftrightarrow \begin{array}{ccc|c} 1 & 2 & 1 & -2 \\ 0 & -3 & -1 & 5 \\ 0 & 0 & \frac{4}{3} & \frac{1}{3} \end{array}$$

und rückwärts einsetzen ergibt von unten nach oben $x_3^{\mathcal{B}} = \frac{1}{4}$, $x_2^{\mathcal{B}} = -\frac{7}{4}$, $x_1^{\mathcal{B}} = \frac{5}{4}$, also

$$\boldsymbol{x}^{\mathcal{B}} = \left(\frac{5}{4}, -\frac{7}{4}, \frac{1}{4}\right). \tag{2.12}$$

Lesehilfe

Bei den n-Tupeln kann man leicht durcheinander kommen. Im obigen Beispiel haben wir es mit dem 3-Tupel $\boldsymbol{x} = (-2, 1, 0)$ zu tun. Hinsichtlich der kanonischen Basis lauten seine Koordinaten −2, 1, 0, sodass der Koordinatenvektor $\boldsymbol{x}^{\mathcal{E}}$ ebenso durch $(-2, 1, 0)$ gegeben wird. Hinsichtlich der kanonischen Basis muss man also gar nicht zwischen dem Vektor selbst und seinem Koordinatenvektor unterscheiden. Das ändert sich, wenn eine andere Basis $\mathcal{B}$ verwendet wird. Dann muss man für ein 3-Tupel angeben, ob man das ein Vektor sein soll („$\boldsymbol{x}$“) oder ein Koordinatenvektor („$\boldsymbol{x}^{\mathcal{B}}$“). Ob man die Vektoren stehend oder liegend schreibt, spielt dabei keine Rolle.

Wir halten noch einmal fest: *Hinsichtlich unterschiedlicher Basen besitzt ein gegebener Vektor* $\boldsymbol{x}$ *i. Allg. unterschiedliche Koordinatenvektoren.*

(2) Die Komponenten eines 2-Tupels (x, y) sind gleich seinen Koordinaten hinsichtlich der kanonischen Basis des $\mathbb{R}^2$,

$$\begin{pmatrix} x \\ y \end{pmatrix} = x\begin{pmatrix} 1 \\ 0 \end{pmatrix} + y\begin{pmatrix} 0 \\ 1 \end{pmatrix}.$$

Fasst man die Komponenten der 2-Tupel als Koordinaten eines kartesischen xy-Koordinatensystems auf, so liegen die kanonischen Basisvektoren auf den rechtwinkligen Koordinatenachsen und ihre Länge entspricht dem Maßstab auf den Achsen, siehe Abb. 2.2.

Ein Vektor $\boldsymbol{x}$ kann aber auch durch eine andere Basis dargestellt werden. Betrachten wir als Beispiel den Vektor $\boldsymbol{x} = (4, 3)$ und die Basis

$$\mathcal{B} = \{\boldsymbol{b}_1, \boldsymbol{b}_2\} = \left\{\begin{pmatrix} 2 \\ 1/2 \end{pmatrix}, \begin{pmatrix} 1 \\ 2 \end{pmatrix}\right\}.$$

Durch eine kurze Rechnung erhält man

$$\boldsymbol{x} = \begin{pmatrix} 4 \\ 3 \end{pmatrix} = 4\begin{pmatrix} 1 \\ 0 \end{pmatrix} + 3\begin{pmatrix} 0 \\ 1 \end{pmatrix} = \frac{10}{7}\begin{pmatrix} 2 \\ 1/2 \end{pmatrix} + \frac{8}{7}\begin{pmatrix} 1 \\ 2 \end{pmatrix} = \begin{pmatrix} 10/7 \\ 8/7 \end{pmatrix}^{\mathcal{B}}. \tag{2.13}$$

Zwischenfrage (4)
Wie lautet die „kurze Rechnung", die auf die Koordinaten $x_{1,2}^{\mathcal{B}}$ führt?

Diese Situation lässt sich graphisch darstellen, indem die Vektoren $\boldsymbol{b}_1, \boldsymbol{b}_2$ in das xy-Koordinatensystem eingetragen werden. Sie legen ihr eigenes Koordinatensystem fest: In ihm ist $\boldsymbol{b}_1 = (1, 0)^{\mathcal{B}}$ und $\boldsymbol{b}_2 = (0, 1)^{\mathcal{B}}$ und die Koordinaten $x_1^{\mathcal{B}} = \frac{10}{7}$ und $x_2^{\mathcal{B}} = \frac{8}{7}$ ergeben den Vektor $\boldsymbol{x}$. Siehe Abb. 2.2.

Lesehilfe
Für die graphische Darstellung von 2-Tupeln ist man rechtwinklige Koordinatensysteme gewohnt. Aber „schiefe" Koordinatensysteme wie in Abb. 2.2 funktionieren genauso: Die Koordinatenlinien verlaufen weiterhin parallel zu ihren Achsen, sie stehen nur nicht mehr senkrecht aufeinander und die Einheit 1 hat auf beiden Achsen einen unterschiedlichen Abstand zum Ursprung.

(3) Im Vektorraum der Polynome maximal zweiten Grads mit der Basis $\mathcal{B} = \{1, t, t^2\}$ steht das 3-Tupel $(2, 1, -3)$ für das Polynom $2 + t - 3t^2$. Die Addition

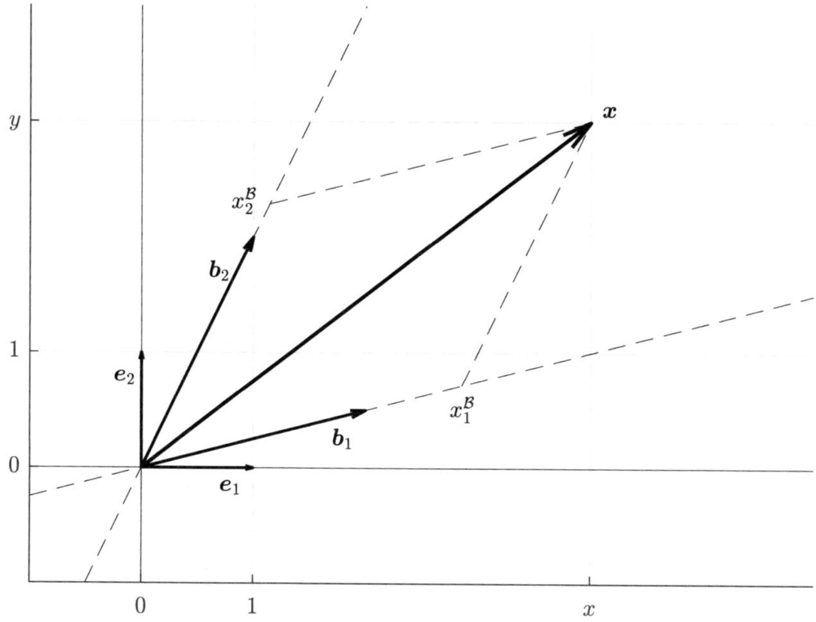

Abb. 2.2 Ein 2-Tupel (x, y) kann in üblicher Weise in einem xy-Koordinatensystem dargestellt werden. Seine Basisvektoren sind die Vektoren $(1, 0)$ und $(0, 1)$. Die Darstellung des Vektors hinsichtlich einer anderen Basis $\mathcal{B} = \{\boldsymbol{b}_1, \boldsymbol{b}_2\} = \{(2, 1/2), (1, 2)\}$ erfolgt analog: Ihre Basisvektoren legen die Koordinatenachsen und Maßstäbe fest, auf die sich ihre Koordinaten beziehen. Der Vektor $\boldsymbol{x}$ entspricht in beiden Fällen den entsprechenden Linearkombinationen der Basisvektoren

mit dem Polynom $1 - 7t + t^2$ kann erfolgen, indem die entsprechenden 3-Tupel addiert werden,

$$\begin{pmatrix} 2 \\ 1 \\ -3 \end{pmatrix} + \begin{pmatrix} 1 \\ -7 \\ 1 \end{pmatrix} = \begin{pmatrix} 3 \\ -6 \\ -2 \end{pmatrix} = 3 - 6t - 2t^2,$$

und ebenso kann mit dem Skalar 5 Multipliziert werden,

$$5\begin{pmatrix} 2 \\ 1 \\ -3 \end{pmatrix} = \begin{pmatrix} 10 \\ 5 \\ -15 \end{pmatrix} = 10 - 5t - 15t^2.$$

In der naheliegenden Basis $\mathcal{B} = \{1, t, t^2\}$ sind diese Operationen offensichtlich, aber ebenso kann auch in jeder anderen Basis gerechnet werden, beispielsweise in der Basis $\mathcal{B}^* = \{2 - t, t + t^2, -t^2\}$. Dass $\mathcal{B}^*$ tatsächlich linear unabhängig ist, lässt sich nach Satz 2.8 anhand der Koordinatentupel ihrer Vektoren hinsichtlich der Basis $\mathcal{B}$

zeigen: Die 3-Tupel

$$\begin{pmatrix} 2 \\ -1 \\ 0 \end{pmatrix}, \begin{pmatrix} 0 \\ 1 \\ 1 \end{pmatrix}, \begin{pmatrix} 0 \\ 0 \\ -1 \end{pmatrix}$$

sind linear unabhängig (hier steht ein „unteres Dreiecksschema“). Nun ist

$$2 + t - 3t^2 = (2 - t) + 2(t + t^2) + 5(-t^2) = \begin{pmatrix} 1 \\ 2 \\ 5 \end{pmatrix}^{\mathcal{B}^*}$$

$$1 - 7t + t^2 = \frac{1}{2}(2 - t) - \frac{13}{2}(t + t^2) - \frac{15}{2}(-t^2) = \begin{pmatrix} 1/2 \\ -13/2 \\ -15/2 \end{pmatrix}^{\mathcal{B}^*}$$

und

$$\begin{aligned} \begin{pmatrix} 1 \\ 2 \\ 5 \end{pmatrix}^{\mathcal{B}^*} + \begin{pmatrix} 1/2 \\ -13/2 \\ -15/2 \end{pmatrix}^{\mathcal{B}^*} &= \begin{pmatrix} 3/2 \\ -9/2 \\ -5/2 \end{pmatrix}^{\mathcal{B}^*} \\ &= \frac{3}{2}(2 - t) - \frac{9}{2}(t + t^2) - \frac{5}{2}(-t^2) = 3 - 6t - 2t^2. \end{aligned}$$

Antwort auf Zwischenfrage (4)
Gefragt war nach der Rechnung, die hinter (2.13) steckt.

Es sind die Koordinaten des Vektors $(4, 3)$ hinsichtlich der Basis $\mathcal{B}$ zu berechnen, d. h., es ist das Gleichungssystem

$$x_1^{\mathcal{B}} \begin{pmatrix} 2 \\ 1/2 \end{pmatrix} + x_2^{\mathcal{B}} \begin{pmatrix} 1 \\ 2 \end{pmatrix} = \begin{pmatrix} 4 \\ 3 \end{pmatrix}$$

zu lösen:

$$\begin{array}{cc|cc} 2 & 1 & 4 & (-1/4) \\ 1/2 & 2 & 3 & \downarrow \end{array} \Leftrightarrow \begin{array}{cc|cc} 2 & 1 & 4 & \uparrow \\ 0 & 7/4 & 2 & (-4/7) \end{array} \Leftrightarrow \begin{array}{cc|c} 2 & 0 & 20/7 \\ 0 & 7/4 & 2 \end{array},$$

also $x_1^{\mathcal{B}} = (20/7)/2 = 10/7$ und $x_2^{\mathcal{B}} = 2/(7/4) = 8/7$. (Wir haben hier anstatt des Rückwärtseinsetzens das Gauss-Schema noch einmal nach oben angewandt.)

Das Wichtigste in Kürze

- Das **Erzeugnis** einer Menge ist ein Unterraum. Ist die Menge nichtleer, so ist das Erzeugnis identisch mit der Menge aller Linearkombinationen.
- Eine Menge von Vektoren heißt **linear unabhängig**, wenn sich der Nullvektor nur auf triviale Weise als Linearkombination dieser Menge darstellen lässt.
- Eine **Basis** ist linear unabhängig und spannt den gesamten Raum auf. Die Anzahl der Basisvektoren heißt die **Dimension** des Vektorraums.
- Jeder Vektor kann in eindeutiger Weise als Linearkombination einer Basis dargestellt werden. Die Koeffizienten dieser Linearkombination heißen die **Koordinaten** des Vektors hinsichtlich dieser Basis; sie können zu einem **Koordinatenvektor** zusammengefasst werden.
- Derselbe Vektor besitzt hinsichtlich unterschiedlicher Basen i. Allg. unterschiedliche Koordinatenvektoren. ◀

Und was bedeuten die Formeln?

$$\langle M \rangle := \bigcap \{U \,|\, M \subseteq U,\ U \text{ ist Unterraum von } V\}, \quad \langle \emptyset \rangle = \{\mathbf{0}\} = \langle \mathbf{0} \rangle,$$

$$c_1\boldsymbol{v}_1 + \ldots + c_n\boldsymbol{v}_n = \mathbf{0}, \quad \begin{array}{rrr|r} 1 & -1 & 3 & 0 \\ 2 & -1 & 0 & 0 \\ -1 & 2 & 7 & 0 \end{array} \quad \Leftrightarrow \quad \begin{array}{rrr|r} 1 & -1 & 3 & 0 \\ 0 & 1 & -6 & 0 \\ 0 & 0 & 16 & 0 \end{array},$$

$$\boldsymbol{x} = x_1\boldsymbol{b}_1 + \ldots + x_n\boldsymbol{b}_n = x_1'\boldsymbol{b}_1 + \ldots + x_n'\boldsymbol{b}_n \ \Rightarrow\ x_k = x_k' \ (k = 1, \ldots, n),$$

$$\boldsymbol{e}_1 = \begin{pmatrix} 1 \\ 0 \\ 0 \\ \vdots \\ 0 \end{pmatrix}, \ \boldsymbol{e}_2 = \begin{pmatrix} 0 \\ 1 \\ 0 \\ \vdots \\ 0 \end{pmatrix}, \ldots, \ \boldsymbol{e}_n = \begin{pmatrix} 0 \\ 0 \\ \vdots \\ 0 \\ 1 \end{pmatrix},$$

$$\boldsymbol{v}_1, \ldots, \boldsymbol{v}_k \text{ linear unabhängig} \rightsquigarrow \text{Basis } \{\boldsymbol{v}_1, \ldots, \boldsymbol{v}_k, \boldsymbol{b}_{k+1}, \ldots, \boldsymbol{b}_n\},$$

$$\dim V = n < \infty, \quad \dim \mathbb{R}^3 = 3,$$

$$\begin{array}{rrr|r} 1 & 2 & 1 & -2 \\ 2 & 1 & 1 & 1 \\ 1 & 1 & 2 & 0 \end{array}, \quad (-2, 1, 0)^{\mathcal{E}} = \left(\frac{5}{4}, -\frac{7}{4}, \frac{1}{4}\right)^{\mathcal{B}}.$$

Übungsaufgaben

A2.1 Gib die Lösungen der folgenden Gleichungssysteme an:

a) $\begin{aligned} x + 2y &= -1 \\ -4x - 8y &= 4 \end{aligned}$ **b)** $\begin{aligned} x + 2y &= -1 \\ -4x - 8y &= 5 \end{aligned}$ **c)** $\begin{aligned} \tfrac{1}{2}x + 2y &= 0 \\ 3x + 4y &= 1 \end{aligned}$

d) $\begin{aligned} -y - 2z &= 2 \\ \tfrac{1}{2}x + 7y + \tfrac{1}{2}z &= 2 \\ -x + \tfrac{2}{3}y + z &= -6 \end{aligned}$ **e)** $\begin{aligned} -x - 2z &= -7 \\ \tfrac{1}{4}x + 2y + z &= \tfrac{29}{4} \\ 8y + 2z &= 22 \end{aligned}$ **f)** $\begin{aligned} -x - 2z &= -7 \\ \tfrac{1}{4}x + 2y + z &= 0\,. \\ 8y + 2z &= 11 \end{aligned}$

A2.2 Liegt der Vektor $(1, 0, 0) \in \mathbb{R}^3$ im Erzeugnis der Menge

$$M = \left\{ \begin{pmatrix} 1 \\ 1 \\ 0 \end{pmatrix}, \begin{pmatrix} 0 \\ 1 \\ 1 \end{pmatrix} \right\}?$$

A2.3 Gegeben seien die zwei linear unabhängigen Vektoren

$$\boldsymbol{v}_1 = \begin{pmatrix} 1 \\ 3 \\ -2 \end{pmatrix} \quad \text{und} \quad \boldsymbol{v}_2 = \begin{pmatrix} 0 \\ -1 \\ 2 \end{pmatrix}.$$

Ermittle zwei Vektoren $\boldsymbol{v}_3, \boldsymbol{v}_4 \in \mathbb{R}^3$ so, dass die Menge $M_1 = \{\boldsymbol{v}_1, \boldsymbol{v}_2, \boldsymbol{v}_3\}$ linear unabhängig ist und die Menge $M_2 = \{\boldsymbol{v}_1, \boldsymbol{v}_2, \boldsymbol{v}_4\}$ linear abhängig.

A2.4 Wir betrachten die folgenden Mengen von Vektoren des $\mathbb{R}^3$:

$$M_1 = \left\{ \begin{pmatrix} 1 \\ 2 \\ 1 \end{pmatrix}, \begin{pmatrix} 2 \\ 1 \\ 1 \end{pmatrix}, \begin{pmatrix} 1 \\ 1 \\ 2 \end{pmatrix} \right\}$$

$$M_2 = \left\{ \begin{pmatrix} 3 \\ 1 \\ -5 \end{pmatrix}, \begin{pmatrix} -4 \\ 1 \\ 2 \end{pmatrix}, \begin{pmatrix} -2 \\ 3 \\ -4 \end{pmatrix} \right\}.$$

Stelle den Vektor $\boldsymbol{x} = \begin{pmatrix} -2 \\ 1 \\ 0 \end{pmatrix}$ als Linearkombinationen dieser Mengen dar. Was fällt bei M_2 auf? Warum funktioniert es auch hier?

A2.5 Bilden die folgenden Mengen von Vektoren des $\mathbb{R}^5$ jeweils eine Basis ihres Vektorraums?

$$M_1 = \left\{ \begin{pmatrix} 1 \\ 2 \\ 7 \\ 0 \\ 1 \end{pmatrix}, \begin{pmatrix} 2 \\ 0 \\ 0 \\ 3 \\ 4 \end{pmatrix}, \begin{pmatrix} 1 \\ 0 \\ 1 \\ 1 \\ 1 \end{pmatrix}, \begin{pmatrix} -7 \\ 12 \\ \sqrt{2} \\ 1 \\ 0 \end{pmatrix}, \begin{pmatrix} 0 \\ 0 \\ 0 \\ 0 \\ 1 \end{pmatrix}, \begin{pmatrix} 1 \\ 2 \\ 3 \\ 4 \\ 5 \end{pmatrix} \right\}$$

$$M_2 = \left\{ \begin{pmatrix} 1 \\ 2 \\ 7 \\ 0 \\ 1 \end{pmatrix}, \begin{pmatrix} 2 \\ 0 \\ 0 \\ 3 \\ 4 \end{pmatrix}, \begin{pmatrix} 1 \\ 0 \\ 1 \\ 1 \\ 1 \end{pmatrix}, \begin{pmatrix} 0 \\ 0 \\ 0 \\ 0 \\ 1 \end{pmatrix} \right\}.$$

Kann die Menge M_2 durch Hinzunahme weiterer Vektoren zu einer Basis des $\mathbb{R}^5$ ergänzt werden? Warum (nicht)?

A2.6 Die Koordinaten des Vektors $\boldsymbol{x} \in \mathbb{R}^3$ hinsichtlich der Basis

$$\mathcal{A} = \left\{ \begin{pmatrix} 1 \\ 2 \\ 1 \end{pmatrix}, \begin{pmatrix} 2 \\ 1 \\ 1 \end{pmatrix}, \begin{pmatrix} 1 \\ 1 \\ 2 \end{pmatrix} \right\}$$

lauten $1, 2, 3$. Welches sind seine Koordinaten hinsichtlich der kanonischen Basis $\mathcal{E}$? Welche Koordinaten besitzt er hinsichtlich der Basis

$$\mathcal{B} = \left\{ \begin{pmatrix} 1 \\ 0 \\ 0 \end{pmatrix}, \begin{pmatrix} 1 \\ 1 \\ 0 \end{pmatrix}, \begin{pmatrix} 1 \\ 1 \\ 1 \end{pmatrix} \right\}?$$

A2.7 Sind die folgenden Aussagen richtig oder falsch? Begründe jeweils deine Antwort.

(I) Jeder Unterraum eines Vektorraums besitzt eine Basis.
(II) Besitzt ein Unterraum eine Basis, so kann diese Basis zu einer Basis des gesamten Raums ergänzt werden.
(III) Die Dimension eines echten Unterraums ist immer kleiner als die Dimension des gesamten Vektorraums.
(IV) Der $\mathbb{R}^2$ ist ein Unterraum des $\mathbb{R}^3$.

3 Lineare Abbildungen

Lineare Abbildungen sind vektorwertige Abbildungen, die mit den linearen Operationen vertauschbar sind. Solche Abbildungen können in endlichdimensionalen Vektorräumen durch Matrizen beschrieben werden und die Eigenschaften der Abbildungen finden sich in den zugeordneten Matrizen wieder. Mit den Abbildungen lernen wir daher die entsprechenden Rechenoperationen für Matrizen kennen.

Matrizen sind neben den n-Tupeln die grundlegenden Objekte der linearen Algebra. Neben ihrer Bedeutung im Zusammenhang mit Abbildungen sind sie nützliche Werkzeuge zur Formulierung und Lösung einer Vielzahl von Fragestellungen der linearen Algebra.

Wozu dieses Kapitel im Einzelnen

- Lineare Abbildungen „vertauschen mit den linearen Operationen". Wir wollen uns ansehen, was das heißt und welche Eigenschaften daraus folgen.
- Die Bilder linearer Abbildungen sind Unterräume und besitzen daher eine Dimension. So kommen wir zum Begriff des Rangs einer Abbildung.
- In endlichdimensionalen Vektorräumen können lineare Abbildungen durch Matrizen beschrieben werden. Wir werden sehen, inwiefern sich eine Abbildung in einer Matrix wiederfinden lässt und welche Bedeutung sie hat.
- Nicht nur Abbildungen, sondern auch Matrizen besitzen einen Rang. Es wird keine Überraschung sein, dass er den Rang der Abbildungen wiedergibt.
- Abbildungen kann man addieren und multiplizieren und dasselbe ist daher auch mit Matrizen möglich. Wir werden merken, dass Multiplizieren schwieriger ist.
- Bijektive Abbildungen kann man invertieren und Matrizen somit auch. Bei der Inversion von Matrizen verwenden wir das Gauß-Schema, „runter und wieder rauf".

J. Balla, *Lineare Algebra*, https://doi.org/10.1007/978-3-662-67667-7_3

- Natürlich lernen wir eine Reihe von Beispielen kennen, darunter insbesondere Drehungen, denen wir in den kommenden Kapiteln noch oft begegnen werden.

3.1 Begriff der linearen Abbildung

Es seien V und W zwei beliebige Vektorräume mit dem gemeinsamen Skalarenkörper $\mathbb{K}$.

Definition 3.1 *Eine Abbildung* $\boldsymbol{f} : V \to W$ *heißt eine* lineare Abbildung, *wenn sie folgende Eigenschaften besitzt:*

$$\begin{aligned} &(1) \quad \boldsymbol{f}(\boldsymbol{x}_1 + \boldsymbol{x}_2) = \boldsymbol{f}(\boldsymbol{x}_1) + \boldsymbol{f}(\boldsymbol{x}_2) \quad \textit{für alle } \boldsymbol{x}_1, \boldsymbol{x}_2 \in V \\ &(2) \quad \boldsymbol{f}(c\boldsymbol{x}) = c\boldsymbol{f}(\boldsymbol{x}) \quad \textit{für alle } c \in \mathbb{K}, \boldsymbol{x} \in V. \end{aligned} \tag{3.1}$$

Wie man sieht, ist eine *lineare Abbildung mit den linearen Operationen vertauschbar*, d. h., es ist egal, ob man zunächst die Vektoren addiert oder mit einem Skalar multipliziert und anschließend die Abbildung ausführt oder ob man es umgekehrt macht. Die Linearitätsbedingungen (3.1) sind äquivalent mit der Bedingung

$$\boldsymbol{f}(c_1\boldsymbol{x}_1 + c_2\boldsymbol{x}_2) = c_1\boldsymbol{f}(\boldsymbol{x}_1) + c_2\boldsymbol{f}(\boldsymbol{x}_2) \quad \text{für alle } c_1, c_2 \in \mathbb{K}, \boldsymbol{x}_1, \boldsymbol{x}_2 \in V. \tag{3.2}$$

Lesehilfe
Eine lineare Abbildung ist vektorwertig, d. h., $\boldsymbol{f}(\boldsymbol{x})$ ist ein Vektor aus W. Wir schreiben $\boldsymbol{f}$ daher mit einem fettgedruckten Buchstaben. Und natürlich ist $\boldsymbol{x}$ ebenso ein Vektor, allerdings aus V.

Satz 3.1 *Für jede lineare Abbildung* $\boldsymbol{f}$ *gilt* $\boldsymbol{f}(\mathbf{0}) = \mathbf{0}$ *und* $\boldsymbol{f}(-\boldsymbol{x}) = -\boldsymbol{f}(\boldsymbol{x})$.

Beweis Aus den Linearitätseigenschaften folgt

$$\boldsymbol{f}(\mathbf{0}) = \boldsymbol{f}(0\mathbf{0}) = 0\boldsymbol{f}(\mathbf{0}) = \mathbf{0} \quad \text{und} \quad \boldsymbol{f}(-\boldsymbol{x}) = \boldsymbol{f}((-1)\boldsymbol{x}) = -\boldsymbol{f}(\boldsymbol{x}). \quad \bullet$$

Es ist eine grundlegende Eigenschaft linearer Abbildungen, die $\mathbf{0}$ immer auf die $\mathbf{0}$ abzubilden, wobei bei einer Abbildung $\boldsymbol{f} : V \to W$ genauer gesagt die $\mathbf{0}$ von V auf die $\mathbf{0}$ von W abgebildet wird.[1]

[1] Diese Eigenschaft unterscheidet die linearen Abbildungen von den affinen Abbildungen, bei denen auch eine Verschiebung des Nullpunkts enthalten sein kann.

Von besonderer Bedeutung für eine Vielzahl von Anwendungen sind *bijektive* Abbildungen. Eine lineare Abbildung $\boldsymbol{f} : V \to W$, die bijektiv ist, wird ein *Isomorphismus* von V auf W genannt.

Lesehilfe
Auch bei linearen Abbildungen kann man einfach das Wort „bijektiv" verwenden, aber hier ist es üblich(er), von Isomorphismen zu sprechen. „Isomorph" kommt aus dem Griechischen und bedeutet sinngemäß „gleiche Form" oder „gleiche Gestalt". Wir werden sehen, dass zwei Vektorräume die gleichen grundlegenden Eigenschaften aufweisen, wenn es einen Isomorphismus zwischen ihnen gibt.

Natürlich sind insbesondere auch lineare Abbildungen eines Vektorraums V auf sich selbst möglich. In der obigen Definition ist dann $W = V$ und man spricht von *linearen Selbstabbildungen auf* V.[2]

Beispiele
(1) Die Identität $\mathbf{id} : V \to V$ mit $\mathbf{id}(\boldsymbol{x}) = \boldsymbol{x}$ ist eine lineare Selbstabbildung und ein Isomorphismus.

(2) Die Nullabbildung $\boldsymbol{n} : V \to V$ mit $\boldsymbol{n}(\boldsymbol{x}) = \mathbf{0}$ für alle $\boldsymbol{x} \in V$ ist eine lineare Selbstabbildung, aber kein Isomorphismus.

(3) Die Abbildung $\boldsymbol{s} : V \to V$ mit $\boldsymbol{s}(\boldsymbol{x}) = c\boldsymbol{x}$ mit $c \neq 0$ aus $\mathbb{K}$, also eine Streckung bzw. Stauchung um den Faktor c, ist eine lineare Selbstabbildung und ein Isomorphismus. Die Abbildung $\boldsymbol{v} : V \to V$ mit $\boldsymbol{v}(\boldsymbol{x}) = \boldsymbol{x} + \boldsymbol{a}$ ($\boldsymbol{a} \neq \mathbf{0}$) ist eine Verschiebung und *keine* lineare Abbildung (sondern eine affine Abbildung).

Lesehilfe
Affine Abbildungen besprechen wir nicht. Sie hängen aber eng mit linearen Abbildungen zusammen und enthalten lediglich noch eine Nullpunktsverschiebung.

Wie du im dem obigen Beispiel siehst, sind lineare Funktionen $x \mapsto y = ax + b$ nur für $b = 0$ lineare Selbstabbildungen auf $\mathbb{R}$, denn nur sie bilden die 0 auf die 0 ab. Aber natürlich ist der Fall $V = W = \mathbb{R}$ in der linearen Algebra nicht von Interesse, denn dafür benötigt man keine Vektoren.

(4) Im reellen Funktionenraum F aller Funktionen $f : [a, b] \to \mathbb{R}$ sei F_d die Teilmenge der beliebig oft differenzierbaren Funktionen. Ordnet man jeder Funktion

[2] Eine lineare Selbstabbildung nennt man auch *Endomorphismus* und ein bijektiver Endomorphismus ist ein *Automorphismus*.

$f \in F_d$ als Bild ihre Ableitung f' zu, so wird dadurch eine lineare Selbstabbildung auf F_d definiert. Dies ergibt sich aus der Tatsache, dass die Ableitung einer Funktion linear ist, dass also gilt $(af + bg)' = af' + bg'$ für beliebige $f, g \in F_d$ und $a, b \in \mathbb{R}$. Die Abbildung ist nicht bijektiv, da zwei Funktionen, die sich nur um eine Konstante unterschieden, dieselbe Ableitung haben. Es liegt also kein Isomorphismus vor.

Zwischenfrage (1)
Müssen in dem obigen Beispiel die Funktionen aus F_d tatsächlich beliebig oft differenzierbar sein? Oder reichte nicht auch einmal differenzierbar? Oder zweimal?

3.2 Grundlegende Eigenschaften

Eine lineare Abbildung wird durch die Bilder der Basisvektoren vollständig festgelegt:

Satz 3.2 *Es sei $\mathcal{B}$ eine Basis des Vektorraums V. Jedem Vektor $\boldsymbol{b} \in \mathcal{B}$ sei ein Vektor $\boldsymbol{b}^*$ aus dem zweiten Vektorraum W zugeordnet. Dann gibt es genau eine lineare Abbildung $\boldsymbol{f} : V \to W$ mit $\boldsymbol{f}(\boldsymbol{b}) = \boldsymbol{b}^*$ für alle $\boldsymbol{b} \in \mathcal{B}$.*

Beweis Jeder Vektor $\boldsymbol{x} \in V$ besitzt eine eindeutige Basisdarstellung $\boldsymbol{x} = x_1\boldsymbol{b}_1 + \ldots + x_n\boldsymbol{b}_n$ mit endlich vielen Vektoren $\boldsymbol{b}_1, \ldots, \boldsymbol{b}_n \in \mathcal{B}$. Ist nun $\boldsymbol{f} : V \to W$ eine lineare Abbildung mit $\boldsymbol{f}(\boldsymbol{b}_i) = \boldsymbol{b}_i^*$, $i = 1, \ldots, n$, so folgt wegen der Linearität

$$\boldsymbol{f}(\boldsymbol{x}) = x_1\boldsymbol{f}(\boldsymbol{b}_1) + \ldots + x_n\boldsymbol{f}(\boldsymbol{b}_n) = x_1\boldsymbol{b}_1^* + \ldots + x_n\boldsymbol{b}_n^*. \tag{3.3}$$

Der Bildvektor von $\boldsymbol{x}$ ist somit durch die Koeffizienten x_i und die Bilder der Basisvektoren eindeutig bestimmt. Umgekehrt wird durch

$$\boldsymbol{f}(\boldsymbol{x}) := x_1\boldsymbol{b}_1^* + \ldots + x_n\boldsymbol{b}_n^*$$

eine lineare Abbildung $\boldsymbol{f} : V \to W$ definiert, die die behauptete Eigenschaft besitzt. ●

Wie sich (3.3) entnehmen lässt, legen die Koeffizienten x_i der Basisdarstellung eines Vektors $\boldsymbol{x} \in V$ mit $\boldsymbol{f}(\boldsymbol{x}) = x_1\boldsymbol{f}(\boldsymbol{b}_1) + \ldots + x_n\boldsymbol{f}(\boldsymbol{b}_n)$ auch das Bild von $\boldsymbol{x}$ eindeutig fest.

Betrachten wir nun den Fall eines endlichdimensionalen Vektorraums V mit $\dim V = n$ und es sei $\mathcal{B} = \{\boldsymbol{b}_1, \ldots, \boldsymbol{b}_n\}$ eine Basis von V. Gleichung (3.3) besagt dann, dass der Bildraum von $\boldsymbol{f}$ gleich dem Erzeugnis der Menge $\{\boldsymbol{f}(\boldsymbol{b}_1), \ldots, \boldsymbol{f}(\boldsymbol{b}_n)\}$ ist,

$$\boldsymbol{f}(V) = \langle\{\boldsymbol{f}(\boldsymbol{b}_1), \ldots, \boldsymbol{f}(\boldsymbol{b}_n)\}\rangle. \tag{3.4}$$

Der Bildraum $\boldsymbol{f}(V)$ ist daher höchstens n-dimensional.

Lesehilfe
Ist das „Argument“ von f eine Menge, so haben wir es wieder mit einer Menge zu tun: $f(V)$ ist die Menge aller Vektoren $f(x)$ mit $x \in V$ und damit der Bildraum von f.

Das Erzeugnis $\langle\{f(b_1), \ldots, f(b_n)\}\rangle$ ist nach Satz 2.1 gleich der Menge aller Linearkombinationen $x_1 f(b_1) + \ldots + x_n f(b_n)$ mit $x_1, \ldots, x_n \in \mathbb{K}$.

Sofern die Vektoren $f(b_1), \ldots, f(b_n)$ linear unabhängig sind, nimmt die Dimension des Bildraums von f den maximal möglichen Wert n an. Aber das muss keineswegs so sein, es hängt vielmehr von der Abbildung f ab, wie viele der Vektoren $f(b_1), \ldots, f(b_n)$ linear unabhängig sind. Man setzt:

Definition 3.2 *Die Dimension des Bildraums $f(V)$ einer linearen Abbildung $f: V \to W$ heißt der* Rang der Abbildung f, *also* $\operatorname{rg} f := \dim f(V)$.

Lesehilfe
Wir werden noch sehen, dass der Rang einer Abbildung bei endlichdimensionalen Vektorräumen leicht über die zugeordnete Matrix berechnet werden kann. In einfachen Fällen ist der Rang aber auch ohne Rechnung klar: Zum Beispiel hat die Nullabbildung den Rang 0 und die Identität $\mathbf{id}: \mathbb{R}^n \to \mathbb{R}^n$ den Rang n.

Isomorphismen sind von besonderer Bedeutung. Sie lassen sich wie folgt charakterisieren:

Satz 3.3 *Für eine lineare Abbildung $f: V \to W$ mit $\dim V = n$ sind folgende Aussagen gleichwertig:*

(1) *Die Abbildung f ist ein Isomorphismus.*
(2) *Wenn die Menge $\mathcal{B} = \{b_1, \ldots, b_n\}$ eine Basis von V ist, bilden die Vektoren $f(b_1), \ldots, f(b_n)$ eine Basis von W.*
(3) *Es ist $\operatorname{rg} f = n$.*

Beweis (1)$\Leftrightarrow$(2) Aus $\dim f(V) \le n$ folgt, dass W bei einer bijektiven Abbildung höchstens die Dimension n haben kann. Die Menge aller Bildvektoren von f ergibt sich aus (3.3). Ein beliebig vorgegebener Vektor $x = x_1 b_1 + \ldots + x_n b_n \in V$ wird genau dann eineindeutig auf den Vektor $x_1 f(b_1) + \ldots + x_n f(b_n)$ abgebildet, wenn die Vektoren $f(b_1), \ldots, f(b_n)$ linear unabhängig und somit eine Basis von W sind.

(2)⇔(3) Aufgrund von $\boldsymbol{f}(V) = \langle\{\boldsymbol{f}(\boldsymbol{b}_1), \ldots, \boldsymbol{f}(\boldsymbol{b}_n)\}\rangle$ ist rg $\boldsymbol{f} = n$ gleichbedeutend damit, dass die Vektoren $\boldsymbol{f}(\boldsymbol{b}_1), \ldots, \boldsymbol{f}(\boldsymbol{b}_n)$ linear unabhängig sind und eine Basis von W bilden. •

Lesehilfe
Oben steht insbesondere, dass ein Isomorphismus aus einem n-dimensionalen Vektorraum stets wieder in einen n-dimensionalen Vektorraum führt. Man könnte auch sagen: Durch einen Isomorphismus kann „keine Dimension verlorengehen oder hinzugefügt werden".

Wenn es zwischen zwei endlichdimensionalen Vektorräumen V und W einen Isomorphismus gibt, so bezeichnet man die Räume als *isomorph*. Ist $\mathcal{B} = \{\boldsymbol{b}_1, \ldots, \boldsymbol{b}_n\}$ eine Basis von V und $\mathcal{B}^* = \{\boldsymbol{b}_1^*, \ldots, \boldsymbol{b}_n^*\}$ eine Basis von W, so wird mit $\boldsymbol{f}(\boldsymbol{b}_i) = \boldsymbol{b}_i^*$, $i = 1, \ldots, n$, ein Isomorphismus definiert, d. h., *zwei Vektorräume mit derselben endlichen Dimension sind stets isomorph zueinander*. Insbesondere sind alle n-dimensionalen Vektorräume isomorph zum Raum $\mathbb{K}^n$ der n-Tupel.

Es stellt daher keine Einschränkung dar, bei Abbildungen $\boldsymbol{f} : V \to W$ mit $\dim V = n$ nur lineare Selbstabbildungen zu betrachten, also $W = V$ anzunehmen. Alles, was endlichdimensionale lineare Abbildungen letztlich „können", wird auch bei Selbstabbildungen sichtbar.

Lesehilfe
Wir könnten uns sogar auf den Fall $V = \mathbb{K}^n$ beschränken. Da dies aber zu keiner Vereinfachung der Notation führt, wollen wir bei Abbildungen $\boldsymbol{f} : V \to V$ bleiben. In den (Rechen-)Beispielen werden wir aber letztlich immer bei $V = \mathbb{R}^n$ sein.

Ein Isomorphismus ist eine bijektive Abbildung und daher umkehrbar. Auch die *Umkehrabbildung* oder *inverse Abbildung* ist eine lineare Abbildung:

Satz 3.4 *Die Umkehrabbildung $\boldsymbol{f}^{-1}$ eines Isomorphismus $\boldsymbol{f}$ von V ist selbst wieder ein Isomorphismus von V.*

Beweis Es müssen lediglich die Linearitätseigenschaften nachgewiesen werden. Wegen $\boldsymbol{f}^{-1}(\boldsymbol{f}(\boldsymbol{x})) = \boldsymbol{x}$ und $\boldsymbol{f}\big(\boldsymbol{f}^{-1}(\boldsymbol{x})\big) = \boldsymbol{x}$ gilt für $\boldsymbol{x}_1, \boldsymbol{x}_2 \in V$

$$\begin{aligned} \boldsymbol{f}^{-1}(\boldsymbol{x}_1 + \boldsymbol{x}_2) &= \boldsymbol{f}^{-1}\big(\boldsymbol{f}(\boldsymbol{f}^{-1}(\boldsymbol{x}_1)) + \boldsymbol{f}(\boldsymbol{f}^{-1}(\boldsymbol{x}_2))\big) \\ &\overset{f \text{ linear}}{=} \boldsymbol{f}^{-1}\big(\boldsymbol{f}\big(\boldsymbol{f}^{-1}(\boldsymbol{x}_1) + \boldsymbol{f}^{-1}(\boldsymbol{x}_2)\big)\big) = \boldsymbol{f}^{-1}(\boldsymbol{x}_1) + \boldsymbol{f}^{-1}(\boldsymbol{x}_2) \end{aligned}$$

und analog für $\boldsymbol{x} \in V$ und $c \in \mathbb{K}$

$$\boldsymbol{f}^{-1}(c\boldsymbol{x}) = \boldsymbol{f}^{-1}\big(c\,\boldsymbol{f}(\boldsymbol{f}^{-1}(\boldsymbol{x}))\big) \overset{f \text{ linear}}{=} \boldsymbol{f}^{-1}\big(\boldsymbol{f}\big(c\,\boldsymbol{f}^{-1}(\boldsymbol{x})\big)\big) = c\,\boldsymbol{f}^{-1}(\boldsymbol{x}). \quad \bullet$$

Lesehilfe
„Isomorphismus“ bedeutet ja zweierlei: Ein Isomorphismus ist eine *bijektive* und *lineare* Abbildung. Dass ein Isomorphismus umkehrbar ist, ist in der Eigenschaft „bijektiv“ enthalten. Dass diese Umkehrabbildung auch wieder linear ist, steht im obigen Beweis.

Antwort auf Zwischenfrage (1)
Gefragt war, ob im Beispiel der Ableitung als linearer Abbildung die Funktionen aus F_d beliebig oft differenzierbar sein müssen.

Ja, sie müssen tatsächlich beliebig oft differenzierbar sein. Bei nur einmal differenzierbaren Funktionen wäre deren Ableitung nicht mehr differenzierbar und man hätte daher keine Abbildung des Raums auf sich selbst (weil die Funktionen ihre Eigenschaft der Differenzierbarkeit verloren hätten). Bei zweimal differenzierbaren Funktionen hätte man dasselbe: Die Ableitung wäre keine Selbstabbildung, weil bei den einmal abgeleiteten Funktionen nur noch die einfache Ableitung garantiert wäre.

Beispiele
(1) Wir betrachten eine lineare Selbstabbildung $\boldsymbol{f} : \mathbb{R}^2 \to \mathbb{R}^2$ und die kanonische Basis des $\mathbb{R}^2$. Die Bilder der Basisvektoren seien wie folgt vorgegeben:

$$\boldsymbol{f}\left(\begin{pmatrix}1\\0\end{pmatrix}\right) = \begin{pmatrix}-2\\5\end{pmatrix}, \quad \boldsymbol{f}\left(\begin{pmatrix}0\\1\end{pmatrix}\right) = \begin{pmatrix}1\\-4\end{pmatrix}. \tag{3.5}$$

Damit ist die Abbildung $\boldsymbol{f}$ eindeutig festgelegt. Da die Bilder der Basisvektoren linear unabhängig sind, spannen sie den gesamten $\mathbb{R}^2$ auf und $\boldsymbol{f}$ ist ein Isomorphismus. Das Bild eines beliebigen Vektors $\boldsymbol{x} = (x, y)$ ist

$$\begin{aligned}\boldsymbol{f}\left(\begin{pmatrix}x\\y\end{pmatrix}\right) &= \boldsymbol{f}\left(x\begin{pmatrix}1\\0\end{pmatrix} + y\begin{pmatrix}0\\1\end{pmatrix}\right) = x\,\boldsymbol{f}\left(\begin{pmatrix}1\\0\end{pmatrix}\right) + y\,\boldsymbol{f}\left(\begin{pmatrix}0\\1\end{pmatrix}\right)\\ &= x\begin{pmatrix}-2\\5\end{pmatrix} + y\begin{pmatrix}1\\-4\end{pmatrix} = \begin{pmatrix}-2x+y\\5x-4y\end{pmatrix}.\end{aligned}$$

(2) Das Bild einer linearen Abbildung ist ein Unterraum. Für eine lineare Selbstabbildung $\boldsymbol{f} : \mathbb{R}^3 \to \mathbb{R}^3$ sind daher genau folgende Fälle möglich:

(0) $\boldsymbol{f}$ ist die Nullabbildung, d. h. $\boldsymbol{f}(\boldsymbol{x}) = \boldsymbol{0}$ für alle $\boldsymbol{x} \in \mathbb{R}^3$, gleichbedeutend mit $\operatorname{rg} \boldsymbol{f} = 0$.

(1) $\boldsymbol{f}$ bildet den Raum auf eine Ursprungsgerade ab, gleichbedeutend mit $\operatorname{rg} \boldsymbol{f} = 1$.

(2) f bildet den Raum auf eine Ursprungsebene ab, gleichbedeutend mit rg $f = 2$.
(3) f bildet den Raum auf den Raum ab, gleichbedeutend mit rg $f = 3$ und einem Isomorphismus.

3.3 Matrix einer linearen Selbstabbildung

Lineare Abbildungen sind durch die Bilder der Basisvektoren festgelegt. Bei Selbstabbildungen auf einem Vektorraum V mit $\dim V = n$ hat man es mit n Bildern von Basisvektoren zu tun, die jeweils durch ihre n Koordinaten festgelegt sind. Somit kann eine Abbildung durch n mal n Zahlen beschrieben werden, die man zu einer Matrix anordnet:

Die Menge $\mathcal{B} = \{\boldsymbol{b}_1, \dots, \boldsymbol{b}_n\}$ sei eine Basis von V. Die Bilder der Basisvektoren unter einer linearen Abbildung $\boldsymbol{f} : V \to V$ lassen sich als Linearkombinationen von $\mathcal{B}$ darstellen,

$$\boldsymbol{f}(\boldsymbol{b}_j) = a_{1j}\boldsymbol{b}_1 + \ldots + a_{nj}\boldsymbol{b}_n = \sum_{i=1}^{n} a_{ij}\boldsymbol{b}_i, \qquad j = 1, \ldots, n. \tag{3.6}$$

Die lineare Abbildung $\boldsymbol{f}$ wird durch die Koeffizienten a_{ij} vollständig beschrieben. Sie lassen sich als die Elemente einer Matrix A mit n Zeilen und n Spalten, also einer $n \times n$-Matrix auffassen:

$$A = \left(a_{ij}\right)_{\substack{1 \le i \le n \\ 1 \le j \le n}} = \begin{pmatrix} a_{11} & a_{12} & \cdots & a_{1n} \\ a_{21} & a_{22} & \cdots & a_{2n} \\ \vdots & \vdots & \ddots & \vdots \\ a_{n1} & a_{n2} & \cdots & a_{nn} \end{pmatrix}. \tag{3.7}$$

Lesehilfe
Eine $n \times n$-Matrix ist ein Schema, in dem n^2 Zahlen systematisch angeordnet werden. Die Matrix A besitzt die einzelnen Elemente a_{ij}, wobei der erste Index der *Zeilenindex* und der zweite Index der *Spaltenindex* ist. Das Element a_{23} steht also in der zweiten Zeile an dritter Stelle.

In der obigen Bedeutung der Matrix A gibt der Index j an, in welchen der Gleichungen (3.6) man sich befindet, und der Index i zählt dann die Koeffizienten der jeweiligen Linearkombination durch.

Die Matrix A beschreibt die Abbildung $\boldsymbol{f} : V \to V$ *hinsichtlich der Basis $\mathcal{B}$ von V* eindeutig: *Die Spalten der Matrix A entsprechen den Koordinaten-n-Tupeln der Vektoren $\boldsymbol{f}(\boldsymbol{b}_j)$, $j = 1, \ldots, n$, hinsichtlich der Basis $\mathcal{B}$.* Die Zuordnung der Matrix A zu einer linearen Selbstabbildung hängt somit von der Basis $\mathcal{B}$ ab. Hinsichtlich unterschiedlicher Basen sind einer linearen Abbildung $\boldsymbol{f}$ i. Allg. unterschiedliche Matrizen zugeordnet.

Mit Hilfe der zugeordneten Matrix können die Koordinaten eines Bildvektors $\boldsymbol{f}(\boldsymbol{x})$ in einfacher Weise berechnet werden: Mit $\boldsymbol{x} = \sum_{j=1}^{n} x_j \boldsymbol{b}_j$ erhält man

$$\begin{aligned}\boldsymbol{f}(\boldsymbol{x}) &= \boldsymbol{f}\left(\sum_{j=1}^{n} x_j \boldsymbol{b}_j\right) \overset{\boldsymbol{f}\text{ linear}}{=} \sum_{j=1}^{n} x_j \boldsymbol{f}(\boldsymbol{b}_j) = \sum_{j=1}^{n} x_j \left(\sum_{i=1}^{n} a_{ij} \boldsymbol{b}_i\right) \\ &= \sum_{i=1}^{n} \underbrace{\left(\sum_{j=1}^{n} a_{ij} x_j\right)}_{y_i} \boldsymbol{b}_i .\end{aligned}$$

Die Koordinaten y_i des Bildvektors $\boldsymbol{y} = \boldsymbol{f}(\boldsymbol{x})$ hinsichtlich der Basis $\mathcal{B}$ werden also gegeben durch

$$y_i = \sum_{j=1}^{n} a_{ij} x_j , \qquad i = 1, \ldots, n. \tag{3.8}$$

Lesehilfe

In der obigen Herleitung von (3.8) sind die Reihenfolgen der Summationen vertauscht worden, das ist möglich und ändert nichts an der Summe. Es ist also

$$\begin{aligned}\sum_{j=1}^{n} x_j \left(\sum_{i=1}^{n} a_{ij} \boldsymbol{b}_i\right) &= \sum_{j=1}^{n}\sum_{i=1}^{n} x_j a_{ij} \boldsymbol{b}_i = \sum_{i=1}^{n}\sum_{j=1}^{n} a_{ij} x_j \boldsymbol{b}_i \\ &= \sum_{i=1}^{n} \left(\sum_{j=1}^{n} a_{ij} x_j\right) \boldsymbol{b}_i .\end{aligned}$$

Zwischenfrage (2)

Wie lauten die Gleichungen (3.8) für $n = 3$ explizit ausgeschrieben?

Matrix mal Vektor

Die n Koordinatengleichungen (3.8) sind etwas unhandlich aufzuschreiben. Aber sie lassen sich zu der einfachen Vektorgleichung

$$\boldsymbol{y} = A\boldsymbol{x} \tag{3.9}$$

zusammenfassen, wenn man verabredet, dass der Vektor $\boldsymbol{x}$ stehend hinter die Matrix geschrieben wird und die Multiplikation so erfolgt, dass der Vektor der Reihe nach „auf die einzelnen Zeilen der Matrix gelegt wird“ und die Produkte der dann übereinander liegenden Zahlen summiert werden:

$$\begin{pmatrix} a_{11} & \cdots & a_{1n} \\ \vdots & \ddots & \vdots \\ a_{n1} & \cdots & a_{nn} \end{pmatrix} \begin{pmatrix} x_1 \\ \vdots \\ x_n \end{pmatrix} = \begin{pmatrix} a_{11}x_1 + \ldots + a_{1n}x_n \\ \vdots \\ a_{n1}x_1 + \ldots + a_{nn}x_n \end{pmatrix} = \begin{pmatrix} y_1 \\ \vdots \\ y_n \end{pmatrix}. \tag{3.10}$$

Zusammenfassend können wir nun formulieren: *Ist im Vektorraum V mit der Basis $\mathcal{B} = \{\boldsymbol{b}_1, \ldots, \boldsymbol{b}_n\}$ einer linearen Abbildung $\boldsymbol{f} : V \to V$ gemäß der Vorschrift* (3.6) *die Matrix A zugeordnet, enthält sie also spaltenweise die Bilder der Basisvektoren,*

$$A = \begin{pmatrix} \uparrow & \uparrow & & \uparrow \\ \boldsymbol{f}(\boldsymbol{b}_1) & \boldsymbol{f}(\boldsymbol{b}_2) & \cdots & \boldsymbol{f}(\boldsymbol{b}_n) \\ \downarrow & \downarrow & & \downarrow \end{pmatrix}, \tag{3.11}$$

so ergibt sich das Bild eines beliebigen Vektors $\boldsymbol{x} \in V$ als

$$\boldsymbol{f}(\boldsymbol{x}) = A\boldsymbol{x}. \tag{3.12}$$

Die Vektoren $\boldsymbol{x}$, $\boldsymbol{f}(\boldsymbol{x})$, $\boldsymbol{f}(\boldsymbol{b}_j)$, $j = 1, \ldots, n$, sind dabei als Koordinatenvektoren hinsichtlich der Basis $\mathcal{B}$ zu verstehen.

Bei vorgegebener Basis sind lineare Selbstabbildungen letztlich synonym zu $n \times n$-Matrizen: Jede Abbildung wird durch eine Matrix beschrieben und umgekehrt gibt die Menge aller Matrizen sämtliche Abbildungen wieder.

Antwort auf Zwischenfrage (2)

Gefragt war nach den Gleichungen (3.8) für $n = 3$.

Für $n = 3$ haben wir die drei Gleichungen

$$\begin{aligned} y_1 &= a_{11}x_1 + a_{12}x_2 + a_{13}x_3 \\ y_2 &= a_{21}x_1 + a_{22}x_2 + a_{23}x_3 \\ y_3 &= a_{31}x_1 + a_{32}x_2 + a_{33}x_3. \end{aligned}$$

Beispiele

(1) Wir kommen noch einmal auf das Beispiel (3.5) zurück: Hinsichtlich der kanonischen Basis ist der Abbildung $\boldsymbol{f} : \mathbb{R}^2 \to \mathbb{R}^2$ mit

$$\boldsymbol{f}\left(\begin{pmatrix} 1 \\ 0 \end{pmatrix}\right) = \begin{pmatrix} -2 \\ 5 \end{pmatrix}, \quad \boldsymbol{f}\left(\begin{pmatrix} 0 \\ 1 \end{pmatrix}\right) = \begin{pmatrix} 1 \\ -4 \end{pmatrix}$$

die Matrix

$$A = \begin{pmatrix} -2 & 1 \\ 5 & -4 \end{pmatrix}$$

zugeordnet. Das Bild eines Vektors $\boldsymbol{x}$ ist daher

$$\boldsymbol{f}(\boldsymbol{x}) = \boldsymbol{f}\left(\begin{pmatrix} x \\ y \end{pmatrix}\right) = \begin{pmatrix} -2 & 1 \\ 5 & -4 \end{pmatrix}\begin{pmatrix} x \\ y \end{pmatrix} = \begin{pmatrix} -2x + y \\ 5x - 4y \end{pmatrix},$$

also alles wie gehabt, nur kürzer.

(2) Für die Identität $\mathbf{id} : V \to V$ mit $\dim V = 3$ gilt mit jeder beliebigen Basis $\mathcal{B} = \{\boldsymbol{b}_1, \boldsymbol{b}_2, \boldsymbol{b}_3\}$

$$\mathbf{id}(\boldsymbol{b}_j) = \boldsymbol{b}_j, \qquad j = 1, 2, 3,$$

d. h. ausführlich

$$\begin{aligned} \mathbf{id}(\boldsymbol{b}_1) &= 1\,\boldsymbol{b}_1 + 0\,\boldsymbol{b}_2 + 0\,\boldsymbol{b}_3 &\longleftarrow\quad &\text{1. Spalte von } A \\ \mathbf{id}(\boldsymbol{b}_2) &= 0\,\boldsymbol{b}_1 + 1\,\boldsymbol{b}_2 + 0\,\boldsymbol{b}_3 &\longleftarrow\quad &\text{2. Spalte von } A \\ \mathbf{id}(\boldsymbol{b}_3) &= 0\,\boldsymbol{b}_1 + 0\,\boldsymbol{b}_2 + 1\,\boldsymbol{b}_3 &\longleftarrow\quad &\text{3. Spalte von } A. \end{aligned}$$

Die Matrix der Identität lautet daher

$$A = \begin{pmatrix} 1 & 0 & 0 \\ 0 & 1 & 0 \\ 0 & 0 & 1 \end{pmatrix}.$$

Analog verhält es sich im einem beliebigen Vektorraum V mit $\dim V = n$:

Die Identität eines n-dimensionalen Vektorraums wird hinsichtlich jeder beliebigen Basis durch die $n \times n$-Einheitsmatrix

$$E_n = \begin{pmatrix} 1 & 0 & \cdots & 0 \\ 0 & 1 & \cdots & 0 \\ \vdots & \vdots & \ddots & \vdots \\ 0 & 0 & \cdots & 1 \end{pmatrix} = \operatorname{diag}(1, 1, \ldots, 1) \tag{3.13}$$

beschrieben, die auf der Hauptdiagonale Einsen und ansonsten nur Nullen besitzt.

Die Identität weist also die Besonderheit auf, dass ihre Matrixdarstellung nicht von der gewählten Basis abhängt.

Lesehilfe

Die Bezeichung „diag“ steht für eine Diagonalmatrix, also eine Matrix, die abseits der Diagonale nur Nullen aufweist. In Klammern werden dann die Diagonalelemente angegeben, also ist etwa

$$\operatorname{diag}(1, -2, 3) = \begin{pmatrix} 1 & 0 & 0 \\ 0 & -2 & 0 \\ 0 & 0 & 3 \end{pmatrix}.$$

3.4 Beispiel: Drehungen

Wir betrachten eine Drehung $\boldsymbol{d}_\alpha$ mit dem Winkel α um den Koordinatenursprung des $\mathbb{R}^2$, siehe Abb. 3.1. Für $\alpha > 0$ erfolge die Drehung im mathematisch positiven Sinn gegen den Uhrzeigersinn (d. h. auf dem kurzen Weg von der x- zur y-Achse). Die kanonischen Basisvektoren werden somit abgebildet auf

$$\boldsymbol{d}_\alpha\left(\begin{pmatrix} 1 \\ 0 \end{pmatrix}\right) = \begin{pmatrix} \cos\alpha \\ \sin\alpha \end{pmatrix}, \quad \boldsymbol{d}_\alpha\left(\begin{pmatrix} 0 \\ 1 \end{pmatrix}\right) = \begin{pmatrix} -\sin\alpha \\ \cos\alpha \end{pmatrix}. \tag{3.14}$$

Die Matrix der zweidimensionalen Drehung lautet also hinsichtlich der kanonischen Basis

$$D_\alpha = \begin{pmatrix} \cos\alpha & -\sin\alpha \\ \sin\alpha & \cos\alpha \end{pmatrix} \tag{3.15}$$

und der Bildvektor zu einem beliebigen Vektor $\boldsymbol{x} = (x, y)$ ist

$$\boldsymbol{d}_\alpha(\boldsymbol{x}) = \begin{pmatrix} \cos\alpha & -\sin\alpha \\ \sin\alpha & \cos\alpha \end{pmatrix}\begin{pmatrix} x \\ y \end{pmatrix} = \begin{pmatrix} x\cos\alpha - y\sin\alpha \\ x\sin\alpha + y\cos\alpha \end{pmatrix}. \tag{3.16}$$

Lesehilfe

Eine zweidimensionale Drehung erfolgt um den Ursprung und ist allein durch den Drehwinkel festgelegt. Die Gleichungen (3.14) werden sofort klar, wenn man sich die Definitionen von Sinus und Cosinus am Einheitskreis klarmacht.

Natürlich kann man sich geometrisch auch Drehungen des $\mathbb{R}^2$ um andere Punkte als den Ursprung vorstellen, hat es dann aber nicht mit linearen Abbildungen zu tun, da sie die $\mathbf{0}$ nicht auf die $\mathbf{0}$ abbilden.

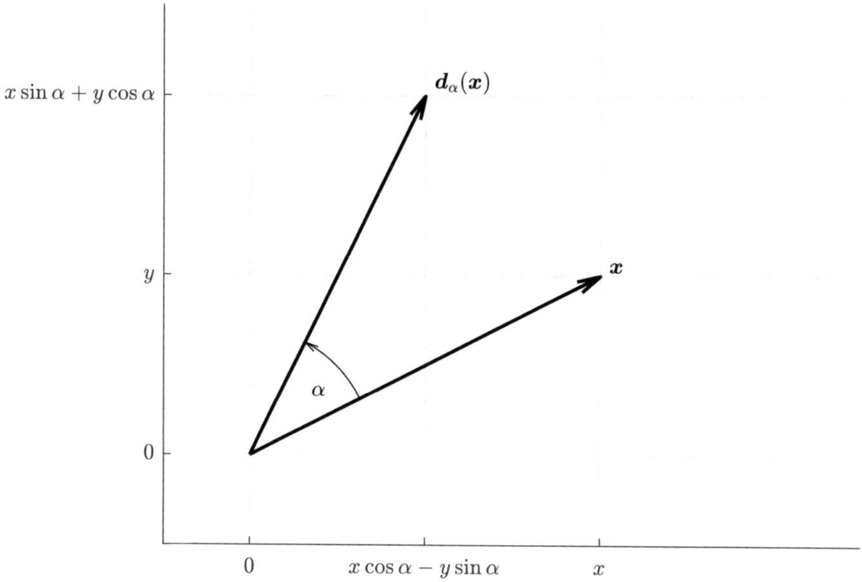

Abb. 3.1 Ein Vektor $\boldsymbol{x}$ habe in einem kartesischen Koordinatensystem, das die kanonische Basis $\{(1,0),(0,1)\}$ darstellt, die Koordinaten x, y. Dieser Vektor wird durch die Drehung $\boldsymbol{d}_\alpha$ mit dem Winkel α in mathematisch positiver Richtung um den Ursprung des Koordinatensystems gedreht. Als Ergebnis ergibt sich der Vektor $\boldsymbol{d}_\alpha(\boldsymbol{x})$ mit den Koordinaten $x\cos\alpha - y\sin\alpha$, $x\sin\alpha + y\cos\alpha$

Eine Drehung ist eine bijektive Abbildung, ein Isomorphismus. Die Inversion der Drehung $\boldsymbol{d}_\alpha$ erfolgt durch die entsprechende Rückdrehung, also die Drehung $\boldsymbol{d}_{-\alpha}$ mit der Matrix

$$D_{-\alpha} = \begin{pmatrix} \cos(-\alpha) & -\sin(-\alpha) \\ \sin(-\alpha) & \cos(-\alpha) \end{pmatrix} = \begin{pmatrix} \cos\alpha & \sin\alpha \\ -\sin\alpha & \cos\alpha \end{pmatrix}, \tag{3.17}$$

wobei sich das zweite Gleichheitszeichen aus den Symmetrien von Cosinus und Sinus ergibt. Mit Blick auf die Matrix (3.15) erkennt man, dass mit der Umkehrung des Drehsinns nur das Minuszeichen von dem einen Sinusterm zum anderen wandert.

Zwischenfrage (3)
Warum „ergibt sich aus den Symmetrien von Cosinus und Sinus" das zweite Gleichheitszeichen in (3.17)?

Drehungen im $\mathbb{R}^3$

Im $\mathbb{R}^3$ sind Drehungen komplizierter. Zur ihrer Festlegung ist es hier notwendig, neben dem Drehwinkel auch eine *Drehachse* vorzugeben. Dazu betrachten wir im Folgenden die kanonische Basis des $\mathbb{R}^3$ und ein kartesisches xyz-Koordinatensystem.

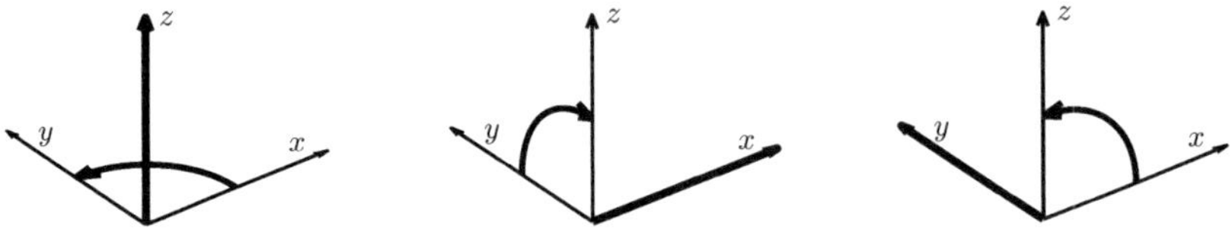

Abb. 3.2 Für eine Drehung im $\mathbb{R}^3$ muss neben dem Drehwinkel auch eine Drehachse angegeben werden. Erfolgt die Drehung um eine Koordinatenachse eines kartesischen xyz-Koordinatensystems, so haben die Drehmatrizen eine einfache Form, siehe (3.18), (3.19) und (3.20). Die Drehung erfolgt jeweils auf dem kurzen Weg von der Achse, die der Spalte ohne Minuszeichen entspricht, zur Achse mit Minuszeichen; die Koordinate, die der Spalte mit der Eins entspricht, bleibt unverändert

Bei Drehungen um die Koordinatenachsen können die Matrizen der Drehungen leicht angegeben werden: Bei einer Drehung um die z-Achse bleiben die z-Koordinaten der Vektoren unverändert, während die x- und y-Koordinaten in aus dem $\mathbb{R}^2$ bekannter Weise verdreht werden. Ihre Drehmatrix lautet daher

$$D_z = \begin{pmatrix} \cos\alpha & -\sin\alpha & 0 \\ \sin\alpha & \cos\alpha & 0 \\ 0 & 0 & 1 \end{pmatrix}. \tag{3.18}$$

Der Drehsinn kann so beschrieben werden, dass die Drehung auf dem kurzen Weg von der x- zur y-Achse erfolgt. Siehe Abb. 3.2.

Analog erhält man eine Drehung um die x-Achse durch die Matrix

$$D_x = \begin{pmatrix} 1 & 0 & 0 \\ 0 & \cos\alpha & -\sin\alpha \\ 0 & \sin\alpha & \cos\alpha \end{pmatrix}. \tag{3.19}$$

Die Drehung erfolgt auf dem kurzen Weg von der y- zur z-Achse. Eine Drehung um die y-Achse schließlich wird beschrieben durch

$$D_y = \begin{pmatrix} \cos\alpha & 0 & -\sin\alpha \\ 0 & 1 & 0 \\ \sin\alpha & 0 & \cos\alpha \end{pmatrix} \tag{3.20}$$

und sie erfolgt auf dem kurzen Weg von der x- zur z-Achse. Die inversen Drehungen erhält man in gewohnter Weise, indem man α durch $-\alpha$ ersetzt (oder das Minuszeichen „von einem Sinus zum anderen schiebt").

Die Form einer Abbildungsmatrix hängt generell von der Wahl der Basis ab. Soll die Drehung in einer Basis beschrieben werden, in der die Drehachse mit keiner Koordinatenachse zusammenfällt, ist mehr Aufwand erforderlich. Wir gehen darauf in Abschn. 4.3 ein.

Antwort auf Zwischenfrage (3)
Gefragt war nach dem zweiten Gleichheitszeichen in (3.17).

Der Cosinus ist eine gerade Funktion, d. h., für alle $\alpha \in \mathbb{R}$ gilt $\cos(-\alpha) = \cos\alpha$. Die Cosinusterme behalten daher beim Wechsel des Drehsinns ihre Form. Der Sinus hingegen ist ungerade, d. h., es ist $\sin(-\alpha) = -\sin\alpha$, sodass die Sinusterme beim Wechsel der Drehrichtung ein Minuszeichen erhalten.

Höherdimensionale Drehungen
Auch höherdimensionale Drehungen werden in geeignet gewählten Basen durch Matrizen beschrieben, die auf der Hauptdiagonale Einsen und „Drehkästchen"

$$\begin{matrix} \cos\alpha & -\sin\alpha \\ \sin\alpha & \cos\alpha \end{matrix}$$

aufweisen und ansonsten nur Nullen. So beschreiben etwa die Matrizen

$$\begin{pmatrix} \cos\alpha & -\sin\alpha & 0 & 0 \\ \sin\alpha & \cos\alpha & 0 & 0 \\ 0 & 0 & \cos\beta & -\sin\beta \\ 0 & 0 & \sin\beta & \cos\beta \end{pmatrix} \quad \text{oder} \quad \begin{pmatrix} 1 & 0 & 0 & 0 \\ 0 & \cos\alpha & -\sin\alpha & 0 \\ 0 & \sin\alpha & \cos\alpha & 0 \\ 0 & 0 & 0 & 1 \end{pmatrix}$$

zwei Drehungen des $\mathbb{R}^4$: In einem Fall werden die 1- und 2-Komponente und die 3- und 4-Komponente untereinander verdreht und im anderen Fall werden die 2- und 3-Komponente verdreht, während die 1- und 4-Komponenten unverändert bleiben.

Lesehilfe
Bei einer Drehung im $\mathbb{R}^3$ wäre eine Basis, bei der die Drehung um die y-Achse erfolgt, im obigen Sinn keine „geeignet gewählte Basis", weil hier kein zusammenhängendes Drehkästchen auftaucht. Man kann aber eine Basis wählen, deren x- oder z-Achse der Drehachse entspricht.

3.5 Berechnung des Rangs

Der Rang einer linearen Selbstabbildung $\boldsymbol{f} : V \to V$ ist gleich der Dimension ihres Bildraums, der gegeben wird durch

$$\boldsymbol{f}(V) = \langle\{\boldsymbol{f}(\boldsymbol{b}_1), \ldots, \boldsymbol{f}(\boldsymbol{b}_n)\}\rangle,$$

siehe (3.4). Sofern die Vektoren $\boldsymbol{f}(\boldsymbol{b}_1), \ldots, \boldsymbol{f}(\boldsymbol{b}_n)$ linear unabhängig sind, spannen sie den gesamten Raum V auf und es ist $\operatorname{rg} \boldsymbol{f} = n$. Sind die Vektoren nicht linear unabhängig, wird nur ein Unterraum von V aufgespannt und *seine Dimension ist gleich der Maximalzahl linear unabhängiger Vektoren in der Menge* $\{\boldsymbol{f}(\boldsymbol{b}_1), \ldots, \boldsymbol{f}(\boldsymbol{b}_n)\}$. Die damit verbundene Fragestellung lässt sich auf die der Abbildung $\boldsymbol{f}$ zugeordnete Matrix A übertragen: Fasst man die Spalten einer Matrix als Vektoren im $\mathbb{K}^n$ auf, so ist der Rang von $\boldsymbol{f}$ gleich der Maximalzahl linear unabhängiger Spalten in der Matrix

$$A = \begin{pmatrix} \uparrow & \uparrow & & \uparrow \\ \boldsymbol{f}(\boldsymbol{b}_1) & \boldsymbol{f}(\boldsymbol{b}_2) & \cdots & \boldsymbol{f}(\boldsymbol{b}_n) \\ \downarrow & \downarrow & & \downarrow \end{pmatrix}.$$

Lesehilfe

Hier wird von der „Maximalzahl linear unabhängiger Spalten“ gesprochen und nicht einfach von der „Anzahl linear unabhängiger Spalten“. Sehen wir uns das am Beispiel der Matrix

$$A = \begin{pmatrix} 1 & 2 & 3 & 0 \\ 0 & 0 & 0 & 4 \\ 0 & 0 & 0 & 0 \\ 0 & 0 & 0 & 0 \end{pmatrix}$$

an. Linear unabhängig oder nicht bezieht sich immer auf eine Menge von Vektoren oder – hier – Spalten der Matrix. Die vier Spalten der Matrix sind linear abhängig. Wählt man drei Spalten aus, sind sie ebenso immer linear abhängig. Wählt man zwei aus, ergibt sich folgendes Bild: Die Spalten 1 und 2 sind linear abhängig, ebenso die Spalten 1 und 3 und auch 2 und 3. Wählt man 1, 2 oder 3 zusammen mit Spalte 4 aus, hat man aber eine linear unabhängige Menge. Die *Maximalzahl* linear unabhängiger Spalten ist also gleich zwei.

Rang einer Matrix

Wir wollen uns ein Rechenverfahren ansehen, das die Bestimmung der Maximalzahl linear unabhängiger Spalten (oder Zeilen) einer Matrix erlaubt. Dabei betrachten wir nicht nur quadratische Matrizen, sondern allgemeiner $m \times n$-Matrizen, die aus m Zeilen und n Spalten bestehen:

$$A = \left(a_{ij}\right)_{\substack{1 \le i \le m \\ 1 \le j \le n}} = \begin{pmatrix} a_{11} & a_{12} & \cdots & a_{1n} \\ a_{21} & a_{22} & \cdots & a_{2n} \\ \vdots & \vdots & \ddots & \vdots \\ a_{m1} & a_{m2} & \cdots & a_{mn} \end{pmatrix}.$$

Die Spaltenvektoren dieser Matrix wollen wir mit $\boldsymbol{a}_1, \ldots, \boldsymbol{a}_n$ bezeichnen und die Zeilenvektoren mit $\bar{\boldsymbol{a}}_1, \ldots, \bar{\boldsymbol{a}}_m$.

Die wesentliche Methode des Rechenverfahrens besteht darin, dass an der Matrix A die folgenden *elementaren Umformungen* vorgenommen werden können, durch die sich die Maximalzahl linear unabhängiger Spalten nicht ändert:

(1) *Vertauschung zweier Spalten der Matrix.*
(2) *Vertauschung zweier Zeilen der Matrix.*
(3) *Für $k \neq l$ Ersetzung des Spaltenvektors $\boldsymbol{a}_k$ durch den Vektor $\boldsymbol{a}'_k = \boldsymbol{a}_k + c\boldsymbol{a}_l$, $c \in \mathbb{K}$ beliebig.*
(4) *Für $k \neq l$ Ersetzung des Zeilenvektors $\bar{\boldsymbol{a}}_k$ durch den Vektor $\bar{\boldsymbol{a}}'_k = \bar{\boldsymbol{a}}_k + c\bar{\boldsymbol{a}}_l$, $c \in \mathbb{K}$ beliebig.*

Für diese elementaren Umformungen gilt

Satz 3.5 *Die Maximalzahl linear unabhängiger Spaltenvektoren einer Matrix wird durch die elementaren Umformungen (1)–(4) nicht geändert.*

Beweis Bei (1) handelt es sich lediglich um eine Umnummerierung der Spalten und bei (2) um eine Umnummerierung der Komponenten der Spalten. Nun zu Typ (3): Die Spaltenvektoren der Matrix spannen einen Unterraum U von $\mathbb{K}^n$ auf und die Maximalzahl linear unabhängiger Spaltenvektoren ist die Dimension von U. Wegen $\boldsymbol{a}'_k = \boldsymbol{a}_k + c\boldsymbol{a}_l$ und $\boldsymbol{a}_k = \boldsymbol{a}'_k - c\boldsymbol{a}_l$ ist aber klar, dass die Spaltenvektoren der umgeformten Matrix denselben Unterraum U aufspannen. Typ (4) schließlich kann auf einen Basiswechsel zurückgeführt werden: Es sei $\{\boldsymbol{e}_1, \ldots, \boldsymbol{e}_n\}$ die kanonische Basis des $\mathbb{K}^n$. Setzt man $\boldsymbol{e}^*_l = \boldsymbol{e}_l + c\boldsymbol{e}_k$ und $\boldsymbol{e}^*_r = \boldsymbol{e}_r$ für $r \neq l$, so ist wegen Satz 2.5 („kleiner Austauschsatz“) auch $\{\boldsymbol{e}^*_1, \ldots, \boldsymbol{e}^*_n\}$ eine Basis des $\mathbb{K}^n$. Die Zeilenumformung (4) führt nun den Spaltenvektor $\boldsymbol{a}_j = a_{1j}\boldsymbol{e}_1 + \ldots + a_{nj}\boldsymbol{e}_n$ über in den neuen Spaltenvektor

$$
\begin{aligned}
\boldsymbol{a}^*_j &= a_{1j}\boldsymbol{e}_1 + \ldots + (a_{kj} + ca_{lj})\boldsymbol{e}_k + \ldots + a_{lj}\boldsymbol{e}_l + \ldots + a_{nj}\boldsymbol{e}_n \\
&= a_{1j}\boldsymbol{e}_1 + \ldots + a_{kj}\boldsymbol{e}_k + \ldots + a_{lj}(\boldsymbol{e}_l + c\boldsymbol{e}_k) + \ldots + a_{nj}\boldsymbol{e}_n \\
&= a_{1j}\boldsymbol{e}^*_1 + \ldots + a_{kj}\boldsymbol{e}^*_k + \ldots + a_{lj}\boldsymbol{e}^*_l + \ldots + a_{nj}\boldsymbol{e}^*_n
\end{aligned}
$$

und dieser besitzt hinsichtlich der neuen Basis $\{\boldsymbol{e}^*_1, \ldots, \boldsymbol{e}^*_n\}$ dieselben Koordinaten wie $\boldsymbol{a}_j$ hinsichtlich der Basis $\{\boldsymbol{e}_1, \ldots, \boldsymbol{e}_n\}$. Umformung (4) bedeutet also nur, dass die Spaltenvektoren hinsichtlich einer anderen Basis beschrieben werden. •

Zwischenfrage (4)
Warum muss in den elementaren Umformungen (3) und (4) $k \neq l$ sein?

Die elementaren Umformungen (1)–(4) können nun dazu verwendet werden, die Matrix A in eine Form zu überführen, in der sich die Maximalzahl unabhängiger

Spalten oder Zeilen ablesen lässt:

$$A \xrightarrow[\text{Umformungen}]{\text{elementare}} B = \begin{pmatrix} b_{11} & b_{12} & \cdots & \cdots & \cdots & b_{1n} \\ 0 & b_{22} & \cdots & \cdots & \cdots & b_{2n} \\ 0 & \cdots & \ddots & \cdots & \cdots & \vdots \\ 0 & \cdots & 0 & b_{rr} & \cdots & b_{rn} \\ 0 & \cdots & 0 & 0 & \cdots & 0 \\ \vdots & \vdots & \vdots & \vdots & \vdots & \vdots \\ 0 & 0 & \cdots & 0 & \cdots & 0 \end{pmatrix}. \tag{3.21}$$

Die Matrix B enthält in den letzten $m - r$ Zeilen nur Nullen, während die Elemente $b_{11}, b_{22}, \ldots, b_{rr}$ von 0 verschieden sind. Links von ihnen stehen lauter Nullen, rechts von ihnen beliebige Skalare. Zugelassen ist auch der Fall $r = m$, bei dem die aus lauter Nullen bestehenden Zeilen nicht auftreten.

Eine Überführung der Matrix A in eine Matrix der Form B ist mittels der elementaren Umformungen (1)–(4) stets in endlich vielen Schritten möglich.

Dabei geht man zum Beispiel wie folgt vor:

(1) Falls nötig, sorgt man zunächst durch Zeilen- oder Spaltenvertauschung dafür, dass das (1,1)-Element ungleich 0 ist. Anschließend addiert man zu den Zeilen 2 bis m passende Vielfache der ersten Zeile so, dass die jeweiligen 1-Elemente der Summenzeilen 0 werden. Im Ergebnis erhält man eine Matrix, deren erste Spalte ein 1-Element ungleich 0 und ansonsten nur Nullen enthält.

(2) Erneut sorgt man ggf. durch Zeilen- oder Spaltenvertauschung – allerdings ohne Verwendung der ersten Zeile oder Spalte – dafür, dass das (2,2)-Element ungleich 0 ist. Anschließend addiert man zu den Zeilen 3 bis m passende Vielfache der zweiten Zeile so, dass die jeweiligen 2-Elemente der Summenzeilen 0 werden. Im Ergebnis weist die Matrix (neben der unveränderten ersten Spalte) eine zweite Spalte auf, deren 2-Element ungleich 0 ist, während die weiter unten stehenden Elemente allesamt 0 sind.

(3) Analog geht man mit den weiteren Elementen (3,3), (4,4) usw. vor, bis die Matrix die Form B wie in (3.21) aufweist.

Lesehilfe

Du siehst hier letztlich wieder das Gauß-Schema, mit dem jetzt eine Matrix in eine „obere Dreiecksmatrix" überführt wird. Neben den Zeilenvertauschungen ist bei der Berechnung des Rangs aber auch eine Vertauschung von Spalten ohne Weiteres erlaubt. Das ist übrigens auch beim Lösen von Gleichungssystemen möglich, nur muss dann festgehalten werden, welche Spalte zu welcher Lösungsvariable gehört.

Für die Matrix B gilt nun

Satz 3.6 *In der Matrix B sind die ersten r Zeilen (Spalten) linear unabhängig und r ist die Maximalzahl linear unabhängiger Zeilen (Spalten).*

Beweis Unter mehr als r Zeilen der Matrix B tritt mindestens eine Nullzeile auf. Diese Zeilen können daher nicht linear unabhängig sein. Es braucht daher nur noch die lineare Unabhängigkeit der ersten r Zeilenvektoren $\bar{\boldsymbol{b}}_1, \ldots, \bar{\boldsymbol{b}}_r$ bewiesen zu werden: Aus $c_1\bar{\boldsymbol{b}}_1 + \ldots + c_r\bar{\boldsymbol{b}}_r = \mathbf{0}$ folgt das Gleichungssystem

$$\begin{aligned} c_1 b_{11} &= 0 \\ c_1 b_{12} + c_2 b_{22} &= 0 \\ &\vdots \\ c_1 b_{1r} + \cdots + c_r b_{rr} &= 0. \end{aligned}$$

Wegen $b_{11} \neq 0$ folgt aus der ersten Zeile $c_1 = 0$, damit und wegen $b_{22} \neq 0$ aus der zweiten Zeile $c_2 = 0$ usw., sodass man schließlich $c_1 = c_2 = \ldots = c_r = 0$ erhält. Analog ergibt sich die lineare Unabhängigkeit der ersten r Spalten. Da allen Spalten ab der $(r + 1)$-ten Zeile nur Nullen enthalten, liegen die Spaltenvektoren in einem r-dimensionalen Unterraum des $\mathbb{K}^m$. Daher kann es nicht mehr als r linear unabhängige Spalten geben. •

Satz 3.6 besagt insbesondere, dass *die Maximalzahl linear unabhängiger Zeilen einer Matrix gleich der Maximalzahl linear unabhängiger Spalten ist*, und man setzt

Definition 3.3 *Die gemeinsame Maximalzahl linear unabhängiger Spalten und Zeilen einer Matrix A heißt der* Rang von A *und wird mit* rg A *bezeichnet.*

Lesehilfe

Eine $m \times n$-Matrix besitzt m Zeilen und n Spalten. Die kleinere der beiden Zahlen gibt den maximal möglichen Rang der Matrix an: Eine 2×3-Matrix hat höchstens den Rang 2 und eine 8×5-Matrix höchstens 5. Eine $n \times n$-Matrix hat den maximalen Rang n.

Wir fassen zusammen:

- Die elementaren Umformungen ändern den Rang einer Matrix nicht. Darüber hinaus kann eine Spalte oder Zeile einer Matrix auch mit einem Skalar ungleich 0 multipliziert werden, ohne dass sich der Rang der Matrix ändert.
- Mit Hilfe der elementaren Umformungen kann eine beliebige Matrix A in eine Matrix der Form B wie in (3.21) überführt werden, aus der sich der Rang ablesen lässt: Er entspricht der Anzahl r der Zeilen, die keine Nullzeilen sind.
- „Spaltenrang“ und „Zeilenrang“ einer Matrix sind gleich.

Für den Rang einer linearen Selbstabbildung haben wir nun

Satz 3.7 *Einer linearen Abbildung* $\boldsymbol{f} : V \to V$ *sei hinsichtlich der Basis* $\mathcal{B} = \{\boldsymbol{b}_1, \ldots, \boldsymbol{b}_n\}$ *die Matrix A zugeordnet. Dann gilt* $\operatorname{rg} \boldsymbol{f} = \operatorname{rg} A$.

Beweis Die Spalten von A entsprechen den Koordinaten-n-Tupeln der Vektoren $\boldsymbol{f}(\boldsymbol{b}_j)$ hinsichtlich $\mathcal{B}$. Die Maximalzahl linear unabhängiger Spalten, also der Rang von A, ist somit gleich der Dimension des von den Vektoren $\boldsymbol{f}(\boldsymbol{b}_1), \ldots, \boldsymbol{f}(\boldsymbol{b}_n)$ aufgespannten Raums und damit gleich $\operatorname{rg} \boldsymbol{f}$. •

Lesehilfe
Der Rang einer Abbildung entspricht dem Rang der ihr zugeordneten Matrix. Das sollte auch so sein; andernfalls wäre es sehr unschön, dasselbe Wort „Rang" für Abbildungen und für Matrizen zu verwenden.

Antwort auf Zwischenfrage (4)
Gefragt war, warum in den elementaren Umformungen (3) und (4) $k \neq l$ sein muss.

Würde $k = l$ zugelassen, könnte zu einer Spalte (Zeile) ein Vielfaches von sich selbst addiert werden. Insbesondere könnte eine Spalte (Zeile) daher durch das Addieren des (-1)-fachen von sich selbst durch eine Nullspalte (Nullzeile) ersetzt werden. Dadurch kann aber die Maximalzahl linear unabhängiger Spalten offenbar geändert werden – z. B. könnte so *jede* Matrix in die Nullmatrix überführt werden, die keine linear unabhängigen Spalten besitzt.

Beispiele
(1) Bei Matrizen, die nur zwei Zeilen oder Spalten haben, kann der Rang ohne Rechnung abgelesen werden. Es ist hier nur zu prüfen, ob eine Zeile oder Spalte ein Vielfaches der anderen ist:

$$\operatorname{rg}\begin{pmatrix} 0 & 0 \\ 0 & 0 \end{pmatrix} = 0,\ \operatorname{rg}\begin{pmatrix} 2 & -1 \\ -4 & 2 \end{pmatrix} = 1,\ \operatorname{rg}\begin{pmatrix} 2 & -1 \\ -4 & 1 \end{pmatrix} = 2 = \operatorname{rg}\begin{pmatrix} 2 & -1 & 3 \\ -4 & 2 & 3 \end{pmatrix}.$$

(2) Die Drehmatrix $\begin{pmatrix} \cos\alpha & -\sin\alpha \\ \sin\alpha & \cos\alpha \end{pmatrix}$ ist die Matrix einer bijektiven Abbildung und hat daher den Rang 2. Natürlich kann diese Matrix auch auf ein oberes Dreiecksschema wie in (3.21) gebracht werden. Dabei ist allerdings zu beachten, dass $\sin\alpha$ oder $\cos\alpha$ auch 0 sein können und daher eine Fallunterscheidung notwendig ist.

Zwischenfrage (5)
Wie wird die Drehmatrix $\begin{pmatrix} \cos\alpha & -\sin\alpha \\ \sin\alpha & \cos\alpha \end{pmatrix}$ zur Berechnung des Rangs auf ein oberes Dreiecksschema gebracht?

(3) Die Berechnung des Rangs von 3×3-Matrizen erfordert nur den ersten Schritt der elementaren Umformungen, da sich der Rang einer 2×2-Untermatrix ablesen lässt:

$$\operatorname{rg}\begin{pmatrix} 1 & -1 & 3 \\ -2 & -2 & -6 \\ 3 & 0 & 1 \end{pmatrix}\begin{matrix} (2) \\ \downarrow \\ \end{matrix}\begin{matrix} (-3) \\ \\ \downarrow \end{matrix} = \operatorname{rg}\begin{pmatrix} 1 & -1 & 3 \\ 0 & -4 & 0 \\ 0 & 3 & 10 \end{pmatrix} = 3$$

$$\operatorname{rg}\begin{pmatrix} 1 & -1 & 0 \\ -2 & -2 & -4 \\ 3 & 0 & 3 \end{pmatrix}\begin{matrix} (2) \\ \downarrow \\ \end{matrix}\begin{matrix} (-3) \\ \\ \downarrow \end{matrix} = \operatorname{rg}\begin{pmatrix} 1 & -1 & 3 \\ 0 & -4 & -4 \\ 0 & 3 & 3 \end{pmatrix} = 2.$$

Lesehilfe
Beachte generell, dass die oberen Gleichheitszeichen sich auf die Ränge der Matrizen beziehen. Die Matrizen selbst ändern sich natürlich unter den elementaren Umformungen, aber die Folgematrizen haben denselben Rang wie die ursprüngliche.

Wenn bei 3×3-Matrizen wie oben die beiden Nullen in der ersten Spalten erzeugt wurden, musst du dir nur noch die zweite und dritte Zeile ansehen: Sind sie Vielfache voneiander, ist der Rang 2 (beim Weiterrechnen würde dann eine Nullzeile entstehen), und falls nicht, ist der Rang 3.

(4) Wir verwenden die elementaren Umformungen, um den Rang einer 4×4-Matrix zu berechnen:

$$\operatorname{rg}\begin{pmatrix} 0 & 1 & 2 & 3 \\ 0 & -2 & 0 & 4 \\ -1 & -1 & 3 & 6 \\ 3 & 2 & 0 & -4 \end{pmatrix}\begin{matrix} \updownarrow \\ \\ \updownarrow \\ \end{matrix} = \operatorname{rg}\begin{pmatrix} -1 & -1 & 3 & 6 \\ 0 & -2 & 0 & 4 \\ 0 & 1 & 2 & 3 \\ 3 & 2 & 0 & -4 \end{pmatrix}\begin{matrix} (3) \\ \\ \\ \downarrow \end{matrix}$$

$$= \operatorname{rg}\begin{pmatrix} -1 & -1 & 3 & 6 \\ 0 & -2 & 0 & 4 \\ 0 & 1 & 2 & 3 \\ 0 & -1 & 9 & 14 \end{pmatrix}\begin{matrix} \\ (\frac{1}{2}) \\ \downarrow \\ \end{matrix}\begin{matrix} \\ (-\frac{1}{2}) \\ \\ \downarrow \end{matrix} = \operatorname{rg}\begin{pmatrix} -1 & -1 & 3 & 6 \\ 0 & -2 & 0 & 4 \\ 0 & 0 & 2 & 5 \\ 0 & 0 & 9 & 12 \end{pmatrix} = 4.$$

Antwort auf Zwischenfrage (5)
Die Drehmatrix sollte auf ein oberes Dreiecksschema gebracht werden.

$$\operatorname{rg}\begin{pmatrix} \cos\alpha & -\sin\alpha \\ \sin\alpha & \cos\alpha \end{pmatrix}\begin{matrix} -\sin\alpha/\cos\alpha \\ \downarrow \end{matrix} = \operatorname{rg}\begin{pmatrix} \cos\alpha & -\sin\alpha \\ 0 & \cos\alpha + \sin^2\alpha/\cos\alpha \end{pmatrix}.$$

Das verbleibende $(2, 2)$-Element ist

$$\cos\alpha + \frac{\sin^2\alpha}{\cos\alpha} = \frac{\cos^2\alpha + \sin^2\alpha}{\cos\alpha} = \frac{1}{\cos^2\alpha}.$$

Die obigen Operationen sind nur für $\cos\alpha \neq 0$ erlaubt. Sie ergeben dann den Rang 2. Für $\cos\alpha = 0$ ist $\sin\alpha \neq 0$ und wir haben es mit der Matrix $\begin{pmatrix} 0 & -\sin\alpha \\ \sin\alpha & 0 \end{pmatrix}$ zu tun, die aber ebenso Rang 2 besitzt (mit Vertauschen der Spalten würde daraus eine obere Dreiecksmatrix).

3.6 Lineare Operationen von Abbildungen

Eine $n \times n$-Matrix enthält n^2 Zahlen, die in einem quadratischen Schema aufgeschrieben werden. Man kann sie als spezielle Schreibweise für n^2-Tupel auffassen und schreibt $\mathbb{K}^{n \times n}$ für die Menge aller $n \times n$-Matrizen über $\mathbb{K}$.

Für Zahlentupel werden die linearen Operationen komponentenweise ausgeführt (siehe Abschn. 1.3). Für Matrizen $A = (a_{ij})$, $B = (b_{ij}) \in \mathbb{K}^{n \times n}$ und $c \in \mathbb{K}$ gilt daher

$$A + B = \begin{pmatrix} a_{11} + b_{11} & \cdots & a_{1n} + b_{1n} \\ \vdots & \ddots & \vdots \\ a_{n1} + b_{n1} & \cdots & a_{nn} + b_{nn} \end{pmatrix}, \quad cA = \begin{pmatrix} ca_{11} & \cdots & ca_{1n} \\ \vdots & \ddots & \vdots \\ ca_{n1} & \cdots & ca_{nn} \end{pmatrix}. \tag{3.22}$$

Vergegenwärtigt man sich nun die Wirkungsweise einer linearen Selbstabbildung und der ihr zugeordneten Matrix, siehe (3.10), so ergibt sich

Satz 3.8 *Den linearen Selbstabbildungen $\boldsymbol{f}$ und $\boldsymbol{g}$ des Vektorraums V seien hinsichtlich einer Basis die Matrizen A bzw. B zugeordnet. Dann wird die Summenabbildung $\boldsymbol{f} + \boldsymbol{g}$ durch die Summenmatrix $A + B$ und die Abbildung $c\boldsymbol{f}$ durch die Matrix cA beschrieben.*

Für $n \times n$-Matrizen lässt sich darüber hinaus festhalten:

- Die Menge $\mathbb{K}^{n \times n}$ ist bezüglich der Addition eine Gruppe. Ihr neutrales Element ist die aus lauter Nullen bestehende *Nullmatrix*.
- Die Menge $\mathbb{K}^{n \times n}$ bildet mit den oben angegebenen linearen Operationen einen Vektorraum über $\mathbb{K}$.

Lesehilfe
Du hast gesehen, Abbildungen oder Matrizen zu addieren oder mit einer Zahl zu multiplizieren ist einfach und intuitiv. Wir werden nun sehen, dass es mit dem Multiplizieren von Abbildungen nicht mehr ganz so einfach ist.

3.7 Multiplikation von Abbildungen

Wir betrachten das *Produkt* zweier linearer Selbstabbildungen $\boldsymbol{f}$ und $\boldsymbol{g}$ des Vektorraums V, also die Verkettung $\boldsymbol{f} \circ \boldsymbol{g} : V \to V$. *Mit* $\boldsymbol{f}$ *und* $\boldsymbol{g}$ *ist auch ihre Produktabbildung linear*, denn es gilt für beliebige $\boldsymbol{x}_1, \boldsymbol{x}_2 \in V$ und $c \in \mathbb{K}$

$$\begin{aligned}(\boldsymbol{f} \circ \boldsymbol{g})(\boldsymbol{x}_1 + \boldsymbol{x}_2) &= \boldsymbol{f}(\boldsymbol{g}(\boldsymbol{x}_1 + \boldsymbol{x}_2)) \\ &= \boldsymbol{f}(\boldsymbol{g}(\boldsymbol{x}_1) + \boldsymbol{g}(\boldsymbol{x}_2)) = \boldsymbol{f}(\boldsymbol{g}(\boldsymbol{x}_1)) + \boldsymbol{f}(\boldsymbol{g}(\boldsymbol{x}_2)) \\ &= (\boldsymbol{f} \circ \boldsymbol{g})(\boldsymbol{x}_1) + (\boldsymbol{f} \circ \boldsymbol{g})(\boldsymbol{x}_2) \qquad (3.23) \\ (\boldsymbol{f} \circ \boldsymbol{g})(c\boldsymbol{x}_1) &= \boldsymbol{f}(\boldsymbol{g}(c\boldsymbol{x}_1)) = \boldsymbol{f}(c\boldsymbol{g}(\boldsymbol{x}_1)) = c\boldsymbol{f}(\boldsymbol{g}(\boldsymbol{x}_1)) \\ &= c(\boldsymbol{f} \circ \boldsymbol{g})(\boldsymbol{x}_1). \qquad (3.24)\end{aligned}$$

Lesehilfe
Das „Produkt“ zweier linearer Abbildungen ist also ihre Verkettung $\boldsymbol{f} \circ \boldsymbol{g}$, was man als „$\boldsymbol{f}$ nach $\boldsymbol{g}$“ ausspricht. Bei gewöhnlichen Funktionen $f, g : \mathbb{R} \to \mathbb{R}$ wäre die Bezeichnung „Produkt“ irreführend, weil man zwischen dem Produkt der Funktionswerte, $f(x)g(x)$, und dem Funktionswert der Verkettung, $(f \circ g)(x) = f(g(x))$, unterscheiden muss. Bei linearen Abbildungen gibt es den Ausdruck $\boldsymbol{f}(\boldsymbol{x})\boldsymbol{g}(\boldsymbol{x})$ aber gar nicht, da man die Vektoren $\boldsymbol{f}(\boldsymbol{x})$ und $\boldsymbol{g}(\boldsymbol{x})$ nicht im gewöhnlichen Sinn miteinander multiplizieren kann.

Betrachtet man noch eine dritte lineare Selbstabbildung $\boldsymbol{h}$ von V, so lassen sich folgende Rechenregeln ebenso bestätigen:

$$\left.\begin{aligned}(\boldsymbol{f} \circ \boldsymbol{g}) \circ \boldsymbol{h} &= \boldsymbol{f} \circ (\boldsymbol{g} \circ \boldsymbol{h}) && \text{(Assoziativität)} \\ \boldsymbol{f} \circ (\boldsymbol{g} + \boldsymbol{h}) &= \boldsymbol{f} \circ \boldsymbol{g} + \boldsymbol{f} \circ \boldsymbol{h} && \\ (\boldsymbol{f} + \boldsymbol{g}) \circ \boldsymbol{h} &= \boldsymbol{f} \circ \boldsymbol{h} + \boldsymbol{g} \circ \boldsymbol{h} && \text{(Distributivität)} \\ (c\boldsymbol{f}) \circ \boldsymbol{g} &= \boldsymbol{f} \circ (c\boldsymbol{g}) = c(\boldsymbol{f} \circ \boldsymbol{g}). &&\end{aligned}\right\} \qquad (3.25)$$

Sind $\boldsymbol{f}$ *und* $\boldsymbol{g}$ *Isomorphismen von* V, *so ist auch ihr Produkt* $\boldsymbol{f} \circ \boldsymbol{g}$ *ein Isomorphismus*, denn aufgrund von $\boldsymbol{g}(V) = V$ ist auch $(\boldsymbol{f} \circ \boldsymbol{g})(V) = \boldsymbol{f}(\boldsymbol{g}(V)) = \boldsymbol{f}(V) = V$. Da zu einem Isomorphismus $\boldsymbol{f}$ auch die inverse Abbildung $\boldsymbol{f}^{-1}$ existiert und sie ebenfalls ein Isomorphismus ist, siehe Satz 3.4, haben wir insgesamt

Satz 3.9 *Die Menge aller Isomorphismen eines Vektorraums V bildet bezüglich der Abbildungsmultiplikation eine Gruppe.*

Beweis Die Menge ist abgeschlossen, da das Produkt zweier Isomorphismen wieder ein Isomorphismus ist. Die Assoziativität ist erfüllt. Das neutrale Element ist die Identität **id**. Das inverse Element zu einem Isomorphismus $\boldsymbol{f}$ ist die Umkehrabbildung $\boldsymbol{f}^{-1}$; sie existiert, weil $\boldsymbol{f}$ als Isomorphismus umkehrbar ist. •

Die Gruppe aller Isomorphismen eines Vektorraums V heißt die *lineare Gruppe* von V und wird mit $\mathrm{GL}(V)$ bezeichnet. Dabei ist zu beachten, dass $\mathrm{GL}(V)$ zwar eine Gruppe, aber *keine* kommutative Gruppe ist: Im Allgemeinen ist $\boldsymbol{f} \circ \boldsymbol{g} \neq \boldsymbol{g} \circ \boldsymbol{f}$.

Zwischenfrage (6)
„Im Allgemeinen" ist $\boldsymbol{f} \circ \boldsymbol{g} \neq \boldsymbol{f} \circ \boldsymbol{g}$. Für welche Fälle wäre denn $\boldsymbol{f} \circ \boldsymbol{g} = \boldsymbol{g} \circ \boldsymbol{f}$?

3.7.1 Matrix der Produktabbildung

Wir wollen uns nun ansehen, durch welche Matrix das Produkt zweier linearer Selbstabbildungen beschrieben wird: Der Abbildung $\boldsymbol{f}$ sei hinsichtlich der Basis $\mathcal{B} = \{\boldsymbol{b}_1, \ldots, \boldsymbol{b}_n\}$ die Matrix $A = (a_{ij})$ und der Abbildung $\boldsymbol{g}$ die Matrix $B = (b_{ij})$ zugeordnet. Wir haben also

$$\boldsymbol{f}(\boldsymbol{b}_j) = \sum_{i=1}^{n} a_{ij} \boldsymbol{b}_i \qquad \text{und} \qquad \boldsymbol{g}(\boldsymbol{b}_j) = \sum_{k=1}^{n} b_{kj} \boldsymbol{b}_k, \qquad j = 1, \ldots, n.$$

Auch der Produktabbildung $\boldsymbol{f} \circ \boldsymbol{g}$ ist eine $n \times n$-Matrix $C = (c_{ij})$ zugeordnet,

$$(\boldsymbol{f} \circ \boldsymbol{g})(\boldsymbol{b}_j) = \sum_{i=1}^{n} c_{ij} \boldsymbol{b}_i, \qquad j = 1, \ldots, n. \tag{3.26}$$

Nun ist

$$\begin{aligned}(\boldsymbol{f} \circ \boldsymbol{g})(\boldsymbol{b}_j) &= \boldsymbol{f}(\boldsymbol{g}(\boldsymbol{b}_j)) = \boldsymbol{f}\left(\sum_{k=1}^{n} b_{kj} \boldsymbol{b}_k\right) = \sum_{k=1}^{n} b_{kj}\, \boldsymbol{f}(\boldsymbol{b}_k) \\ &= \sum_{k=1}^{n} b_{kj} \left(\sum_{i=1}^{n} a_{ik} \boldsymbol{b}_i\right) = \sum_{i=1}^{n} \underbrace{\left(\sum_{k=1}^{n} a_{ik} b_{kj}\right)}_{c_{ij}} \boldsymbol{b}_i, \qquad j = 1, \ldots, n,\end{aligned} \tag{3.27}$$

und wegen der Eindeutigkeit der Basisdarstellung der Vektoren $(\boldsymbol{f} \circ \boldsymbol{g})(\boldsymbol{b}_j)$ müssen die Koeffizienten auf den rechten Seiten der letzten beiden Gleichungen übereinstimmen. Man erhält also die folgende Darstellung der Matrix C durch A und B:

$$c_{ij} = \sum_{k=1}^{n} a_{ik} b_{kj}, \qquad i, j = 1, \ldots, n. \tag{3.28}$$

Die Matrix C wird die *Produktmatrix* von A und B genannt und man schreibt $C = AB$.

Antwort auf Zwischenfrage (6)
Gefragt war, für welche Fälle $\boldsymbol{f} \circ \boldsymbol{g} = \boldsymbol{g} \circ \boldsymbol{f}$ gilt.

Das Produkt mit dem neutralen Element ist kommutativ, $\boldsymbol{f} \circ \mathbf{id} = \mathbf{id} \circ \boldsymbol{f} = \boldsymbol{f}$, und ebenso das Produkt mit dem inversen Element, $\boldsymbol{f} \circ \boldsymbol{f}^{-1} = \boldsymbol{f}^{-1} \circ \boldsymbol{f} = \mathbf{id}$. Es ist eine allgemeine Gruppeneigenschaft, dass diese Produkte kommutativ sind. Es gibt durchaus weitere Abbildungen, die kommutativ sind: Beispielsweise sind zwei Drehungen im $\mathbb{R}^2$ kommutativ, ebenso zwei Drehungen im $\mathbb{R}^3$ um dieselbe Drehachse usw.

Auch für das Produkt mit der Nullabbildung $\boldsymbol{n}$ gilt $\boldsymbol{f} \circ \boldsymbol{n} = \boldsymbol{n} \circ \boldsymbol{f} = \boldsymbol{n}$, was aber in unserem Zusammenhang keine Rolle spielt, weil die Nullabbildung kein Isomorphismus ist.

3.7.2 Allgemeines Schema der Matrizenmultiplikation

Die Matrizenmultiplikation, wie sie durch (3.28) definiert wird, stellt eine wichtige Operation für Matrizen mit einer Vielzahl von Anwendungen dar. Sie ist nicht nur für zwei quadratische Matrizen definiert, sondern allgemeiner für den Fall, dass *die Spaltenanzahl der ersten Matrix mit der Zeilenanzahl der zweiten Matrix übereinstimmt*.

Es sei also $A = (a_{ij})$ eine $n \times l$-Matrix, $B = (b_{ij})$ eine $l \times m$-Matrix und $C = (c_{ij})$ eine $n \times m$-Matrix. Die Aussage

$$C = AB \quad \text{bedeutet} \quad c_{ij} = \sum_{k=1}^{l} a_{ik} b_{kj}, \qquad i = 1, \ldots, n;\ j = 1, \ldots, m, \tag{3.29}$$

also

$$(n \times l\text{-Matrix}) \text{ mal } (l \times m\text{-Matrix}) = (n \times m\text{-Matrix}).$$

Dies lässt sich schematisch wie folgt darstellen: Das Element c_{ij} ergibt sich, indem man die Elemente der i-ten Zeile von A mit denen der j-ten Spalte von B

multipliziert und die erhaltenen Produkte summiert,

$$\begin{pmatrix} & \vdots & \\ a_{i1} & \cdots & a_{il} \\ & \vdots & \end{pmatrix}\begin{pmatrix} & b_{1j} & \\ \cdots & \vdots & \cdots \\ & b_{lj} & \end{pmatrix} = \begin{pmatrix} & \vdots & \\ \cdots & c_{ij} & \cdots \\ & \vdots & \end{pmatrix},$$

$$a_{i1}b_{1j} + \ldots + a_{il}b_{lj} = \sum_{k=1}^{l} a_{ik}b_{kj} = c_{ij}.$$

Bildlich gesprochen legt man die j-te Spalte von B auf die i-te Zeile von A und summiert die Produkte der einzelnen dann übereinander liegenden Matrixelemente.

„Matrix mal Vektor"
Insbesondere kann eine $n \times n$-Matrix mit einer $n \times 1$-Matrix multipliziert werden, die einem aufrecht geschriebenen n-Tupel entspricht,

$$\begin{pmatrix} a_{11} & \cdots & a_{1n} \\ \vdots & \ddots & \vdots \\ a_{n1} & \cdots & a_{nn} \end{pmatrix}\begin{pmatrix} x_1 \\ \vdots \\ x_n \end{pmatrix} = \begin{pmatrix} a_{11}x_1 + \ldots + a_{1n}x_n \\ \vdots \\ a_{n1}x_1 + \ldots + a_{nn}x_n \end{pmatrix} = \begin{pmatrix} y_1 \\ \vdots \\ y_n \end{pmatrix},$$

also

$$y_i = \sum_{j=1}^{n} a_{ij}x_j, \qquad i = 1, \ldots, n. \tag{3.30}$$

Lesehilfe
Die Operation $n \times n$-Matrix mal $n \times 1$-Matrix entspricht genau der Operation Matrix mal Vektor, die wir in (3.10) vorweggenommen haben.

Umgekehrt entspricht eine $1 \times n$-Matrix einem liegend geschriebenen n-Tupel, der von vorne an eine $n \times n$-Matrix multipliziert werden kann,

$$\begin{aligned}(x_1, \ldots, x_n)\begin{pmatrix} a_{11} & \cdots & a_{1n} \\ \vdots & \ddots & \vdots \\ a_{n1} & \cdots & a_{nn} \end{pmatrix} &= (x_1a_{11} + \ldots + x_na_{n1}, \ldots, x_1a_{1n} + \ldots + x_na_{nn}) \\ &= (y_1, \ldots, y_n),\end{aligned}$$

also

$$y_i = \sum_{j=1}^{n} x_ja_{ji}, \qquad i = 1, \ldots, n. \tag{3.31}$$

Man sieht an diesen Beispielen besonders deutlich, dass die Matrizenmultiplikation *nicht kommutativ* ist. Ein aufrecht geschriebener Tupel kann nur hinter die Matrix gestellt werden und ein liegender Tupel nur davor; die umgekehrte Schreibweise wäre im Sinn der Matrizenmultiplikation gar nicht definiert. Aber auch dann, wenn die Vertauschung der Reihenfolge definiert ist, etwa bei der Multiplikation zweier $n \times n$-Matrizen A und B, gilt i. Allg. $AB \neq BA$.

Lesehilfe

Die Summenformeln, die hinter den Matrizenmultiplikationen stehen, wirken vielleicht unhandlich und man schreibt sicherlich lieber $C = AB$ als $c_{ij} = \sum_{k=1}^{n} a_{ik} b_{kj}$. Es lohnt sich aber ein zweiter Blick:

Die Gleichungen $c_{ij} = \sum_{k=1}^{n} a_{ik} b_{kj}$, $y_i = \sum_{j=1}^{n} a_{ij} x_j$ oder $y_i = \sum_{j=1}^{n} x_j a_{ji}$ summieren jeweils über den doppelt auftretenden Index, der darüber hinaus benachbart liegt. Vereinbart man die *Einstein-Summenkonvention*[3], mit der über doppelt auftretende Indizes summiert wird, schreiben sich die Gleichungen schlanker,

$$c_{ij} = a_{ik} b_{kj}, \quad y_i = a_{ij} x_j, \quad y_i = x_j a_{ji},$$

und sind in dieser Komponentenform nicht komplizierter als die Matrix- bzw. Vektorgleichungen

$$C = AB, \quad \boldsymbol{y} = A\boldsymbol{x}, \quad \boldsymbol{y} = \boldsymbol{x}A,$$

zumal bei der letzten Gleichung beachtet werden muss, dass die Vektoren liegend zu verstehen sind.

Auch weitere Produkte können leicht in Komponentenform geschrieben werden, z. B. ist

$$z_i = a_{ij} b_{jk} c_{kl} x_l$$

gleichbedeutend mit dem Vektor $\boldsymbol{z} = ABC\boldsymbol{x}$ und

$$s = y_i a_{ij} b_{jk} c_{kl} x_l$$

ergibt den Skalar $s = \boldsymbol{y}ABC\boldsymbol{x}$, wobei $\boldsymbol{y}$ ein liegender Vektor ist.

[3] Benannt nach Albert Einstein, 1879–1955. Diese Notation wird insbesondere in der Tensoralgebra der Relativitätstheorie verwendet.

Beispiele

(1) Wir betrachten die 2×2-Matrizen $A = \begin{pmatrix} -2 & 3 \\ 7 & 1 \end{pmatrix}$ und $B = \begin{pmatrix} \frac{1}{2} & -1 \\ 2 & -1 \end{pmatrix}$. Es ist

$$AB = \begin{pmatrix} -2 & 3 \\ 7 & 1 \end{pmatrix}\begin{pmatrix} \frac{1}{2} & -1 \\ 2 & -1 \end{pmatrix} = \begin{pmatrix} 5 & -1 \\ \frac{11}{2} & -8 \end{pmatrix}$$

$$BA = \begin{pmatrix} \frac{1}{2} & -1 \\ 2 & -1 \end{pmatrix}\begin{pmatrix} -2 & 3 \\ 7 & 1 \end{pmatrix} = \begin{pmatrix} -8 & \frac{1}{2} \\ -11 & 5 \end{pmatrix} \neq AB.$$

Der Abbildung $\boldsymbol{f} : \mathbb{R}^2 \to \mathbb{R}^2$ sei die Matrix A zugeordnet und der Abbildung $\boldsymbol{g} : \mathbb{R}^2 \to \mathbb{R}^2$ die Matrix B. Der Abbildung $\boldsymbol{f} \circ \boldsymbol{g}$ ist dann die Matrix AB zugeordnet und der Abbildung $\boldsymbol{g} \circ \boldsymbol{f}$ die Matrix BA.

Ein Matrizenprodukt mit der Einheitsmatrix ist besonders einfach. Es ist nämlich beispielsweise

$$AE = \begin{pmatrix} -2 & 3 \\ 7 & 1 \end{pmatrix}\begin{pmatrix} 1 & 0 \\ 0 & 1 \end{pmatrix} = \begin{pmatrix} -2 & 3 \\ 7 & 1 \end{pmatrix} = EA.$$

Diesem Ergebnis entspricht die Tatsache, dass die Verkettung einer Abbildung mit der Identität die Abbildung nicht verändert, dass also gilt $\boldsymbol{f} \circ \mathbf{id} = \mathbf{id} \circ \boldsymbol{f} = \boldsymbol{f}$.

(2) Es ist

$$(2, -1)\begin{pmatrix} -2 & 3 \\ 7 & 1 \end{pmatrix} = (-11, 5), \quad \begin{pmatrix} -2 & 3 \\ 7 & 1 \end{pmatrix}\begin{pmatrix} 2 \\ -1 \end{pmatrix} = \begin{pmatrix} -7 \\ 13 \end{pmatrix}.$$

(3) Bei der Matrizenmultiplikation, insbesondere von mehr als zwei Matrizen, ist es manchmal hilfreich, die Matrizen nach dem *Falk-Schema*[4] aufzuschreiben, bei dem die zweite Matrix oberhalb hinter die erste geschrieben wird. Die Elemente der Produktmatrix ergeben sich dann in natürlicher Weise aus den jeweiligen Zeilen der ersten und Spalten der zweiten Matrix: Das Produkt

$$P = \begin{pmatrix} 1 & 0 \\ -\frac{1}{10} & 1 \end{pmatrix}\begin{pmatrix} 1 & 5 \\ 0 & 1 \end{pmatrix}\begin{pmatrix} 1 & 0 \\ -\frac{1}{2} & 1 \end{pmatrix}$$

berechnet man dann beispielsweise wie folgt:

$$\begin{array}{cc|cc|cc} & & 1 & 5 & 1 & 0 \\ & & 0 & 1 & -\frac{1}{2} & 1 \\ \hline 1 & 0 & 1 & 5 & -\frac{3}{2} & 5 \\ -\frac{1}{10} & 1 & -\frac{1}{10} & \frac{1}{2} & -\frac{7}{20} & \frac{1}{2} \end{array}, \quad \text{also } P = \begin{pmatrix} -\frac{3}{2} & 5 \\ -\frac{7}{20} & \frac{1}{2} \end{pmatrix}.$$

[4] Benannt nach dem deutschen Mathematiker und Bauingenieur Sigurd Falk, 1921–2016.

(4) Eine Drehung $\boldsymbol{d}_\alpha$ im $\mathbb{R}^2$ wird hinsichtlich der kanonischen Basis beschrieben durch die Drehmatrix

$$D_\alpha = \begin{pmatrix} \cos\alpha & -\sin\alpha \\ \sin\alpha & \cos\alpha \end{pmatrix}.$$

Führen wir sie nach einer zweiten Drehung $\boldsymbol{d}_\beta$ aus, so haben wir es insgesamt mit der Abbildung $\boldsymbol{d}_\alpha \circ \boldsymbol{d}_\beta$ zu tun, die beschrieben wird durch die Matrix

$$\begin{aligned} D_\alpha D_\beta &= \begin{pmatrix} \cos\alpha & -\sin\alpha \\ \sin\alpha & \cos\alpha \end{pmatrix} \begin{pmatrix} \cos\beta & -\sin\beta \\ \sin\beta & \cos\beta \end{pmatrix} \\ &= \begin{pmatrix} \cos\alpha\cos\beta - \sin\alpha\sin\beta & -\cos\alpha\sin\beta - \sin\alpha\cos\beta \\ \sin\alpha\cos\beta + \cos\alpha\sin\beta & -\sin\alpha\sin\beta + \cos\alpha\cos\beta \end{pmatrix}. \end{aligned} \tag{3.32}$$

Das Ausführen zweier Drehungen ist gleichbedeutend mit der Addition der Drehwinkel, d. h., es ist $\boldsymbol{d}_\alpha \circ \boldsymbol{d}_\beta = \boldsymbol{d}_{\alpha+\beta}$ und $D_\alpha D_\beta = D_{\alpha+\beta}$ mit

$$D_{\alpha+\beta} = \begin{pmatrix} \cos(\alpha+\beta) & -\sin(\alpha+\beta) \\ \sin(\alpha+\beta) & \cos(\alpha+\beta) \end{pmatrix}. \tag{3.33}$$

Da Matrizen genau dann gleich sind, wenn alle ihre Elemente gleich sind, haben wir hier einen Beweis der Additionstheoreme für Cosinus und Sinus vor uns: Die Gleichheit der Diagonalelemente entspricht dem Cosinustheorem und die Gleichheit der Nebendiagonalelemente dem Sinustheorem.

3.8 Umkehrabbildung und inverse Matrix

Isomorphismen auf einem n-dimensionalen Vektorraum werden durch $n \times n$-Matrizen beschrieben, die den maximal möglichen Rang n besitzen, siehe Satz 3.3 und 3.7. Man setzt

Definition 3.4 *Eine $n \times n$-Matrix A mit* rg $A = n$ *heißt* regulär *und bei* rg $A < n$ *nennt man sie* singulär.

Lesehilfe
Eine reguläre Matrix ist also nichts anderes als eine quadratische Matrix mit Maximalrang.

Eine lineare Selbstabbildung ist somit genau dann bijektiv, wenn die ihr hinsichtlich irgendeiner Basis zugeordnete Matrix regulär ist. Da dem Produkt zweier Isomorphismen umkehrbar eindeutig das Produkt der zugeordneten Matrizen entspricht, lässt sich Satz 3.9 auf reguläre Matrizen übertragen:

Satz 3.10 *Die regulären $n \times n$-Matrizen bilden bezüglich der Matrizenmultiplikation eine Gruppe.*

Diese Matrizengruppe, die man als $\mathrm{GL}(n, \mathbb{K})$ bezeichnet, ist wie die ihr entsprechende Gruppe der Isomorphismen $\mathrm{GL}(V)$ *nicht* kommutativ. Das neutrale Element der Matrizengruppe ist die der Identität entsprechende $n \times n$-Einheitsmatrix

$$E_n = \begin{pmatrix} 1 & 0 & \cdots & 0 \\ 0 & 1 & \cdots & 0 \\ \vdots & \vdots & \ddots & \vdots \\ 0 & 0 & \cdots & 1 \end{pmatrix},$$

siehe (3.13).

Entspricht einem Isomorphismus $\boldsymbol{f}$ hinsichtlich einer Basis die $n \times n$-Matrix A, so entspricht dem inversen Isomorphismus $\boldsymbol{f}^{-1}$ eine Matrix, die man mit A^{-1} bezeichnet und die *zu A inverse Matrix* nennt. Es ist somit

$$A^{-1}A = AA^{-1} = E_n, \qquad \left(A^{-1}\right)^{-1} = A. \tag{3.34}$$

Für die Inversion eines Matrizenprodukts mit einer zweiten regulären $n \times n$-Matrix B gilt

$$(AB)^{-1} = B^{-1}A^{-1}, \tag{3.35}$$

wie man aus der Bedingung $(AB)^{-1}AB = E_n$ durch Multiplikation von rechts mit B^{-1} und anschließend mit A^{-1} leicht folgert. Ferner halten wir fest:

Die inverse Matrix A^{-1} existiert genau dann, wenn A eine reguläre Matrix ist.

Zwischenfrage (7)
Beweise die Formel $(AB)^{-1} = B^{-1}A^{-1}$.

3.8.1 Rechenschema zur Berechnung der inversen Matrix

Wir suchen zu einer regulären $n \times n$-Matrix $A = (a_{ij})$ die inverse Matrix A^{-1}, für die gilt $AA^{-1} = E_n$. Bezeichnen wir die Spalten der gesuchten Matrix A^{-1} mit $\boldsymbol{s}_j$, $j = 1, \ldots, n$, muss also die Gleichung

$$\begin{pmatrix} a_{11} & \cdots & a_{1n} \\ \vdots & \ddots & \vdots \\ a_{n1} & \cdots & a_{nn} \end{pmatrix} \begin{pmatrix} \uparrow & & \uparrow \\ \boldsymbol{s}_1 & \cdots & \boldsymbol{s}_n \\ \downarrow & & \downarrow \end{pmatrix} = \begin{pmatrix} \uparrow & & \uparrow \\ \boldsymbol{e}_1 & \cdots & \boldsymbol{e}_n \\ \downarrow & & \downarrow \end{pmatrix} \tag{3.36}$$

erfüllt sein, wobei wir auch E_n in Form seiner Spalten, den kanonischen Basisvektoren $\boldsymbol{e}_j$, geschrieben haben. Macht man sich nun klar, dass zur Multiplikation der Matrizen die Spalten $\boldsymbol{s}_j$ auf die Zeilen der Matrix A gelegt werden, um die Spalten von E_n zu erhalten, so erkennt man, dass sich die Spalten $\boldsymbol{s}_j$ der gesuchten inversen Matrix als Lösungen der Gleichungssysteme

$$A\boldsymbol{s}_j = \boldsymbol{e}_j, \qquad j = 1, \ldots, n, \tag{3.37}$$

ergeben.

Lesehilfe

Ein lineares Gleichungssysteme von n Gleichungen mit n Unbekannten $x_1, \ldots, x_n$, d. h. ein Gleichungssystem

$$\begin{matrix} a_{11}x_1 & + \ldots + & a_{1n}x_n & = & b_1 \\ \vdots & \vdots & \vdots & & \vdots \\ a_{n1}x_1 & + \ldots + & a_{nn}x_n & = & b_n, \end{matrix}$$

kann geschrieben werden als

$$\begin{pmatrix} a_{11} & \cdots & a_{1n} \\ \vdots & \ddots & \vdots \\ a_{n1} & \cdots & a_{nn} \end{pmatrix} \begin{pmatrix} x_1 \\ \vdots \\ x_n \end{pmatrix} = \begin{pmatrix} b_1 \\ \vdots \\ b_n \end{pmatrix}$$

oder kurz als

$$A\boldsymbol{x} = \boldsymbol{b}.$$

Genau solche Gleichungssysteme haben wir in (3.37) vor uns: Dort sind die Elemente der gesuchten Spaltenvektoren $\boldsymbol{s}_j$ die Unbekannten.

Das Rechenschema zur Berechnung der inversen Matrix besteht nun darin, die Gleichungssysteme (3.37) *simultan zu lösen.* Dazu schreibt man hinter die zu invertierende $n \times n$-Matrix A die Einheitsmatrix E_n. Auf dieses Schema kann man zur Lösung die elementaren *Zeilenumformungen* anwenden:

(1) *Ersetzung einer Zeile durch die Summe dieser Zeile mit dem beliebigen Vielfachen einer anderen Zeile.*
(2) *Vertauschung zweier Zeilen.*
(3) *Multiplikation einer Zeile mit einem Skalar* $c \neq 0$.

Mit Hilfe dieser Operationen überführt man die Matrix A schrittweise in die Einheitsmatrix, wobei sämtliche Operationen auch im hinteren Teil des Schemas ausgeführt werden. Auf diese Weise entsteht im hinteren Bereich aus der Einheitsmatrix die gesuchte inverse Matrix $A^{-1} = (s_{ij})$,

$$\begin{array}{ccc|ccc} a_{11} & \cdots & a_{1n} & 1 & \cdots & 0 \\ \vdots & \ddots & \vdots & \vdots & \ddots & \vdots \\ a_{n1} & \cdots & a_{nn} & 0 & \cdots & 1 \end{array} \xrightarrow[\text{Zeilenumformungen}]{\text{elementare}} \begin{array}{ccc|ccc} 1 & \cdots & 0 & s_{11} & \cdots & s_{1n} \\ \vdots & \ddots & \vdots & \vdots & \ddots & \vdots \\ 0 & \cdots & 1 & s_{n1} & \cdots & s_{nn} \end{array}.$$

Lesehilfe

Bisher haben wir lineare Gleichungssysteme

$$\begin{array}{ccc|c} a_{11} & \cdots & a_{1n} & b_1 \\ \vdots & \ddots & \vdots & \vdots \\ a_{n1} & \cdots & a_{nn} & b_n \end{array}$$

in der Regel durch Überführen in ein oberes Dreiecksschema gelöst, also das Gauß-Verfahren an der Stelle

$$\begin{array}{ccc|c} * & \cdots & * & * \\ \vdots & \ddots & * & * \\ 0 & \cdots & * & * \end{array}$$

beendet und dann durch Rückwärtseinsetzen die gesuchten Variablen x_i berechnet. Man kann das Verfahren aber auch weiter fortsetzen und die Koeffizientenmatrix in die Einheitsmatrix überführen: Dann stehen die Lösungen fertig berechnet im „Ergebnisvektor", d. h., dann ist

$$\begin{array}{ccc|c} 1 & \cdots & 0 & x_1 \\ \vdots & \ddots & \vdots & \vdots \\ 0 & \cdots & 1 & x_n \end{array}.$$

Genau das wird bei der Berechnung der inversen Matrix simultan für die n Gleichungssysteme (3.37) gemacht.

Dabei geht man analog zum Additionsverfahren nach dem Gauß-Schema vor, im Einzelnen:

(1) Falls nötig, sorgt man durch Vertauschen zweier Zeilen dafür, dass das (1,1)-Element ungleich 0 ist. Anschließend addiert man zu den Zeilen 2 bis n passen-

de Vielfache der ersten Zeile so, dass die jeweiligen 1-Elemente der Summenzeilen gleich 0 sind. Im Ergebnis erhält man ein Zahlenschema, dessen erste Spalte ein 1-Element ungleich 0 und ansonsten nur Nullen enthält.

(2) Erneut sorgt man ggf. durch Zeilenvertauschung – allerdings ohne Verwendung der ersten Zeile – dafür, dass das (2,2)-Element ungleich 0 ist und addiert passende Vielfache zu den Zeilen 3 bis n so, dass die jeweiligen 2-Elemente der Summenzeilen gleich 0 sind. Ebenso verfährt man mit den weiteren Elementen (3,3), (4,4) usw., bis ein oberes Dreiecksschema erreicht ist. Anschließend multipliziert man die Zeilen jeweils so mit einer Zahl, dass in der Hauptdiagonalen Einsen stehen.

(3) Nun geht man analog zu den obigen Schritten *von unten nach oben* vor: Man addiert geeignete Vielfache der letzten Zeile zu den Zeilen 1 bis $(n-1)$, um deren n-Elemente jeweils 0 werden zu lassen, anschließend verwendet man die vorletzte Zeile für die zweite Spalte von hinten usw., bis in der vorderen Hälfte des Schemas die Einheitsmatrix erscheint. *In der hinteren Hälfte, in der alle Zeilenoperationen mitgerechnet wurden, kann nun die inverse Matrix abgelesen werden.*

Siehe auch Satz 5.5 und Abschn. 5.4.2.

Lesehilfe

Zwar ist das Gauß-Schema und damit auch die Matrixinversion im Prinzip einfach, aber wir haben hier doch seine bisher anspruchvollste Anwendung vor uns. Naturgemäß nimmt der Rechenaufwand mit der Dimension der Matrizen rasch zu: 2×2 ist leicht, 3×3 ist ohne Weiteres möglich, ab 4×4, zumindest wenn die Matrizen voll besetzt sind, kommt man an die Grenze dessen, was handschriftlich sinnvoll ist.

Antwort auf Zwischenfrage (7)

Es sollte die Formel $(AB)^{-1} = B^{-1}A^{-1}$ bewiesen werden.

Zunächst haben wir $(AB)^{-1}AB = E_n$, weil $(AB)^{-1}$ die inverse Matrix zu AB ist. Multiplizieren wir von rechts mit B^{-1}, führt dies auf

$$(AB)^{-1}ABB^{-1} = E_nB^{-1}, \quad \text{d.h.} \quad (AB)^{-1}A = B^{-1},$$

da $BB^{-1} = E_n$ und $E_nB^{-1} = B^{-1}$ ist. Multiplikation mit A^{-1} von rechts ergibt nun

$$(AB)^{-1}AA^{-1} = B^{-1}A^{-1}, \quad \text{d.h.} \quad (AB)^{-1} = B^{-1}A^{-1}.$$

Zwischenfrage (8)
Was passiert, wenn man aus Versehen eine Matrix invertiert, die nicht regulär ist?

Beispiele

(1) Wir invertieren die 2×2-Matrix $A = \begin{pmatrix} -2 & 3 \\ 7 & 1 \end{pmatrix}$:

$$\begin{array}{rr|rr} -2 & 3 & 1 & 0 \\ 7 & 1 & 0 & 1 \end{array} \;\begin{array}{c}(\frac{7}{2})\\ \downarrow\end{array} \rightsquigarrow \begin{array}{rr|rr} -2 & 3 & 1 & 0 \\ 0 & \frac{23}{2} & \frac{7}{2} & 1 \end{array} \;\begin{array}{c}(-\frac{1}{2})\\ (\frac{2}{23})\end{array} \rightsquigarrow \begin{array}{rr|rr} 1 & -\frac{3}{2} & -\frac{1}{2} & 0 \\ 0 & 1 & \frac{7}{23} & \frac{2}{23} \end{array} \;\begin{array}{c}\uparrow\\ (\frac{3}{2})\end{array}$$
$$\rightsquigarrow \begin{array}{rr|rr} 1 & 0 & -\frac{1}{23} & \frac{3}{23} \\ 0 & 1 & \frac{7}{23} & \frac{2}{23} \end{array},$$

wir haben also $A^{-1} = \begin{pmatrix} -\frac{1}{23} & \frac{3}{23} \\ \frac{7}{23} & \frac{2}{23} \end{pmatrix}$. Die Probe ergibt tatsächlich

$$AA^{-1} = \begin{pmatrix} -2 & 3 \\ 7 & 1 \end{pmatrix} \begin{pmatrix} -\frac{1}{23} & \frac{3}{23} \\ \frac{7}{23} & \frac{2}{23} \end{pmatrix} = \begin{pmatrix} 1 & 0 \\ 0 & 1 \end{pmatrix}.$$

Ist also einer Abbildung $\boldsymbol{f} : \mathbb{R}^2 \to \mathbb{R}^2$ die Matrix A zugeordnet, so wird die Umkehrabbildung $\boldsymbol{f}^{-1} : \mathbb{R}^2 \to \mathbb{R}^2$ durch die obige Matrix A^{-1} beschrieben.

(2) Eine Drehung im $\mathbb{R}^2$ wird invertiert, indem man die entsprechende Gegendrehung ausführt. Daraus lässt sich ohne Rechnung die Inverse einer Drehmatrix angeben:

$$\begin{pmatrix} \cos\alpha & -\sin\alpha \\ \sin\alpha & \cos\alpha \end{pmatrix}^{-1} = \begin{pmatrix} \cos(-\alpha) & -\sin(-\alpha) \\ \sin(-\alpha) & \cos(-\alpha) \end{pmatrix} = \begin{pmatrix} \cos\alpha & \sin\alpha \\ -\sin\alpha & \cos\alpha \end{pmatrix}. \tag{3.38}$$

Antwort auf Zwischenfrage (8)
Gefragt war nach dem versehentlichen Invertieren einer singulären Matrix.

Eine singuläre Matrix lässt sich nicht invertieren. Sie besitzt einen Rang kleiner als n und es ist somit nicht möglich, sie auf ein vollständiges oberes Dreieckschema zu bringen. Stattdessen entsteht mindestens eine Nullzeile, sodass das obige Schema zur Matrixinversion nicht funktioniert. Man merkt also beim Versuch der Inversion „automatisch", ob die Matrix regulär oder singulär ist.

3.8.2 Eindeutig lösbare Gleichungssysteme

Wir haben gesehen, dass die Inversion einer $n \times n$-Matrix die (simultane) Lösung von n Gleichungssystemen erfordert. Umgekehrt lassen sich *eindeutig lösbare* lineare Gleichungssysteme von n Gleichungen mit n Unbekannten $x_1, \ldots, x_n$,

$$\begin{matrix} a_{11}x_1 & + \ldots + & a_{1n}x_n & = b_1 \\ \vdots & \vdots & \vdots & \vdots \\ a_{n1}x_1 & + \ldots + & a_{nn}x_n & = b_n \end{matrix},$$

durch die Inversion der Koeffizentenmatrix $A = (a_{ij})$ lösen: Da die Matrix A regulär ist, existiert die inverse Matrix A^{-1}. Multipliziert man nun das Gleichungssystem

$$A\boldsymbol{x} = \boldsymbol{b} \tag{3.39}$$

von links mit A^{-1}, so erhält man

$$\underbrace{A^{-1}A}_{E_n}\,\boldsymbol{x} = A^{-1}\boldsymbol{b}, \quad \text{also} \quad \boldsymbol{x} = A^{-1}\boldsymbol{b}. \tag{3.40}$$

Lesehilfe
Das sieht zwar schick aus, man darf aber nicht vergessen, dass der Rechenaufwand zur Inversion der Matrix A nicht geringer ist als für das „normale" Lösen des Gleichungssystems. Des Weiteren ist zu beachten, dass sich mehrdeutig lösbare Gleichungssysteme nicht auf diese Weise behandeln lassen: Sie erfordern weiterhin die normale Anwendung des Gauß-Schemas, das dann auf eine oder mehrere Nullzeilen führt und eine Lösungsmenge ergibt.

Beispiel
Das Gleichungssystem

$$\begin{aligned} 2x_1 - 2x_2 + 3x_3 &= -3 \\ -x_1 - x_2 - 4x_3 &= 6 \\ -2x_1 + 2x_2 + x_3 &= 0 \end{aligned} \tag{3.41}$$

schreibt sich mit

$$A = \begin{pmatrix} 2 & -2 & 3 \\ -1 & -1 & -4 \\ -2 & 2 & 1 \end{pmatrix} \quad \text{und} \quad \boldsymbol{b} = \begin{pmatrix} -3 \\ 6 \\ 0 \end{pmatrix}$$

als $A\boldsymbol{x} = \boldsymbol{b}$. Wir invertieren die Matrix A:

$$
\begin{array}{rrr|rrrcc}
2 & -2 & 3 & 1 & 0 & 0 & (\frac{1}{2}) & (1) \\
-1 & -1 & -4 & 0 & 1 & 0 & \downarrow & \\
-2 & 2 & 1 & 0 & 0 & 1 & & \downarrow
\end{array}
\quad
\begin{array}{rrr|rrrc}
2 & -2 & 3 & 1 & 0 & 0 & (\frac{1}{2}) \\
\rightsquigarrow 0 & -2 & -\frac{5}{2} & \frac{1}{2} & 1 & 0 & (-\frac{1}{2}) \\
0 & 0 & 4 & 1 & 0 & 1 & (\frac{1}{4})
\end{array}
$$

$$
\begin{array}{rrr|rrrcc}
1 & -1 & \frac{3}{2} & \frac{1}{2} & 0 & 0 & & \uparrow \\
\rightsquigarrow 0 & 1 & \frac{5}{4} & -\frac{1}{4} & -\frac{1}{2} & 0 & \uparrow & \\
0 & 0 & 1 & \frac{1}{4} & 0 & \frac{1}{4} & (-\frac{5}{4}) & (-\frac{3}{2})
\end{array}
\quad
\begin{array}{rrr|rrrc}
1 & -1 & 0 & \frac{1}{8} & 0 & -\frac{3}{8} & \uparrow \\
\rightsquigarrow 0 & 1 & 0 & -\frac{9}{16} & -\frac{1}{2} & -\frac{5}{16} & (1) \\
0 & 0 & 1 & \frac{1}{4} & 0 & \frac{1}{4} &
\end{array}
$$

$$
\begin{array}{rrr|rrr}
1 & 0 & 0 & -\frac{7}{16} & -\frac{1}{2} & -\frac{11}{16} \\
\rightsquigarrow 0 & 1 & 0 & -\frac{9}{16} & -\frac{1}{2} & -\frac{5}{16} \\
0 & 0 & 1 & \frac{1}{4} & 0 & \frac{1}{4}
\end{array}\,.
$$

Die inverse Matrix lautet demnach

$$
A^{-1} = \begin{pmatrix} -\frac{7}{16} & -\frac{1}{2} & -\frac{11}{16} \\ -\frac{9}{16} & -\frac{1}{2} & -\frac{5}{16} \\ \frac{1}{4} & 0 & \frac{1}{4} \end{pmatrix}
$$

und als Lösung des Gleichungssystems (3.41) ergibt sich

$$
\boldsymbol{x} = A^{-1}\boldsymbol{b} = \begin{pmatrix} -\frac{7}{16} & -\frac{1}{2} & -\frac{11}{16} \\ -\frac{9}{16} & -\frac{1}{2} & -\frac{5}{16} \\ \frac{1}{4} & 0 & \frac{1}{4} \end{pmatrix} \begin{pmatrix} -3 \\ 6 \\ 0 \end{pmatrix} = \begin{pmatrix} -\frac{27}{16} \\ -\frac{21}{16} \\ -\frac{3}{4} \end{pmatrix},
$$

also $x_1 = -\frac{27}{16}$, $x_2 = -\frac{21}{16}$, $x_3 = -\frac{3}{4}$.

3.9 Transposition von Matrizen

Die *Transposition* ist eine Operation für Matrizen, bei der die Spalten und die Zeilen ihre Rolle tauschen. Betrachten wir den allgemeinen Fall einer $n \times k$-Matrix

$$
A = \left(a_{ij}\right)_{\substack{1 \le i \le n \\ 1 \le j \le k}} = \begin{pmatrix} a_{11} & a_{12} & \cdots & a_{1k} \\ a_{21} & a_{22} & \cdots & a_{2k} \\ \vdots & \vdots & \ddots & \vdots \\ a_{n1} & a_{n2} & \cdots & a_{nk} \end{pmatrix}. \tag{3.42}
$$

Schreibt man die Spalten dieser Matrix als Zeilen einer neuen Matrix, so erhält man eine $k \times n$-Matrix

$$A^{\mathrm{T}} = \begin{pmatrix} a_{11} & a_{21} & \cdots & a_{n1} \\ a_{12} & a_{22} & \cdots & a_{n2} \\ \vdots & \vdots & \ddots & \vdots \\ a_{1k} & a_{2k} & \cdots & a_{nk} \end{pmatrix}, \tag{3.43}$$

die man *die zu A transponierte Matrix* nennt. Bezeichnet man die Elemente von A^{T} mit a'_{ij}, gilt demnach

$$a'_{ij} = a_{ji}. \tag{3.44}$$

Zeilen- und Spaltenindex vertauschen also bei der Transposition ihre Bedeutung. Insbesondere kann auch eine $n \times 1$-Matrix, die einem stehenden n-Tupel entspricht, transponiert werden und ergibt dann eine $1 \times n$-Matrix, einen liegenden n-Tupel.

Lesehilfe
Der erste Index von Matrixelementen ist immer der Zeilenindex. Das ist in der Matrix (3.43) „falsch“, weil hier die Zeilen als die Spalten aufgeschrieben sind. Die neuen Matrixelemente a'_{ij} stehen dann wieder an den richtigen Positionen.

Eine $n \times 1$-Matrix ist eine Matrix $A = \begin{pmatrix} a_{11} \\ \vdots \\ a_{n1} \end{pmatrix}$ und damit ist $A^{\mathrm{T}} = (a_{11}, \dots, a_{n1}) = (a'_{11}, \dots, a'_{1n})$. Hier ist ein Index immer gleich 1 und wird gar nicht benötigt, man kann ihn daher weglassen und hat dann einfach

$$\begin{pmatrix} a_1 \\ \vdots \\ a_n \end{pmatrix}^{\mathrm{T}} = (a_1, \dots, a_n).$$

Die Transposition vertauscht in Produktmatrizen die Reihenfolge:

Satz 3.11 *Für die Transposition einer Produktmatrix gilt* $(AB)^{\mathrm{T}} = B^{\mathrm{T}} A^{\mathrm{T}}$.

Beweis Es sei $A = (a_{ij})$, $B = (b_{jk})$, $AB = (c_{ik})$ und a'_{ji}, b'_{kj}, c'_{ki} seien die Elemente der transponierten Matrizen. Dann haben wir

$$c'_{ki} = c_{ik} = \sum_j a_{ij} b_{jk} = \sum_j b'_{kj} a'_{ji}.$$ •

Beispielsweise ist

$$\left[\begin{pmatrix} a_{11} & \cdots & a_{1k} \\ \vdots & \ddots & \vdots \\ a_{n1} & \cdots & a_{nk} \end{pmatrix}\begin{pmatrix} x_1 \\ \vdots \\ x_k \end{pmatrix}\right]^{\mathrm{T}} = \begin{pmatrix} x_1 \\ \vdots \\ x_k \end{pmatrix}^{\mathrm{T}} \begin{pmatrix} a_{11} & \cdots & a_{1k} \\ \vdots & \ddots & \vdots \\ a_{n1} & \cdots & a_{nk} \end{pmatrix}^{\mathrm{T}}$$

$$= (x_1, \ldots, x_k) \begin{pmatrix} a_{11} & \cdots & a_{n1} \\ \vdots & \ddots & \vdots \\ a_{1k} & \cdots & a_{nk} \end{pmatrix}.$$

Lesehilfe
Wie du siehst, ändern rechteckige Matrizen bei der Transposition ihren „Typ", d. h., aus einer $n \times k$-Matrix wird eine $k \times n$-Matrix. Eine quadratische $n \times n$-Matrix bleibt auch nach der Transposition quadratisch. Die Wirkung der Transposition kann auch beschrieben werden als „Spiegelung der Matrixelemente an der Hauptdiagonale".

„Transponierte Beschreibung" linearer Abbildungen
Bei der Zuordnung einer Matrix $A = (a_{ij})$ zu einer linearen Selbstabbildung $\boldsymbol{f}$, wie sie in (3.6) hinsichtlich der Basis $\{\boldsymbol{b}_1, \ldots, \boldsymbol{b}_n\}$ vorgenommen wird,

$$\boldsymbol{f}(\boldsymbol{b}_j) = \sum_{i=1}^{n} a_{ij} \boldsymbol{b}_i, \qquad j = 1, \ldots, n,$$

ist die Reihenfolge der Indizes an a_{ij} so gewählt, dass der Summationsindex i an erster Stelle steht und die Gleichungsnummer j an zweiter Stelle. Dies führt zu $\boldsymbol{y} = \boldsymbol{f}(\boldsymbol{x})$ mit $y_i = \sum_j a_{ij} x_j$, was sich als $\boldsymbol{y} = A\boldsymbol{x}$ mit einem stehenden Vektor $\boldsymbol{x}$ hinter der Matrix A schreiben lässt.

Ebenso hätte man aber auch die andere andere Reihenfolge wählen können, also statt der Matrix A eine Matrix $A' = (a'_{ji})$ zuordnen gemäß

$$\boldsymbol{f}(\boldsymbol{b}_j) = \sum_{i=1}^{n} a'_{ji} \boldsymbol{b}_i, \qquad j = 1, \ldots, n.$$

Dann ist $A' = A^{\mathrm{T}}$ und *die gesamte Beschreibung der linearen Abbildung $\boldsymbol{f}$ erfolgt transponiert*. Man erhält dann $y_i = \sum_j x_j a'_{ji}$, was sich zusammenfassen lässt als

$$\boldsymbol{y}^{\mathrm{T}} = \boldsymbol{x}^{\mathrm{T}} A' \tag{3.45}$$

mit einem liegenden Vektor $\boldsymbol{x}^{\mathrm{T}}$ vor der Abbildungsmatrix A', sodass sich auch der Ergebnisvektor in liegender Form ergibt.

Lesehilfe

Wenn man verabredet, dass $\boldsymbol{x}$ ein stehender Vektor ist, ist $\boldsymbol{x}^{\mathrm{T}}$ der entsprechende liegende Vektor. Generell sind stehende Vektoren wohl gebräuchlicher als liegende und Ausdrücke $A\boldsymbol{x}$ sieht man öfter als $\boldsymbol{x}^{\mathrm{T}}A$ mit einem liegenden Vektor vor einer Matrix. Dessen ungeachtet hat eine Darstellung

$$(x_1, x_2)\begin{pmatrix} a_{11} & a_{12} \\ a_{21} & a_{22} \end{pmatrix} = (y_1, y_2)$$

den Vorzug, dass man sie lesen kann als „der Vektor (x_1, x_2) ergibt nach Durchlaufen der Matrix A den Vektor (y_1, y_2)".

Das Wichtigste in Kürze

- Eine **lineare Abbildung** ist mit den linearen Operationen vertauschbar. Sie bildet den Nullvektor stets auf den Nullvektor ab. Eine bijektive lineare Abbildung heißt **Isomorphismus**.
- Der **Rang einer Abbildung** ist die Dimension ihres Bildraums.
- Eine **lineare Selbstabbildung** auf einem endlichdimensionalen Vektorraum kann durch eine **quadratische Matrix** beschrieben werden, die spaltenweise die Bilder der Basisvektoren enthält. Die Zuordnung einer Matrix hängt i. Allg. von der gewählten Basis ab.
- Der **Rang einer Matrix** ist gleich der Maximalzahl ihrer linear unabhängigen Spalten oder Zeilen. Der Rang einer Abbildung ist gleich dem Rang einer ihr zugeordneten Matrix.
- Die **Addition von Matrizen** und die **Multiplikation mit einem Skalar** erfolgen komponentenweise.
- Das **Produkt zweier Matrizen** ist so definiert, dass die Produktmatrix die Verkettung der entsprechenden Abbildungen beschreibt. Das Matrizenprodukt ist **nicht kommutativ**.
- Zu regulären quadratischen Matrizen existiert die **inverse Matrix**.
- Bei der **Transposition** einer Matrix vertauschen die Spalten und die Zeilen der Matrix ihre Rollen. ◄

Und was bedeuten die Formeln?

$$\boldsymbol{f}(c_1\boldsymbol{x}_1 + c_2\boldsymbol{x}_2) = c_1\boldsymbol{f}(\boldsymbol{x}_1) + c_2\boldsymbol{f}(\boldsymbol{x}_2), \quad \boldsymbol{f}(\boldsymbol{0}) = \boldsymbol{0},$$

$$\boldsymbol{f}(\boldsymbol{x}) = x_1\boldsymbol{f}(\boldsymbol{b}_1) + \ldots + x_n\boldsymbol{f}(\boldsymbol{b}_n), \quad \boldsymbol{f}(V) = \langle\{\boldsymbol{f}(\boldsymbol{b}_1), \ldots, \boldsymbol{f}(\boldsymbol{b}_n)\}\rangle,$$

$$\operatorname{rg}\boldsymbol{f} := \dim \boldsymbol{f}(V), \quad \boldsymbol{f}(\boldsymbol{b}_j) = \sum_{i=1}^{n} a_{ij}\boldsymbol{b}_i \quad (j = 1, \ldots, n),$$

$$A = (a_{ij})_{\substack{1\le i\le n\\1\le j\le n}} = \begin{pmatrix} a_{11} & a_{12} & \cdots & a_{1n} \\ a_{21} & a_{22} & \cdots & a_{2n} \\ \vdots & \vdots & \ddots & \vdots \\ a_{n1} & a_{n2} & \cdots & a_{nn} \end{pmatrix}, \quad y_i = \sum_{k=1}^{n} a_{ij} x_j \quad (i = 1, \ldots, n),$$

$$A = \begin{pmatrix} \uparrow & \uparrow & & \uparrow \\ \boldsymbol{f}(\boldsymbol{b}_1) & \boldsymbol{f}(\boldsymbol{b}_2) & \cdots & \boldsymbol{f}(\boldsymbol{b}_n) \\ \downarrow & \downarrow & & \downarrow \end{pmatrix}, \quad \boldsymbol{f}(\boldsymbol{x}) = \boldsymbol{y} = A\boldsymbol{x},$$

$$D_\alpha = \begin{pmatrix} \cos\alpha & -\sin\alpha \\ \sin\alpha & \cos\alpha \end{pmatrix}, \quad D_{-\alpha} = \begin{pmatrix} \cos\alpha & \sin\alpha \\ -\sin\alpha & \cos\alpha \end{pmatrix},$$

$$A \xrightarrow[\text{Umformungen}]{\text{elementare}} B = \begin{pmatrix} b_{11} & b_{12} & \cdots & \cdots & \cdots & b_{1n} \\ 0 & b_{22} & \cdots & \cdots & \cdots & b_{2n} \\ 0 & \cdots & \ddots & \cdots & \cdots & \vdots \\ 0 & \cdots & 0 & b_{rr} & \cdots & b_{rn} \\ 0 & \cdots & 0 & 0 & \cdots & 0 \\ \vdots & \vdots & \vdots & \vdots & \vdots & \vdots \\ 0 & 0 & \cdots & 0 & \cdots & 0 \end{pmatrix}, \quad \operatorname{rg} A = r,$$

$$\operatorname{rg} \boldsymbol{f} = \operatorname{rg} A, \quad \operatorname{rg}\begin{pmatrix} \cos\alpha & -\sin\alpha \\ \sin\alpha & \cos\alpha \end{pmatrix} = 2,$$

$$A + B = \begin{pmatrix} a_{11} + b_{11} & \cdots & a_{1n} + b_{1n} \\ \vdots & \ddots & \vdots \\ a_{n1} + b_{n1} & \cdots & a_{nn} + b_{nn} \end{pmatrix}, \quad cA = \begin{pmatrix} ca_{11} & \cdots & ca_{1n} \\ \vdots & \ddots & \vdots \\ ca_{n1} & \cdots & ca_{nn} \end{pmatrix},$$

$$(\boldsymbol{f} \circ \boldsymbol{g})(\boldsymbol{x}_1 + \boldsymbol{x}_2) = \boldsymbol{f}(\boldsymbol{g}(\boldsymbol{x}_1)) + \boldsymbol{f}(\boldsymbol{g}(\boldsymbol{x}_2)), \quad (\boldsymbol{f} \circ \boldsymbol{g}) \circ \boldsymbol{h} = \boldsymbol{f} \circ (\boldsymbol{g} \circ \boldsymbol{h}),$$

$$C = AB \quad \text{bedeutet} \quad c_{ij} = \sum_{k=1}^{n} a_{ik} b_{kj} \quad (i, j = 1, \ldots, n),$$

$$\begin{pmatrix} & \vdots & \\ a_{i1} & \cdots & a_{in} \\ & \vdots & \end{pmatrix} \begin{pmatrix} & b_{1j} & \\ \ldots & \vdots & \ldots \\ & b_{nj} & \end{pmatrix} = \begin{pmatrix} & \vdots & \\ \cdots & c_{ij} & \cdots \\ & \vdots & \end{pmatrix},$$

$$a_{i1} b_{1j} + \ldots + a_{in} b_{nj} = \sum_{k=1}^{n} a_{ik} b_{kj} = c_{ij}, \quad AE = EA = A,$$

$$A^{-1}A = AA^{-1} = E_n, \quad \left(A^{-1}\right)^{-1} = A, \quad (AB)^{-1} = B^{-1}A^{-1},$$

$$\begin{array}{ccc|ccc} a_{11} & \cdots & a_{1n} & 1 & \cdots & 0 \\ \vdots & \ddots & \vdots & \vdots & \ddots & \vdots \\ a_{n1} & \cdots & a_{nn} & 0 & \cdots & 1 \end{array} \longrightarrow \begin{array}{ccc|ccc} 1 & \cdots & 0 & s_{11} & \cdots & s_{1n} \\ \vdots & \ddots & \vdots & \vdots & \ddots & \vdots \\ 0 & \cdots & 1 & s_{n1} & \cdots & s_{nn}, \end{array}$$

$$\begin{pmatrix} \cos\alpha & -\sin\alpha \\ \sin\alpha & \cos\alpha \end{pmatrix}^{-1} = \begin{pmatrix} \cos\alpha & \sin\alpha \\ -\sin\alpha & \cos\alpha \end{pmatrix},$$

$$A\boldsymbol{x} = \boldsymbol{b} \Leftrightarrow \boldsymbol{x} = A^{-1}\boldsymbol{b}, \quad A^{\mathrm{T}} = \left(a'_{ij}\right), \quad a'_{ij} = a_{ji},$$

$$\begin{pmatrix} a_1 \\ \vdots \\ a_n \end{pmatrix}^{\mathrm{T}} = (a_1, \ldots, a_n), \quad (AB)^{\mathrm{T}} = B^{\mathrm{T}}A^{\mathrm{T}}, \quad \boldsymbol{y}^{\mathrm{T}} = \boldsymbol{x}^{\mathrm{T}}A'.$$

Übungsaufgaben

A3.1 Zeige, dass die Abbildung $\boldsymbol{f} : V \to V$ mit $\boldsymbol{f}(\boldsymbol{x}) = \boldsymbol{x} + \boldsymbol{a}$ und $\boldsymbol{a} \neq \boldsymbol{0}$ keine der beiden definierenden Linearitätseigenschaften erfüllt.

A3.2 Die Abbildung $\boldsymbol{f} : \mathbb{R}^3 \to \mathbb{R}^3$ bilde die kanonischen Basisvektoren $\boldsymbol{e}_1, \boldsymbol{e}_2, \boldsymbol{e}_3$ ab auf die Vektoren

$$\begin{pmatrix} 1 \\ 2 \\ 3 \end{pmatrix}, \begin{pmatrix} 4 \\ 5 \\ 6 \end{pmatrix} \quad \text{bzw.} \quad \begin{pmatrix} 7 \\ 8 \\ 9 \end{pmatrix}.$$

Wie lautet das Bild des Vektors $(1, 2, 3)$? Ist $\boldsymbol{f}$ ein Isomorphismus? Welchen Bildraum besitzt $\boldsymbol{f}$?

A3.3 Wir betrachten lineare Selbstabbildungen des Vektorraums $\mathbb{R}^3$ mit der kanonischen Basis $\mathcal{E}_3 = \{\boldsymbol{e}_1, \boldsymbol{e}_2, \boldsymbol{e}_3\}$. Die zwei Abbildungen $\boldsymbol{f}$ und $\boldsymbol{g}$ bilden die Basisvektoren in folgender Weise ab:

$$\begin{aligned} \boldsymbol{f}(\boldsymbol{e}_1) &= \boldsymbol{e}_1 + 2\boldsymbol{e}_2 & \boldsymbol{g}(\boldsymbol{e}_1) &= -2\boldsymbol{e}_1 + \boldsymbol{e}_2 - 3\boldsymbol{e}_3 \\ \boldsymbol{f}(\boldsymbol{e}_2) &= \boldsymbol{e}_1 + 2\boldsymbol{e}_3 & \boldsymbol{g}(\boldsymbol{e}_2) &= -\boldsymbol{e}_1 - \boldsymbol{e}_2 - \boldsymbol{e}_3 \\ \boldsymbol{f}(\boldsymbol{e}_3) &= \boldsymbol{e}_1 + \boldsymbol{e}_2 + 2\boldsymbol{e}_3 & \boldsymbol{g}(\boldsymbol{e}_3) &= 3\boldsymbol{e}_2 - \boldsymbol{e}_3. \end{aligned}$$

a) Wie lauten die den Abbildungen $\boldsymbol{f}$ und $\boldsymbol{g}$ hinsichtlich der kanonischen Basis zugeordneten Matrizen (die Matrizen sollen mit A bzw. B bezeichnet sein)?

b) Handelt es sich bei den Abbildungen $\boldsymbol{f}$ und $\boldsymbol{g}$ um Isomorphismen? Welche Dimensionen haben die Bildräume der beiden Abbildungen?

c) Gegeben seien die Vektoren $\boldsymbol{x} = (2, -1, 0)$ und $\boldsymbol{y} = (1, 2, 3)$. Berechne $\boldsymbol{f}(\boldsymbol{x})$, $\boldsymbol{f}(\boldsymbol{y})$, $\boldsymbol{g}(\boldsymbol{x})$, $\boldsymbol{g}(\boldsymbol{y})$ und $\boldsymbol{f}(\boldsymbol{x} + \boldsymbol{y})$.

A3.4 Der $\mathbb{R}^3$ werde durch ein kartesisches Koordinatensystem dargestellt und wir betrachten eine Drehung $\boldsymbol{d} : \mathbb{R}^3 \to \mathbb{R}^3$, die mit einem Winkel von 45° um die y-Achse erfolge. Auf welche Vektoren werden die kanonischen Basisvektoren abgebildet? Welchen Bildvektor besitzt der Vektor $(1, 1, 1)$? Welche Vektoren werden auf die kanonischen Basisvektoren abgebildet?

A3.5 Welchen Rang besitzen jeweils die folgenden Matrizen?

$$A = \begin{pmatrix} 1 & 1 \\ 1 & 1 \end{pmatrix}, \qquad B = \begin{pmatrix} 1 & -1 \\ 1 & 1 \end{pmatrix}, \qquad C = \begin{pmatrix} 1 & -1 \\ -1 & 1 \end{pmatrix},$$

$$D = \begin{pmatrix} \sqrt{2} & \sqrt{2} & \sqrt{2} \\ 0 & \sqrt{3} & \sqrt{3} \\ 0 & 0 & 2 \end{pmatrix}, \quad E = \begin{pmatrix} 1 & 0 & 1 \\ 0 & 1 & 0 \\ 1 & 0 & 1 \end{pmatrix}, \quad F = \begin{pmatrix} \cos\alpha & -\sin\alpha & 0 \\ \sin\alpha & \cos\alpha & 0 \\ 0 & 0 & 1 \end{pmatrix},$$

$$G = \begin{pmatrix} -4 & 3 & -2 \\ -5 & 1 & 3 \\ 1 & 1 & -2 \end{pmatrix}, \qquad H = \begin{pmatrix} 3 & 1 & -2 \\ -1 & 0 & 2 \\ 5 & 2 & -2 \end{pmatrix}.$$

A3.6 Sind die folgenden Aussagen richtig oder falsch? Begründe jeweils deine Antwort.

(I) Die Summe zweier endlichdimensionaler Isomorphismen ist wieder ein Isomorphismus.
(II) Das Produkt zweier endlichdimensionaler Isomorphismen ist wieder ein Isomorphismus.
(III) Die Summe zweier nicht bijektiver Abbildungen kann nicht bijektiv sein.
(IV) Das Produkt eines endlichdimensionalen Isomorphismus und einer Abbildung, die nicht bijektiv ist, kann nicht bijektiv sein.

A3.7 Wir betrachten die zwei linearen Selbstabbildungen $\boldsymbol{f}, \boldsymbol{g} : \mathbb{R}^3 \to \mathbb{R}^3$, die hinsichtlich der kanonischen Basis beschrieben werden durch die Matrizen

$$A = \begin{pmatrix} 1 & 1 & 1 \\ 2 & 0 & 1 \\ 0 & 2 & 2 \end{pmatrix} \quad \text{bzw.} \quad B = \begin{pmatrix} -2 & -1 & 0 \\ 1 & -1 & 3 \\ -3 & -1 & -1 \end{pmatrix}.$$

a) Bestimme die der Summenabbildung $\boldsymbol{f} + \boldsymbol{g}$ hinsichtlich der kanonischen Basis zugeordnete Matrix (bezeichnet mit C). Handelt es sich bei $\boldsymbol{f} + \boldsymbol{g}$ um eine bijektive Abbildung?

b) Auf welche Vektoren werden die Basisvekoren $\boldsymbol{e}_1$, $\boldsymbol{e}_2$, $\boldsymbol{e}_3$ durch die inversen Abbildungen $\boldsymbol{f}^{-1}$ und $(\boldsymbol{f} + \boldsymbol{g})^{-1}$ abgebildet?

c) Wie lauten die Matrizen der folgenden Produktabbildungen hinsichtlich der kanonischen Basis?

$$\boldsymbol{f} \circ \boldsymbol{g} \quad (\text{Matrix } P_1), \qquad \boldsymbol{g} \circ \boldsymbol{f} \quad (\text{Matrix } P_2), \qquad \boldsymbol{f}^{-1} \circ \boldsymbol{f} \quad (\text{Matrix } P_3).$$

Welche dieser Abbildungen sind Isomorphismen?

A3.8 Zeige, dass für drei reguläre Matrizen gilt $(ABC)^{-1} = C^{-1}B^{-1}A^{-1}$.

A3.9 Gegeben seien die folgenden Matrizen:

$$L_1 = \begin{pmatrix} 1 & 0 \\ -\frac{1}{10} & 1 \end{pmatrix}, \quad L_2 = \begin{pmatrix} 1 & 0 \\ -\frac{1}{2} & 1 \end{pmatrix}, \quad Z = \begin{pmatrix} 1 & 5 \\ 0 & 1 \end{pmatrix},$$

$$E_4 = \begin{pmatrix} 1 & 0 & 0 & 0 \\ 0 & 1 & 0 & 0 \\ 0 & 0 & 1 & 0 \\ 0 & 0 & 0 & 1 \end{pmatrix}, \quad F = \begin{pmatrix} 1 & 0 & 0 & 0 \\ 0 & 1 & 0 & 0 \\ 0 & 0 & 1 & 1 \\ 0 & 0 & 1 & 1 \end{pmatrix},$$

$$D_4 = \begin{pmatrix} \frac{1}{2}\sqrt{3} & -\frac{1}{2} & 0 & 0 \\ \frac{1}{2} & \frac{1}{2}\sqrt{3} & 0 & 0 \\ 0 & 0 & \frac{1}{2}\sqrt{2} & -\frac{1}{2}\sqrt{2} \\ 0 & 0 & \frac{1}{2}\sqrt{2} & \frac{1}{2}\sqrt{2} \end{pmatrix}.$$

a) Bei welchen Matrizen handelt es sich um reguläre Matrizen? Welche Matrizen sind umkehrbar? Welche der Matrizen beschreiben hinsichtlich der kanonischen Basis ihres Vektorraums eine bijektive Abbildung? Welche Matrizen sind invertierbar?

b) Gib die inversen Matrizen L_1^{-1}, L_2^{-1}, Z^{-1}, E_4^{-1} und D_4^{-1} an.

c) Berechne die Matrizen $L_2 Z L_1$, $(L_2 Z L_1)^{-1}$, $D_4 F$ und $(E_4 D_4)^{-1}$.

A3.10 Der Kern einer Abbildung $\boldsymbol{f}$ auf dem Vektorraum V ist definiert als

$$\text{Kern}\, \boldsymbol{f} := \{\boldsymbol{x} \in V \mid \boldsymbol{f}(\boldsymbol{x}) = \boldsymbol{0}\}.$$

Zeige: *Eine lineare Abbildung* $\boldsymbol{f}$ *auf dem* n*-dimensionalen Vektorraum* V *ist genau dann bijektiv, wenn* Kern $\boldsymbol{f} = \{\boldsymbol{0}\}$ *gilt.*

Basistransformation

4

Die Koordinaten eines Vektors und die Zuordnung einer Matrix zu einer linearen Selbstabbildung hängen i. Allg. von der gewählten Basis ab. Es kann verschiedene Gründe geben, für einen gegebenen Vektorraum unterschiedliche Basen zu verwenden. Zum Beispiel können lineare Abbildungen in „zu ihnen passenden" Basen leichter beschrieben werden, während ansonsten eine andere Basis vorteilhaft ist. Es ist dann notwendig, zwischen den Basen wechseln zu können, also eine *Basistranformation* durchzuführen.

Wir werden im Folgenden sehen, dass sich die Basistransformation eines n-dimensionalen Vektorraums durch eine reguläre $n \times n$-Matrix beschreiben lässt. Mit dieser *Transformationsmatrix* können zugehörige Koordinaten- und Abbildungstransformationen auf einfache Weise vorgenommen werden.

Wozu dieses Kapitel im Einzelnen

- Eine Basistransformation wird durch eine reguläre Matrix beschrieben. Solche Matrizen kennen wir schon und sehen hier eine weitere Anwendung.
- Ein Wechsel der Basis wirkt sich auf die Koordinaten eines Vektors aus. Die Transformationsmatrix und ihre Inverse spielen dabei die entscheidende Rolle.
- Auch Matrizen von Abbildungen hängen von der Basis ab. Mit der Transformationsmatrix kann auch hier der Übergang beschrieben werden, wobei drei Matrizen miteinander zu multiplizieren sind.
- Drehungen im $\mathbb{R}^3$ können um Koordinatenachsen erfolgen, aber auch um beliebige andere Raumachsen. Der Mechanismus der Basistransformation erlaubt es, auch solche Drehungen in den Griff zu bekommen. Wir sehen uns an, wie das funktioniert.

J. Balla, *Lineare Algebra*, https://doi.org/10.1007/978-3-662-67667-7_4

4.1 Transformationsmatrix

Wir betrachten einen n-dimensionalen Vektorraum V und zwei Basen $\mathcal{B} = \{\boldsymbol{b}_1, \ldots, \boldsymbol{b}_n\}$ und $\mathcal{B}^* = \{\boldsymbol{b}_1^*, \ldots, \boldsymbol{b}_n^*\}$. Für einen beliebigen Vektor $\boldsymbol{x} \in V$ gilt dann

$$\boldsymbol{x} = \sum_{i=1}^{n} x_i \boldsymbol{b}_i \quad \text{und} \quad \boldsymbol{x} = \sum_{i=1}^{n} x_i^* \boldsymbol{b}_i^*. \tag{4.1}$$

Insbesondere lassen sich auch die Basisvektoren $\boldsymbol{b}_j^*$, $j = 1, \ldots, n$, als Linearkombinationen von $\mathcal{B}$ darstellen:

$$\boldsymbol{b}_j^* = t_{1j}\boldsymbol{b}_1 + \ldots + t_{nj}\boldsymbol{b}_n = \sum_{i=1}^{n} t_{ij}\boldsymbol{b}_i, \qquad j = 1, \ldots, n. \tag{4.2}$$

Die Koeffizienten dieser n Linearkombinationen haben wir mit der zweifach indizierten Größe t_{ij} bezeichnet: Der erste Index i gibt die Position des Koeffizienten in der Linearkombination an und der zweite Index j die Nummer des gerade betrachteten Basisvektors $\boldsymbol{b}_j^*$. Diese Koeffizienten lassen sich zur $n \times n$-Matrix

$$T = \left(t_{ij}\right)_{\substack{1 \le i \le n \\ 1 \le j \le n}} = \begin{pmatrix} t_{11} & t_{12} & \cdots & t_{1n} \\ t_{21} & t_{22} & \cdots & t_{2n} \\ \vdots & \vdots & \ddots & \vdots \\ t_{n1} & t_{n2} & \cdots & t_{nn} \end{pmatrix} \tag{4.3}$$

zusammenfassen. *Durch diese Matrix wird die Basistransformation von $\mathcal{B}$ zu $\mathcal{B}^*$ vollständig beschrieben* und wir wollen den Zusammenhang der *Transformationsmatrix T* mit dem Basiswechsel symbolisch abgekürzt wiedergeben als

$$\mathcal{B} \xrightarrow{T} \mathcal{B}^*.$$

Wie man sieht, entspricht die j-te Spalte der Transformationsmatrix (4.3) dem Koordinaten-n-Tupel des Vektors $\boldsymbol{b}_j^*$ hinsichtlich der Basis $\mathcal{B}$, es ist also

$$T = \begin{pmatrix} \uparrow & \uparrow & & \uparrow \\ \boldsymbol{b}_1^{*\mathcal{B}} & \boldsymbol{b}_2^{*\mathcal{B}} & \cdots & \boldsymbol{b}_n^{*\mathcal{B}} \\ \downarrow & \downarrow & & \downarrow \end{pmatrix}. \tag{4.4}$$

Da $\mathcal{B}^*$ eine Basis ist, sind die Spalten von T linear unabhängig, d. h., *die Transformationsmatrix einer Basistransformation ist eine reguläre Matrix.*

Lesehilfe
Das obige Vorgehen zur Zuordnung einer Matrix zur Basistransformation erfolgt analog zur Matrix einer linearen Selbstabbildung, vergleiche (4.2) mit (3.6). Die Wahl der Indexreihenfolge bei t_{ij} bewirkt, dass die Koordinatenvektoren $\boldsymbol{b}_j^{*\mathcal{B}}$ stehend in die Matrix T eingetragen werden.

Zwischenfrage (1)
Jemand sagt: „Wenn eine Basistransformation im $\mathbb{R}^n$ stattfindet und ich die neue Basis $\mathcal{B}^*$ kenne, kenne ich auch die Transformationsmatrix T: Ich trage ihre Vektoren einfach als Spalten in T ein." Stimmt das?

4.1.1 Koordinatentransformation

Wir betrachten nun die Koordinaten eines Vektors $\boldsymbol{x}$ hinsichtlich der beiden Basen $\mathcal{B}$ und $\mathcal{B}^*$: Zunächst gilt

$$\boldsymbol{x} = \sum_{i=1}^{n} x_i \boldsymbol{b}_i \tag{4.5}$$

und außerdem

$$\boldsymbol{x} = \sum_{j=1}^{n} x_j^* \boldsymbol{b}_j^* = \sum_{j=1}^{n} x_j^* \left(\sum_{i=1}^{n} t_{ij} \boldsymbol{b}_i \right) = \sum_{i=1}^{n} \left(\sum_{j=1}^{n} t_{ij} x_j^* \right) \boldsymbol{b}_i . \tag{4.6}$$

Aus der Eindeutigkeit der Basisdarstellung von $\boldsymbol{x}$ hinsichtlich $\mathcal{B}$ folgt damit

$$x_i = \sum_{j=1}^{n} t_{ij} x_j^*, \qquad i = 1, \ldots, n. \tag{4.7}$$

Fassen wir die Koordinaten x_i zu einem stehenden Koordinatenvektor $\boldsymbol{x}^{\mathcal{B}}$ und die Koordinaten x_i^* zum Vektor $\boldsymbol{x}^{\mathcal{B}*}$ zusammen, kann (4.7) geschrieben werden als

$$\boldsymbol{x}^{\mathcal{B}} = T \boldsymbol{x}^{\mathcal{B}*}. \tag{4.8}$$

Lesehilfe
Wir müssen oben zwischen dem Vektor $\boldsymbol{x}$ und seinen Koordinatenvektoren $\boldsymbol{x}^{\mathcal{B}}$ und $\boldsymbol{x}^{\mathcal{B}*}$ unterscheiden.

Wenn man es nur mit Koordinatenvektoren zu tun hat und keine Missverständnisse zu befürchten sind, kann man (4.8) auch einfacher als $\boldsymbol{x} = T\boldsymbol{x}^*$ wiedergeben.

Mit (4.8) ist werden die „alten“ Koordinaten x_i durch die „neuen“ Koordinaten x_i^* ausgedrückt. Oft ist aber der umgekehrte Weg gewünscht, d. h., man möchte die neuen Koordinaten durch die alten ausdrücken. Dazu muss das Gleichungssystem $\boldsymbol{x}^{\mathcal{B}} = T\boldsymbol{x}^{\mathcal{B}*}$ invertiert werden, was mit Hilfe der inversen Matrix T^{-1} ohne Weiteres möglich ist:

$$\boldsymbol{x}^{\mathcal{B}*} = T^{-1}\boldsymbol{x}^{\mathcal{B}}, \tag{4.9}$$

vgl. Abschnitt 3.8.2. Wir fassen zusammen:

Satz 4.1 *Wird in einem n-dimensionalen Vektorraum ein Basiswechsel von $\mathcal{B}$ zu $\mathcal{B}^*$ durch die Transformationsmatrix*

$$T = \begin{pmatrix} \uparrow & \uparrow & & \uparrow \\ \boldsymbol{b}_1^{*\mathcal{B}} & \boldsymbol{b}_2^{*\mathcal{B}} & \cdots & \boldsymbol{b}_n^{*\mathcal{B}} \\ \downarrow & \downarrow & & \downarrow \end{pmatrix} \tag{4.10}$$

beschrieben, so entspricht dies der Koordinatentransformation

$$\boldsymbol{x}^{\mathcal{B}} = T\boldsymbol{x}^{\mathcal{B}*} \qquad \textit{bzw.} \qquad \boldsymbol{x}^{\mathcal{B}*} = T^{-1}\boldsymbol{x}^{\mathcal{B}}. \tag{4.11}$$

Antwort auf Zwischenfrage (1)

Gefragt war, ob im $\mathbb{R}^n$ mit Kenntnis der Basis $\mathcal{B}^*$ einfach ihre Vektoren als Spalten in T eingetragen werden.

Nein, das stimmt nicht. Zunächst benötigt man für einen Basiswechsel zwei Basen, die Ausgangsbasis $\mathcal{B}$ und die Endbasis $\mathcal{B}^*$. Mit $\mathcal{B}^*$ alleine kann daher keine Transformationsmatrix bekannt sein. Die Vorschrift

$$T = \begin{pmatrix} \uparrow & \uparrow & & \uparrow \\ \boldsymbol{b}_1^{*\mathcal{B}} & \boldsymbol{b}_2^{*\mathcal{B}} & \cdots & \boldsymbol{b}_n^{*\mathcal{B}} \\ \downarrow & \downarrow & & \downarrow \end{pmatrix}$$

enthält auch nicht einfach die Basisvektoren $\boldsymbol{b}_j^*$, sondern vielmehr die *Koordinatenvektoren der $\boldsymbol{b}_j^*$ hinsichtlich der Basis $\mathcal{B}$*, was sich durch das hochgestellte $\mathcal{B}$ an $\boldsymbol{b}_j^{*\mathcal{B}}$ ausdrückt. Diese Koordinatenvektoren müssen zur Ermittlung von T berechnet werden, d. h., es sind die n entsprechenden Gleichungssysteme zu lösen.

4.1.2 Berechnung der Transformationsmatrix

Die Matrix T der Basistransformation $\mathcal{B} \longrightarrow \mathcal{B}^*$ enthält die Darstellungen der Basisvektoren $\boldsymbol{b}_j^*$, $j = 1, \ldots, n$, durch die Basis $\mathcal{B}$. Dazu müssen allerdings nicht unbedingt die entsprechenden n Gleichungssysteme explizit aufgestellt und gelöst werden.

Zunächst halten wir fest, dass mit dem „Hinweg“ $\mathcal{B}\longrightarrow\mathcal{B}^*$ auch der „Rückweg“ bekannt ist, d. h. die Transformation $\mathcal{B}^*\longrightarrow\mathcal{B}$: Aus (4.11) folgt, dass diese inverse Transformation durch die inverse Matrix T^{-1} beschrieben wird. Das heißt

$$\mathcal{B} \xrightarrow{T} \mathcal{B}^* \qquad \Leftrightarrow \qquad \mathcal{B}^* \xrightarrow{T^{-1}} \mathcal{B}. \tag{4.12}$$

Handelt es sich im Vektorraum $\mathbb{K}^n$ bei der Ausgangsbasis $\mathcal{B}$ um die kanonische Basis $\mathcal{E}$, haben wir also die Transformation $\mathcal{E}\longrightarrow\mathcal{B}^*$, so müssen zur Ermittlung der Transformationsmatrix die Vektoren $\boldsymbol{b}_j^*$ hinsichtlich der kanonischen Basis $\mathcal{E}$ dargestellt werden. Nun ist aber einfach $\boldsymbol{b}_j^{*\mathcal{E}} = \boldsymbol{b}_j^*$, $j = 1, \ldots, n$. Bezeichnen wir die Matrix, die spaltenweise die Vektoren $\boldsymbol{b}_j^*$ enthält, mit B^*, haben wir somit

$$\mathcal{E} \xrightarrow{B^*} \mathcal{B}^*. \tag{4.13}$$

Lesehilfe

Der Fall $\mathcal{E}\longrightarrow\mathcal{B}^*$ ist der einfachste Fall einer Basistransformation, da die Darstellung eines Vektors $\boldsymbol{b}_j^* \in \mathbb{K}^n$ durch die kanonische Basis gleich dem Vektor selbst ist. Betrachten wir beispielsweise im $\mathbb{R}^3$ die Transformation $\mathcal{E}\longrightarrow\mathcal{B}^*$ mit

$$\mathcal{B}^* = \{\boldsymbol{b}_1^*, \boldsymbol{b}_2^*, \boldsymbol{b}_3^*\} = \left\{ \begin{pmatrix} 1 \\ 2 \\ 1 \end{pmatrix}, \begin{pmatrix} 2 \\ -1 \\ 3 \end{pmatrix}, \begin{pmatrix} -4 \\ 1 \\ -2 \end{pmatrix} \right\},$$

so lautet die zugehörige Transformationsmatrix

$$T = B^* = \begin{pmatrix} 1 & 2 & -4 \\ 2 & -1 & 1 \\ 1 & 3 & -2 \end{pmatrix}.$$

Findet umgekehrt eine Basistransformation in die kanonische Basis statt, $\mathcal{B}\longrightarrow\mathcal{E}$, so ist dies der inverse Fall zu $\mathcal{E}\longrightarrow\mathcal{B}$ und wir haben

$$\mathcal{B} \xrightarrow{B^{-1}} \mathcal{E}, \tag{4.14}$$

wobei B für die Matrix steht, die spaltenweise die Vektoren der Basis $\mathcal{B}$ enthält.

Auch der allgemeine Fall $\mathcal{B}\longrightarrow\mathcal{B}^*$ lässt sich nun erhalten, indem man einen Umweg über die kanonische Basis geht, also zunächst in die kanonische Basis transformiert und dann von dort in die Zielbasis $\mathcal{B}^*$:

$$\mathcal{B} \xrightarrow{B^{-1}} \mathcal{E} \xrightarrow{B^*} \mathcal{B}^*. \tag{4.15}$$

Aufgrund von (4.8) ist dies gleichbedeutend mit

$$\boldsymbol{x}^{\mathcal{B}} = B^{-1}\boldsymbol{x}^{\mathcal{E}} \quad \text{und} \quad \boldsymbol{x}^{\mathcal{E}} = B^*\boldsymbol{x}^{\mathcal{B}^*}, \quad \text{d. h.} \quad \boldsymbol{x}^{\mathcal{B}} = \underbrace{B^{-1}B^*}_{T}\boldsymbol{x}^{\mathcal{B}^*}$$

und wir halten fest:

Die Basistransformation $\mathcal{B}\longrightarrow\mathcal{B}^*$ des $\mathbb{K}^n$ wird durch die Transformationsmatrix $T = B^{-1}B^*$ beschrieben. Dabei wird die Matrix B spaltenweise durch die Vektoren von $\mathcal{B}$ gegeben und die Matrix B^* durch die Vektoren von $\mathcal{B}^*$.

Lesehilfe

In der Formel $T = B^{-1}B^*$ sind auch die Fälle enthalten, dass es sich bei einer der beiden Basen um die kanonische Basis handelt: Dann ist entweder $B = E_n$ oder $B^* = E_n$.

Der Rechenaufwand zum Ermitteln einer Transformationsmatrix hängt natürlich von der Dimension n ab: Für $n = 2$ ist eine 2×2-Matrix zu invertieren und mit einer anderen zu multiplizieren, für $n = 3$ sind es 3×3-Matrizen usw. Dabei kommt man mit der Formel $T = B^{-1}B^*$ nicht zwangsläufig schneller zum Ziel als durch die direkte Lösung der Gleichungssysteme (4.2), zumal deren Lösung simultan erfolgen kann, siehe das nachfolgende Beispiel.

Beispiel

Wir betrachten die Basen $\mathcal{B} = \left\{\begin{pmatrix}1\\2\end{pmatrix}, \begin{pmatrix}3\\4\end{pmatrix}\right\}$ und $\mathcal{B}^* = \left\{\begin{pmatrix}1\\1\end{pmatrix}, \begin{pmatrix}1\\-1\end{pmatrix}\right\}$ des $\mathbb{R}^2$. Zur Ermittlung der Transformationsmatrix T berechnen wir die Koordinaten der Vektoren von $\mathcal{B}^*$ hinsichtlich der Basis $\mathcal{B}$, d. h., wir haben die Gleichungssysteme

$$\begin{array}{cc|c} 1 & 3 & 1 \\ 2 & 4 & 1 \end{array} \qquad \text{und} \qquad \begin{array}{cc|c} 1 & 3 & 1 \\ 2 & 4 & -1 \end{array}$$

zu lösen, was wir simultan ausführen können:

$$\begin{array}{cc|cc} 1 & 3 & 1 & 1 \\ 2 & 4 & 1 & -1 \end{array} \; \begin{array}{c} (-2) \\ \downarrow \end{array} \rightsquigarrow \begin{array}{cc|cc} 1 & 3 & 1 & 1 \\ 0 & -2 & -1 & -3 \end{array} \; (-\tfrac{1}{2}) \rightsquigarrow \begin{array}{cc|cc} 1 & 3 & 1 & 1 \\ 0 & 1 & \frac{1}{2} & \frac{3}{2} \end{array} \; \begin{array}{c} \uparrow \\ (-3) \end{array}$$

$$\rightsquigarrow \begin{array}{cc|cc} 1 & 0 & -\frac{1}{2} & -\frac{7}{2} \\ 0 & 1 & \frac{1}{2} & \frac{3}{2} \end{array}. \tag{4.16}$$

Die Basistransformation $\mathcal{B} \xrightarrow{T} \mathcal{B}^*$ wird somit beschrieben durch die Matrix

$$T = \begin{pmatrix} -\frac{1}{2} & -\frac{7}{2} \\ \frac{1}{2} & \frac{3}{2} \end{pmatrix}. \tag{4.17}$$

Lesehilfe
Das obige Vorgehen zur Berechnung der Transformationsmatrix $\mathcal{B} \xrightarrow{T} \mathcal{B}^*$ lässt sich schematisch wie folgt wiedergeben:

$$B \mid B^* \rightarrow E_n \mid T.$$

Also: Schreib die Basen $\mathcal{B}$ und $\mathcal{B}^*$ in Form der entsprechenden Matrizen B und B^* in das Gleichungsschema $B \mid B^*$. Überführe die linke Seite durch elementare Zeilenumformungen in die Einheitsmatrix. Im Ergebnis steht dann auf der rechten Seite die gesuchte Transformationsmatrix T.

Zur Überführung eines Koordinatenvektors $\boldsymbol{x}^{\mathcal{B}}$ in seine „neuen" Koordinaten $\boldsymbol{x}^{\mathcal{B}*}$ mittels $\boldsymbol{x}^{\mathcal{B}*} = T^{-1}\boldsymbol{x}^{\mathcal{B}}$ wird die inverse Matrix T^{-1} benötigt. Eine kurze Rechnung ergibt

$$T^{-1} = \begin{pmatrix} \frac{3}{2} & \frac{7}{2} \\ -\frac{1}{2} & -\frac{1}{2} \end{pmatrix}. \tag{4.18}$$

Besitzt ein Vektor $\boldsymbol{x}$ hinsichtlich $\mathcal{B}$ den Koordinatenvektor $\boldsymbol{x}^{\mathcal{B}} = \begin{pmatrix} -1 \\ 5 \end{pmatrix}$, so ist also

$$\boldsymbol{x}^{\mathcal{B}*} = \begin{pmatrix} \frac{3}{2} & \frac{7}{2} \\ -\frac{1}{2} & -\frac{1}{2} \end{pmatrix} \begin{pmatrix} -1 \\ 5 \end{pmatrix} = \begin{pmatrix} 16 \\ -2 \end{pmatrix} \tag{4.19}$$

sein Koordinatenvektor hinsichtlich $\mathcal{B}^*$. Wir machen die Probe: Einerseits ist

$$\boldsymbol{x} = -\begin{pmatrix} 1 \\ 2 \end{pmatrix} + 5\begin{pmatrix} 3 \\ 4 \end{pmatrix} = \begin{pmatrix} 14 \\ 18 \end{pmatrix}$$

und andererseits

$$\boldsymbol{x} = 16\begin{pmatrix} 1 \\ 1 \end{pmatrix} - 2\begin{pmatrix} 1 \\ -1 \end{pmatrix} = \begin{pmatrix} 14 \\ 18 \end{pmatrix}.$$

Zwischenfrage (2)
Ermittle die obige Transformationsmatrix mithilfe der Formel $T = B^{-1}B^*$.

4.1.3 Beispiel: Koordinatendrehung

Als weiteres Beispiel für eine Basistransformation wollen wir uns eine *Koordinatendrehung* im $\mathbb{R}^2$ ansehen, dessen Vektoren in einem kartesischen Koordinatensystem dargestellt werden. Wir starten mit der kanonischen Basis

$$\mathcal{E} = \{\boldsymbol{e}_1, \boldsymbol{e}_2\} = \left\{ \begin{pmatrix} 1 \\ 0 \end{pmatrix}, \begin{pmatrix} 0 \\ 1 \end{pmatrix} \right\}.$$

Der Vektor $\boldsymbol{x} = (x, y)$ besitzt hinsichtlich $\mathcal{E}$ die Koordinaten x, y, eine Unterscheidung zwischen $\boldsymbol{x}$ und $\boldsymbol{x}^{\mathcal{E}}$ ist somit nicht erforderlich.

Wir suchen nun die Koordinaten des Vektors $\boldsymbol{x}$ in einem zweiten Koordinatensystem, das gegen das erste um einen Winkel α in mathematisch positiver Richtung gedreht ist. Die Basis dieses gedrehten Koordinatensystems wird gegeben durch

$$\mathcal{B}^* = \{\boldsymbol{b}_1^*, \boldsymbol{b}_2^*\} = \left\{ \begin{pmatrix} \cos\alpha \\ \sin\alpha \end{pmatrix}, \begin{pmatrix} -\sin\alpha \\ \cos\alpha \end{pmatrix} \right\}, \tag{4.20}$$

siehe Abb. 4.1. Die Transformationsmatrix T der Basistransformation $\mathcal{E} \longrightarrow \mathcal{B}^*$ lautet

$$T = \begin{pmatrix} \cos\alpha & -\sin\alpha \\ \sin\alpha & \cos\alpha \end{pmatrix}, \quad \text{d. h.} \quad T^{-1} = \begin{pmatrix} \cos\alpha & \sin\alpha \\ -\sin\alpha & \cos\alpha \end{pmatrix}. \tag{4.21}$$

Damit ist auch der Zusammenhang zwischen den Koordinaten gegeben: Es ist $\boldsymbol{x}^* = T^{-1}\boldsymbol{x}$, also

$$\begin{aligned} x^* &= x\cos\alpha + y\sin\alpha \\ y^* &= -x\sin\alpha + y\cos\alpha. \end{aligned} \tag{4.22}$$

Natürlich gibt es auch im $\mathbb{R}^3$ Koordinatendrehungen, für die neben dem Drehwinkel auch eine Achse festgelegt werden muss, um die das Koordinatensystem gedreht wird.

Man bezeichnet Koordinatendrehungen generell auch als *passive* Drehungen, um sie von den *aktiven* Drehungen zu unterscheiden, mit denen die Vektoren – und nicht das Koordinatensystem – gedreht werden.

Lesehilfe

Bei einer linearen Abbildung wird der Vektor gedreht, bei einer Koordinatendrehung bleibt der Vektor an seiner Stelle und das Koordinatensystem „unter ihm“ wird gedreht. Beides ist bezüglich des Drehwinkels „invers“ zueinander: Dreht man den Vektor um den Winkel α, so ist dies gleichbedeutend mit einer Koordinatendrehung um den Winkel $-\alpha$.

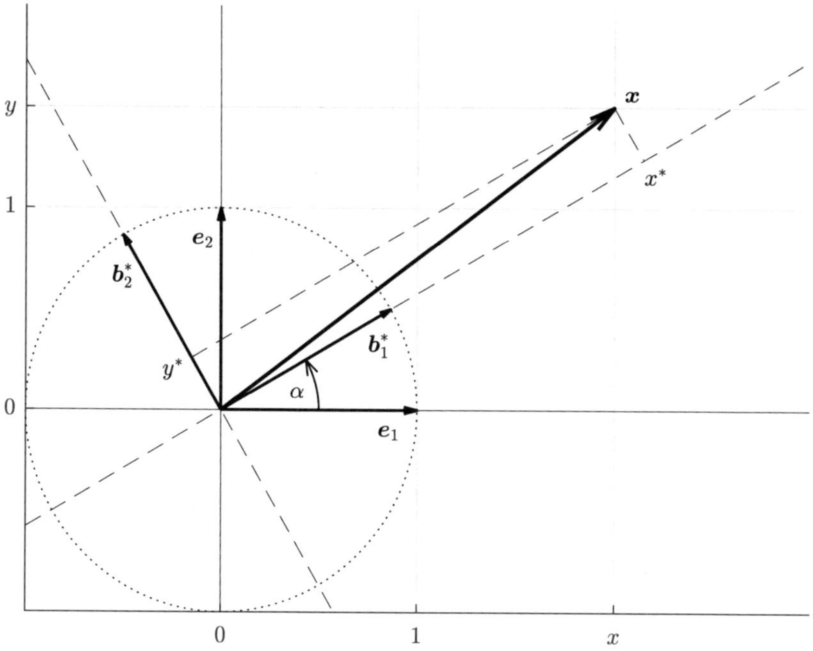

Abb. 4.1 Ein Vektor $\boldsymbol{x}$ hat hinsichtlich eines kartesischen Koordinatensystems, das der kanonischen Basis $\{(1,0),(0,1)\}$ entspricht, die Koordinaten x, y. Ein weiteres Koordinatensystem ist dagegen um den Winkel α in mathematisch positiver Richtung gedreht. Sämtliche Basisvektoren enden auf dem Einheitskreis und die gedrehte Basis ist daher $\{\boldsymbol{b}_1^*, \boldsymbol{b}_2^*\} = \{(\cos\alpha, \sin\alpha), (-\sin\alpha, \cos\alpha)\}$. Die Koordinaten des Vektors $\boldsymbol{x}$ im gedrehten System lauten $x^* = x\cos\alpha + y\sin\alpha$, $y^* = -x\sin\alpha + y\cos\alpha$

Sehen wir uns die entsprechenden Gleichungen noch einmal diebeszüglich an: Die lineare Abbildung wird durch (3.16) beschrieben,

$$\boldsymbol{d}_\alpha(\boldsymbol{x}) = D_\alpha \boldsymbol{x}.$$

Mit ihr wird der Vektor $\boldsymbol{x}$ um den Winkel α gedreht. Bei der Koordinatendrehung wird der Koordinatenvektor $\boldsymbol{x}$ in den neuen Vektor $\boldsymbol{x}^*$ überführt gemäß der Vorschrift

$$\boldsymbol{x}^* = T^{-1}\boldsymbol{x} = D_{-\alpha}\boldsymbol{x}.$$

Die Koordinatendrehung wirkt also wie eine Vektordrehung um $-\alpha$.

Antwort auf Zwischenfrage (2)
Es sollte die Transformationsmatrix über $T = B^{-1}B^*$ berechnet werden.
Wir haben $B = \begin{pmatrix} 1 & 3 \\ 2 & 4 \end{pmatrix}$ und $B^* = \begin{pmatrix} 1 & 1 \\ 1 & -1 \end{pmatrix}$. Wir invertieren B,

$$\begin{array}{cc|cc} 1 & 3 & 1 & 0 \\ 2 & 4 & 0 & 1 \end{array} \begin{array}{c} (-2) \\ \downarrow \end{array} \rightsquigarrow \begin{array}{cc|cc} 1 & 3 & 1 & 0 \\ 0 & -2 & -2 & 1 \end{array} \begin{array}{c} \\ (-\frac{1}{2}) \end{array} \rightsquigarrow \begin{array}{cc|cc} 1 & 3 & 1 & 0 \\ 0 & 1 & 1 & -\frac{1}{2} \end{array} \begin{array}{c} \uparrow \\ (-3) \end{array}$$
$$\rightsquigarrow \begin{array}{cc|cc} 1 & 0 & -2 & \frac{3}{2} \\ 0 & 1 & 1 & -\frac{1}{2} \end{array},$$

und bilden das Matrizenprodukt

$$B^{-1}B^* = \begin{pmatrix} -2 & \frac{3}{2} \\ 1 & -\frac{1}{2} \end{pmatrix} \begin{pmatrix} 1 & 1 \\ 1 & -1 \end{pmatrix} = \begin{pmatrix} -\frac{1}{2} & -\frac{7}{2} \\ \frac{1}{2} & \frac{3}{2} \end{pmatrix}.$$

4.2 Basistransformation für Abbildungen

Neben den Koordinaten von Vektoren hängt auch die $n \times n$-Matrix, die einer linearen Selbstabbildung f eines n-dimensionalen Vektorraums zugeordnet wird, von der Basis ab: Der Abbildung f sei hinsichtlich der Basis $\mathcal{B}$ die Matrix A zugeordnet, d. h., es gelte

$$f(\boldsymbol{x}) = A\boldsymbol{x} =: \boldsymbol{y} \tag{4.23}$$

mit stehend geschriebenen Koordinatenvektoren $\boldsymbol{x}$ und $\boldsymbol{y}$. Wir betrachten nun eine Basistransformation $\mathcal{B} \xrightarrow{T} \mathcal{B}^*$ in eine zweite Basis $\mathcal{B}^*$. Für die Koordinatenvektoren gilt damit $\boldsymbol{x} = T\boldsymbol{x}^*$ bzw. $\boldsymbol{x}^* = T^{-1}\boldsymbol{x}$ und $\boldsymbol{y} = T\boldsymbol{y}^*$ bzw. $\boldsymbol{y}^* = T^{-1}\boldsymbol{y}$. Multipliziert man nun die Gleichung

$$\boldsymbol{y} = A\boldsymbol{x} = AT\boldsymbol{x}^* \tag{4.24}$$

von links mit T^{-1}, erhält man mit

$$\underbrace{T^{-1}\boldsymbol{y}}_{\boldsymbol{y}^*} = T^{-1}AT\boldsymbol{x}^*, \qquad \text{also} \qquad \boldsymbol{y}^* = \underbrace{T^{-1}AT}_{A^*}\boldsymbol{x}^* \tag{4.25}$$

die vollständig in die neue Basis überführte Abbildungsgleichung und wir haben

Satz 4.2 *Der linearen Selbstabbildung $\boldsymbol{f}$ eines n-dimensionalen Vektorraums sei hinsichtlich der Basis $\mathcal{B}$ die Matrix A und hinsichtlich der Basis $\mathcal{B}^*$ die Matrix A^* zugeordnet. Der Übergang von $\mathcal{B}$ zu $\mathcal{B}^*$ werde durch die Transformationsmatrix*

$$T = \begin{pmatrix} \uparrow & \uparrow & & \uparrow \\ \boldsymbol{b}_1^{*\mathcal{B}} & \boldsymbol{b}_2^{*\mathcal{B}} & \cdots & \boldsymbol{b}_n^{*\mathcal{B}} \\ \downarrow & \downarrow & & \downarrow \end{pmatrix}$$

vermittelt. Dann gilt $A^* = T^{-1}AT$.

Satz 4.2 lässt sich auch rückwärts lesen: Gibt es für zwei $n \times n$-Matrizen A und A^* eine reguläre Matrix T, sodass gilt $A^* = T^{-1}AT$, so beschreiben diese Matrizen dieselbe lineare Abbildung, nur hinsichtlich unterschiedlicher Basen. Matrizen mit dieser Eigenschaft bezeichnet man als zueinander *ähnliche Matrizen*.

Zwischenfrage (3)
In Kap. 3 haben wir gesehen, dass die Identität hinsichtlich jeder Basis durch die Einheitsmatrix beschrieben wird, siehe (3.13). Wie lässt sich dies aus Satz 4.2 entnehmen? Gibt es noch andere Abbildungen, die stets dieselbe Abbildungsmatrix aufweisen?

Beispiel
Wir greifen noch einmal das obige Beispiel auf, d. h. die Basistransformation

$$\mathcal{B} = \left\{ \begin{pmatrix} 1 \\ 2 \end{pmatrix}, \begin{pmatrix} 3 \\ 4 \end{pmatrix} \right\} \xrightarrow{T} \mathcal{B}^* = \left\{ \begin{pmatrix} 1 \\ 1 \end{pmatrix}, \begin{pmatrix} 1 \\ -1 \end{pmatrix} \right\}$$

mit

$$T = \begin{pmatrix} -\frac{1}{2} & -\frac{7}{2} \\ \frac{1}{2} & \frac{3}{2} \end{pmatrix} \quad \text{und} \quad T^{-1} = \begin{pmatrix} \frac{3}{2} & \frac{7}{2} \\ -\frac{1}{2} & -\frac{1}{2} \end{pmatrix}.$$

Wir betrachten nun die lineare Abbildung $\boldsymbol{f} : \mathbb{R}^2 \to \mathbb{R}^2$, die hinsichtlich der Basis $\mathcal{B}$ durch die Matrix

$$A = \begin{pmatrix} 1 & 0 \\ -1 & 0 \end{pmatrix} \tag{4.26}$$

beschrieben werde. Sie bildet z. B. den Koordinatenvektor $\boldsymbol{x}^{\mathcal{B}} = \begin{pmatrix} -1 \\ 5 \end{pmatrix}$ ab auf

$$\boldsymbol{f}(\boldsymbol{x}^{\mathcal{B}}) = \begin{pmatrix} 1 & 0 \\ -1 & 0 \end{pmatrix} \begin{pmatrix} -1 \\ 5 \end{pmatrix} = \begin{pmatrix} -1 \\ 1 \end{pmatrix} = \boldsymbol{y}^{\mathcal{B}}.$$

In der Basis $\mathcal{B}^*$ ergibt sich die Matrix von $\boldsymbol{f}$ als $A^* = T^{-1}AT$:

$$\begin{array}{cc|cc|cc} & & 1 & 0 & -\frac{1}{2} & -\frac{7}{2} \\ & & -1 & 0 & \frac{1}{2} & \frac{3}{2} \\ \hline \frac{3}{2} & \frac{7}{2} & -2 & 0 & 1 & 7 \\ -\frac{1}{2} & -\frac{1}{2} & 0 & 0 & 0 & 0 \end{array}, \quad \text{also } A^* = \begin{pmatrix} 1 & 7 \\ 0 & 0 \end{pmatrix}. \tag{4.27}$$

Der Vektor $\boldsymbol{x}$ mit $\boldsymbol{x}^{\mathcal{B}} = \begin{pmatrix} -1 \\ 5 \end{pmatrix}$ besitzt hinsichtlich $\mathcal{B}^*$ den Koordinatenvektor $\boldsymbol{x}^{\mathcal{B}*} = \begin{pmatrix} 16 \\ -2 \end{pmatrix}$ und es ist daher

$$\boldsymbol{f}(\boldsymbol{x}^{\mathcal{B}*}) = \begin{pmatrix} 1 & 7 \\ 0 & 0 \end{pmatrix} \begin{pmatrix} 16 \\ -2 \end{pmatrix} = \begin{pmatrix} 2 \\ 0 \end{pmatrix} = \boldsymbol{y}^{\mathcal{B}*}.$$

Machen wir die Probe: Aus dem Koordinatenvektor $\boldsymbol{y}^{\mathcal{B}}$ ergibt sich

$$\boldsymbol{y} = -\begin{pmatrix} 1 \\ 2 \end{pmatrix} + \begin{pmatrix} 3 \\ 4 \end{pmatrix} = \begin{pmatrix} 2 \\ 2 \end{pmatrix}$$

und aus $\boldsymbol{y}^{\mathcal{B}*}$ ebenso

$$\boldsymbol{y} = 2\begin{pmatrix} 1 \\ 1 \end{pmatrix} + 0\begin{pmatrix} 1 \\ -1 \end{pmatrix} = \begin{pmatrix} 2 \\ 2 \end{pmatrix}.$$

Lesehilfe

Wir haben hier zwar „nur“ ein einfaches 2-dimensionales Beispiel, aber man kann doch leicht den Überblick verlieren: Der Vektor $\boldsymbol{x}$ ist das 2-Tupel $(14, 18)$, er besitzt die Koordinatenvektoren $\boldsymbol{x}^{\mathcal{B}}$ und $\boldsymbol{x}^{\mathcal{B}*}$. Die Abbildung $\boldsymbol{f}$ bildet das 2-Tupel $\boldsymbol{x}$ ab auf das 2-Tupel $\boldsymbol{y} = (2, 2)$, das die Koordinatenvektoren $\boldsymbol{y}^{\mathcal{B}}$ und $\boldsymbol{y}^{\mathcal{B}*}$ besitzt. Die Gleichungen $\boldsymbol{y}^{\mathcal{B}} = A\boldsymbol{x}^{\mathcal{B}}$ und $\boldsymbol{y}^{\mathcal{B}*} = A^*\boldsymbol{x}^{\mathcal{B}*}$ beschreiben zweimal dieselbe Sache, nämlich $\boldsymbol{y} = \boldsymbol{f}(\boldsymbol{x})$, jeweils aus dem Blickwinkel der Basis $\mathcal{B}$ bzw. $\mathcal{B}^*$. Die Matrix A „bewirkt“ also bei Koordinatenvektoren hinsichtlich $\mathcal{B}$ dasselbe wie die Matrix A^* bei Koordinatenvektoren hinsichtlich $\mathcal{B}^*$.

Antwort auf Zwischenfrage (3)
Gefragt war nach der Identität und Satz 4.2 und nach möglichen anderen Abbildungen, die stets dieselbe Abbildungsmatrix aufweisen.

Die Identität werde hinsichtlich einer Basis $\mathcal{B}$ durch die Einheitsmatrix E_n beschrieben. Für ihre Matrix E_n^* hinsichtlich einer beliebigen anderen Basis $\mathcal{B}^*$ gilt dann

$$E_n^* = T^{-1} E_n T = T^{-1} T = E_n,$$

da das Produkt der Einheitsmatrix mit einer Matrix diese Matrix unverändert lässt. Die Einheitsmatrix ist somit nur zu sich selbst ähnlich.

Dasselbe gilt für jedes Vielfache der Identität, d. h., für jede Abbildung $c\,\mathbf{id}$ mit $c \in \mathbb{K}$ und der Abbildungsmatrix $cE_n = \operatorname{diag}(c, \ldots, c)$ und insbesondere auch für $c = 0$, also die Nullabbildung.

Zwischenfrage (4)
Wie wird die obige lineare Abbildung, gegeben durch die Matrix (4.26), in der kanonischen Basis des $\mathbb{R}^2$ beschrieben, d. h., wie lautet ihre Abbildungsmatrix $A^{\mathcal{E}}$? Auf welche Vektoren werden die kanonischen Basisvektoren abgebildet?

4.3 Beispiel: Dreidimensionale Drehungen

Der Mechanismus der Basistransformation erlaubt es, dreidimensionale Drehungen um beliebige Raumachsen zu beschreiben.

4.3.1 Drehung um die Raumachse in Richtung $(0, 1, 1)$

Als ein erstes Beispiel betrachten wir die Drehung $\boldsymbol{d}_{011} : \mathbb{R}^3 \to \mathbb{R}^3$, die mit dem Winkel α um die durch den Vektor $\boldsymbol{r} = (0, 1, 1)$ festgelegte Raumachse erfolgen soll. Um ihre Abbildungsmatrix zu ermitteln, beschreiben wir die Drehung zunächst in einem günstig gewählten kartesischen Koordinatensystem $\mathcal{E}^* = \{\boldsymbol{e}_x^*, \boldsymbol{e}_y^*, \boldsymbol{e}_z^*\}$, in dem $\boldsymbol{e}_z^*$ mit der Drehachse zusammenfällt, siehe Abb. 4.2. Anschließend transformieren wir die Abbildungsmatrix in das Koordinatensystem $\mathcal{E} = \{\boldsymbol{e}_x, \boldsymbol{e}_y, \boldsymbol{e}_z\}$.

Abb. 4.2 Das Koordinatensystem $\mathcal{E}^*$ ist so gewählt, dass seine z^*-Achse mit der Drehachse übereinstimmt. Die Drehachse wird im Koordinatensystem $\mathcal{E}$ durch den Vektor $\boldsymbol{r} = (0, 1, 1)$ festgelegt. Der Übergang vom Koordinatensystem $\mathcal{E}^*$ zu $\mathcal{E}$ ergibt sich somit durch eine Koordinatendrehung mit 45° um die x^*-Achse (die mit der x-Achse des Koordinatensystems $\mathcal{E}$ zusammenfällt)

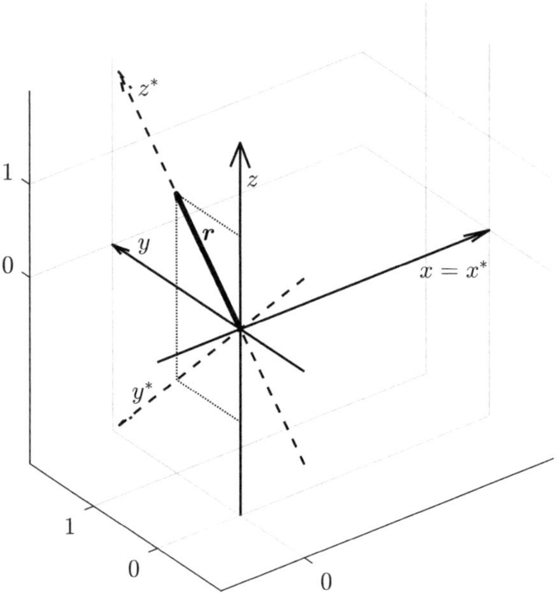

Lesehilfe
Die Drehachse wird hier als „durch den Vektor $\boldsymbol{r} = (0, 1, 1)$ festgelegt" beschrieben. Damit ist natürlich die Ursprungsgerade gemeint, die diesen Richtungsvektor besitzt. Die genaue Wahl des Richtungsvektors spielt keine Rolle: Ebenso könnte man $(0, 7/2, 7/2)$ wählen oder $(0, -1, -1)$. Die Wahl $(0, 1, 1)$ ist nur die einfachste.

In der Basis $\mathcal{E}^*$ entspricht die gesuchte Abbildung einer Drehung um die z^*-Achse und wird daher beschrieben durch die Matrix

$$D^*_{011} = \begin{pmatrix} \cos\alpha & -\sin\alpha & 0 \\ \sin\alpha & \cos\alpha & 0 \\ 0 & 0 & 1 \end{pmatrix}.$$

Der Übergang von $\mathcal{E}^*$ zu $\mathcal{E}$ erfolgt mit einer durch eine 3×3-Matrix T beschriebenen Basistransformation,

$$\mathcal{E}^* \xrightarrow{T} \mathcal{E},$$

die einer Koordinatendrehung mit 45° um die x^*-Achse entspricht, siehe Abb. 4.2. Zur Bestimmung der Matrix T drücken wir die Basisvektoren von $\mathcal{E}$ durch die

Vektoren von $\mathcal{E}^*$ aus:

$$\begin{aligned} \boldsymbol{e}_x &= \boldsymbol{e}_x^* \\ \boldsymbol{e}_y &= \cos 45^\circ\, \boldsymbol{e}_y^* + \sin 45^\circ\, \boldsymbol{e}_z^* = \frac{1}{\sqrt{2}}\boldsymbol{e}_y^* + \frac{1}{\sqrt{2}}\boldsymbol{e}_z^* \\ \boldsymbol{e}_z &= -\sin 45^\circ\, \boldsymbol{e}_y^* + \cos 45^\circ\, \boldsymbol{e}_z^* = -\frac{1}{\sqrt{2}}\boldsymbol{e}_y^* + \frac{1}{\sqrt{2}}\boldsymbol{e}_z^*. \end{aligned} \tag{4.28}$$

Die Transformationsmatrix T lautet daher

$$T = \begin{pmatrix} 1 & 0 & 0 \\ 0 & 1/\sqrt{2} & -1/\sqrt{2} \\ 0 & 1/\sqrt{2} & 1/\sqrt{2} \end{pmatrix}. \tag{4.29}$$

Lesehilfe

Wie du siehst, haben wir hier Sinus- und Cosinuswerte $\cos 45^\circ = 1/\sqrt{2} = \sin 45^\circ$ verwendet.

Mit den Gleichungen (4.28) werden die „neuen“ Basisvektoren durch die „alten“ ausgedrückt und diese Koordinaten sind stehend in die Transformationsmatrix einzutragen. Schreiben wir die Gleichungen als

$$\boldsymbol{e}_x = \begin{pmatrix} 1 \\ 0 \\ 0 \end{pmatrix}^{\mathcal{E}*}, \quad \boldsymbol{e}_y = \begin{pmatrix} 0 \\ 1/\sqrt{2} \\ 1/\sqrt{2} \end{pmatrix}^{\mathcal{E}*}, \quad \boldsymbol{e}_z = \begin{pmatrix} 0 \\ -1/\sqrt{2} \\ 1/\sqrt{2} \end{pmatrix}^{\mathcal{E}*},$$

steht die Matrix praktisch vor uns.

Die inverse Basistransformation besteht in der entsprechenden Rückdrehung der Koordinaten, sodass wir die inverse Matrix T^{-1} leicht angeben können:

$$T^{-1} = \begin{pmatrix} 1 & 0 & 0 \\ 0 & 1/\sqrt{2} & 1/\sqrt{2} \\ 0 & -1/\sqrt{2} & 1/\sqrt{2} \end{pmatrix}.$$

Die gesuchte Matrix D_{011}, mit der die Drehung im Koordinatensystem $\mathcal{E}$ beschrieben wird, ergibt sich nun wie folgt:

$$\begin{aligned} D_{011} &= T^{-1} D_{011}^* T \\ &= \begin{pmatrix} 1 & 0 & 0 \\ 0 & 1/\sqrt{2} & 1/\sqrt{2} \\ 0 & -1/\sqrt{2} & 1/\sqrt{2} \end{pmatrix} \begin{pmatrix} \cos\alpha & -\sin\alpha & 0 \\ \sin\alpha & \cos\alpha & 0 \\ 0 & 0 & 1 \end{pmatrix} \begin{pmatrix} 1 & 0 & 0 \\ 0 & 1/\sqrt{2} & -1/\sqrt{2} \\ 0 & 1/\sqrt{2} & 1/\sqrt{2} \end{pmatrix} \\ &= \begin{pmatrix} \cos\alpha & -\frac{\sin\alpha}{\sqrt{2}} & \frac{\sin\alpha}{\sqrt{2}} \\ \frac{\sin\alpha}{\sqrt{2}} & \frac{1}{2} + \frac{1}{2}\cos\alpha & \frac{1}{2} - \frac{1}{2}\cos\alpha \\ -\frac{\sin\alpha}{\sqrt{2}} & \frac{1}{2} - \frac{1}{2}\cos\alpha & \frac{1}{2} + \frac{1}{2}\cos\alpha \end{pmatrix}. \end{aligned} \tag{4.30}$$

Lesehilfe
Natürlich steckt hinter diesem dreifachen Matrizenprodukt ein wenig Rechenarbeit, die hier nicht im Einzelnen ausgeführt wurde. Rechne es am besten selbst einmal nach, z. B. mit dem Falk-Schema.

Die Matrix D_{011} ist erwartungsgemäß komplizierter als die Matrix $D_{011}^* = D_z$, mit der die Drehung im geeignet gewählten Koordinatensystem $\mathcal{E}^*$ beschrieben wird. Als ein Test für ihre korrekte Form kann gelten, dass sie den Vektor $(0, 1, 1)$ auf sich selbst abbildet,

$$\begin{pmatrix} \cos\alpha & -\frac{\sin\alpha}{\sqrt{2}} & \frac{\sin\alpha}{\sqrt{2}} \\ \frac{\sin\alpha}{\sqrt{2}} & \frac{1}{2}+\frac{1}{2}\cos\alpha & \frac{1}{2}-\frac{1}{2}\cos\alpha \\ -\frac{\sin\alpha}{\sqrt{2}} & \frac{1}{2}-\frac{1}{2}\cos\alpha & \frac{1}{2}+\frac{1}{2}\cos\alpha \end{pmatrix} \begin{pmatrix} 0 \\ 1 \\ 1 \end{pmatrix} = \begin{pmatrix} 0 \\ 1 \\ 1 \end{pmatrix}.$$

Eine Drehung bildet sämtliche Vektoren, die auf der Drehachse liegen, auf sich selbst ab.

Antwort auf Zwischenfrage (4)
Gefragt war nach der linearen Abbildung der Matrix (4.26) und ihrer Darstellung in der kanonischen Basis.

Die Abbildungsmatrix

$$A = \begin{pmatrix} 1 & 0 \\ -1 & 0 \end{pmatrix}$$

beschreibt die Abbildung f die hinsichtlich der Basis $\mathcal{B}$. Zu ihrer Darstellung in der kanonischen Basis ist die Basistransformation $\mathcal{B} \xrightarrow{T} \mathcal{E}$ notwendig und es ist $T = B^{-1}$, siehe (4.14). Nun ist

$$B^{-1} = \begin{pmatrix} 1 & 3 \\ 2 & 4 \end{pmatrix}^{-1} = \begin{pmatrix} -2 & \frac{3}{2} \\ 1 & -\frac{1}{2} \end{pmatrix}$$

und wir berechnen $A^{\mathcal{E}} = T^{-1}AT = BAB^{-1}$:

$$\begin{array}{cc|cc|cc} & & 1 & 0 & -2 & \frac{3}{2} \\ & & -1 & 0 & 1 & -\frac{1}{2} \\ \hline 1 & 3 & -2 & 0 & 4 & -3 \\ 2 & 4 & -2 & 0 & 4 & -3 \end{array}, \quad \text{also } A^{\mathcal{E}} = \begin{pmatrix} 4 & -3 \\ 4 & -3 \end{pmatrix}.$$

Die Matrix $A^{\mathcal{E}}$ enthält spaltenweise die Bilder der kanonischen Basisvektoren, d. h., es ist $\boldsymbol{f}(\boldsymbol{e}_1) = (4, 4)$ und $\boldsymbol{f}(\boldsymbol{e}_2) = (-3, -3)$.

4.3.2 Allgemeiner Fall dreidimensionaler Drehungen

Zunächst halten wir noch einmal fest: *Wählt man bei einer Drehung um den Winkel α im $\mathbb{R}^3$ ein kartesisches Koordinatensystem so, dass seine z-Achse mit der Drehachse übereinstimmt, wird die Drehung durch die Matrix $D_z(\alpha)$ beschrieben.*

Soll die Drehung in einem anderen, zu diesem Koordinatensystem verdrehten System beschrieben werden, kann dies durch eine entsprechende Koordinatendrehung erreicht werden. Im obigen Beispiel der Drehung $\boldsymbol{d}_{011}$ handelt es sich dabei um den einfachen Fall, dass die Drehachse in einer Koordinatenfläche des gewünschten Endsystems liegt. In diesem Fall kann die Transformation in bzw. aus einem geeignet gewählten Koordinatensystem durch *eine* Koordinatendrehung um eine Koordinatenachse erfolgen.

Passive Drehungen und Euler-Winkel

Betrachten wir nun den allgemeinen Fall: Eine Koordinatentransformation in ein *beliebig* anders orientiertes kartesisches Koordinatensystem kann durch *drei* Koordinatendrehungen um einzelne Koordinatenachsen realisiert werden, beispielsweise wie folgt:

(1) Erste Drehung mit einem Winkel ϕ um die z-Achse des Ursprungssystems.
(2) Zweite Drehung mit einem Winkel θ um die x'-Achse des aus der ersten Drehung erhaltenen Systems.
(3) Dritte Drehung mit dem Winkel ψ um die z''-Achse des aus der zweiten Drehung erhaltenen Systems.

Die drei Winkel ϕ, θ, ψ bezeichnet man als die *Euler-Winkel.*[1] Die entsprechende Transformationsmatrix ist

$$
\begin{aligned}
T_{zx'z''} &= D_z(\phi)D_x(\theta)D_z(\psi)\\
&= \begin{pmatrix} \cos\phi & -\sin\phi & 0\\ \sin\phi & \cos\phi & 0\\ 0 & 0 & 1\end{pmatrix}\begin{pmatrix} 1 & 0 & 0\\ 0 & \cos\theta & -\sin\theta\\ 0 & \sin\theta & \cos\theta\end{pmatrix}\begin{pmatrix} \cos\psi & -\sin\psi & 0\\ \sin\psi & \cos\psi & 0\\ 0 & 0 & 1\end{pmatrix}\\
&= \begin{pmatrix} \cos\phi\cos\psi - \sin\phi\cos\theta\sin\psi & -\cos\phi\sin\psi - \sin\phi\cos\theta\cos\psi & \sin\phi\sin\theta\\ \sin\phi\cos\psi + \cos\phi\cos\theta\sin\psi & -\sin\phi\sin\psi + \cos\phi\cos\theta\cos\psi & -\cos\phi\sin\theta\\ \sin\theta\sin\psi & \sin\theta\cos\psi & \cos\theta\end{pmatrix}
\end{aligned}
\tag{4.31}
$$

[1] Benannt nach dem Schweizer Mathematiker Leonhard Euler, 1707–1783. Er wies nach, dass sich auf diese Weise sämtliche Koordinatendrehungen erhalten lassen. Allerdings ist zu beachten, dass es unterschiedliche Festlegungen für Euler-Winkel gibt.

mit der Inversen

$$
\begin{aligned}
T^{-1}_{zx'z''} &= (D_z(\phi)D_x(\theta)D_z(\psi))^{-1} = D_z(\psi)^{-1}D_x(\theta)^{-1}D_z(\phi)^{-1} \\
&= \begin{pmatrix} \cos\phi\cos\psi - \sin\phi\cos\theta\sin\psi & \sin\phi\cos\psi + \cos\phi\cos\theta\sin\psi & \sin\theta\sin\psi \\ -\cos\phi\sin\psi - \sin\phi\cos\theta\cos\psi & -\sin\phi\sin\psi + \cos\phi\cos\theta\cos\psi & \sin\theta\cos\psi \\ \sin\phi\sin\theta & -\cos\phi\sin\theta & \cos\theta \end{pmatrix}.
\end{aligned}
\tag{4.32}
$$

Lesehilfe
Bei der Inversion haben wir zunächst die Formel $(AB)^{-1} = B^{-1}A^{-1}$ verwendet, die zur Umkehrung der Matrizenreihenfolge führt. Die Inversion der einzelnen Drehmatrizen ist leicht auszuführen, dabei wandern nur die Minuszeichen von einem Sinus zum anderen. Das Zusammenrechnen der Matrizen ist der aufwändige Teil. Man sieht aber, dass die Matrix (4.32) letztlich einfach der transponierten Matrix (4.31) entspricht. Diese allgemeine Eigenschaft von Drehmatrizen lernen wir in Abschn. 8.5 kennen.

Die obigen Euler-Koordinatendrehungen erfolgen nach dem Schema $zx'z''$, es wird also zweimal um z-Achsen gedreht und dazwischen um eine x-Achse. Natürlich ist dieses Schema nicht das einzig mögliche, ebenso gut könnte man nach dem Schema $xy'x''$ vorgehen oder $zy'z''$ usw.

Lage der z-Achse
Soll nur die z-Achse eines Koordinatensystems geeignet gelegt werden, werden lediglich die ersten beiden Euler-Drehungen benötigt, da die dritte Drehung die Lage der z''-Achse nicht verändert (sondern nur die x''- und y''-Achse in eine gewünschte Lage bringt). Damit vereinfacht sich die Transformationsmatrix zu

$$
T_{zx'} = D_z(\phi)D_x(\theta) = \begin{pmatrix} \cos\phi & -\sin\phi\cos\theta & \sin\phi\sin\theta \\ \sin\phi & \cos\phi\cos\theta & -\cos\phi\sin\theta \\ 0 & \sin\theta & \cos\theta \end{pmatrix}
\tag{4.33}
$$

und

$$
T^{-1}_{zx'} = D_x(\theta)^{-1}D_z(\phi)^{-1} = \begin{pmatrix} \cos\phi & \sin\phi & 0 \\ -\sin\phi\cos\theta & \cos\phi\cos\theta & \sin\theta \\ \sin\phi\sin\theta & -\cos\phi\sin\theta & \cos\theta \end{pmatrix}.
\tag{4.34}
$$

Wir wollen nun die z''-Achse in Richtung des Vektors $\boldsymbol{n} = (n_x, n_y, n_z)$ zeigen lassen, der durch eine Drehung aus $\boldsymbol{e}_z = (0,0,1)$ hervorgeht. Da eine Drehung die Länge eines Vektors nicht verändert, gilt $\sqrt{n_x^2 + n_y^2 + n_z^2} = 1$ und insbesondere sind $|n_x|, |n_y|, |n_z| \leq 1$.

Lesehilfe
Die Eigenschaft $\sqrt{n_x^2 + n_y^2 + n_z^2} = 1$ ist nichts anderes als der dreidimensionale Satz des Pythagoras. Längen von Vektoren lernen wir in Kap. 7 in allgemeinerem Zusammenhang kennen.

Die gewünschte Koordinatendrehung erhalten wir, wenn gilt

$$T_{zx'} \begin{pmatrix} 0 \\ 0 \\ 1 \end{pmatrix} = \begin{pmatrix} \cos\phi & -\sin\phi\cos\theta & \sin\phi\sin\theta \\ \sin\phi & \cos\phi\cos\theta & -\cos\phi\sin\theta \\ 0 & \sin\theta & \cos\theta \end{pmatrix} \begin{pmatrix} 0 \\ 0 \\ 1 \end{pmatrix} = \begin{pmatrix} n_x \\ n_y \\ n_z \end{pmatrix}, \tag{4.35}$$

d. h., wenn die Winkel θ und ϕ die Bedingung

$$\begin{pmatrix} \sin\phi\sin\theta \\ -\cos\phi\sin\theta \\ \cos\theta \end{pmatrix} = \begin{pmatrix} n_x \\ n_y \\ n_z \end{pmatrix} \tag{4.36}$$

erfüllen.

Lesehilfe
Im obigen Beispiel der Drehung $\boldsymbol{d}_{011}$ passiert letztlich genau so etwas. Bezogen auf das Koordinatensystem $\mathcal{E}^*$ wird die z-Achse in Richtung $(0, -1/\sqrt{2}, 1/\sqrt{2}) = (n_x, n_y, n_z)$ gelegt. Dies ergibt $\theta = 45°$ und $\phi = 0$ und die Transformationsmatrix ist

$$T_{zx'} = \begin{pmatrix} 1 & 0 & 0 \\ 0 & 1/\sqrt{2} & -1/\sqrt{2} \\ 0 & 1/\sqrt{2} & 1/\sqrt{2} \end{pmatrix}.$$

Die Matrix einer aktiven Drehung mit dem Winkel α um eine beliebige Raumachse $\boldsymbol{n}$ kann mit den durch die Bedingung (4.36) festgelegten Winkeln somit stets in der Form

$$D_{\boldsymbol{n}}(\alpha) = T_{zx'} D_z(\alpha) T_{zx'}^{-1} \tag{4.37}$$

geschrieben werden.

Lesehilfe
Wir haben hier aus dem System mit der passend gelegten z-Achse zurückzutransformieren. Daher ist die Rolle von T und T^{-1} vertauscht.

Das Wichtigste in Kürze

- Die **Basistransformation** zwischen zwei Basen eines n-dimensionalen Vektorraums wird durch eine reguläre $n \times n$-Matrix beschrieben. Die Koeffizienten der **Transformationsmatrix** ergeben sich aus der Darstellung der „neuen" Basisvektoren durch die „alten".
- Die Koordinaten eines Vektors transformieren sich beim Wechsel von einer Basis zu einer anderen. Diese **Koordinatentransformation** kann mithilfe der Transformationsmatrix bzw. ihrer Inversen erfolgen.
- Die Zuordnung einer Matrix zu einer linearen Selbstabbildung hängt von der Basis ab. Die **Transformation der Abbildungsmatrix** von einer Basis zu anderen ist mithilfe der Transformationsmatrix möglich.
- Der Wechsel von einem kartesischen Koordinatensystem in ein anderes, dagegen verdrehtes System entspricht einer **Koordinatendrehung**. Sie kann durch Drehmatrizen beschrieben werden. ◄

Und was bedeuten die Formeln?

$$\boldsymbol{b}_j^* = t_{1j}\boldsymbol{b}_1 + \ldots + t_{nj}\boldsymbol{b}_n = \sum_{i=1}^{n} t_{ij}\boldsymbol{b}_i \quad (j = 1, \ldots, n), \quad \mathcal{B} \xrightarrow{T} \mathcal{B}^*,$$

$$T = \begin{pmatrix} t_{11} & \cdots & t_{1n} \\ \vdots & \ddots & \vdots \\ t_{n1} & \cdots & t_{nn} \end{pmatrix} = \begin{pmatrix} \uparrow & \uparrow & & \uparrow \\ \boldsymbol{b}_1^{*\mathcal{B}} & \boldsymbol{b}_2^{*\mathcal{B}} & \cdots & \boldsymbol{b}_n^{*\mathcal{B}} \\ \downarrow & \downarrow & & \downarrow \end{pmatrix},$$

$$x_i = \sum_{j=1}^{n} t_{ij}x_j^* \quad (i = 1, \ldots, n), \quad \boldsymbol{x} = T\boldsymbol{x}^*, \quad \boldsymbol{x}^* = T^{-1}\boldsymbol{x},$$

$$\mathcal{E} \xrightarrow{B^*} \mathcal{B}^*, \quad \mathcal{B} \xrightarrow{B^{-1}} \mathcal{E}, \quad \mathcal{B} \xrightarrow{T} \mathcal{B}^*, \quad T = B^{-1}B^*, \quad B \mid B^* \rightarrow E_n \mid T,$$

$$\boldsymbol{y} = A\boldsymbol{x}, \quad \boldsymbol{y}^* = A^*\boldsymbol{x}^*, \quad A^* = T^{-1}AT,$$

$$\begin{pmatrix} \cos\alpha & -\frac{\sin\alpha}{\sqrt{2}} & \frac{\sin\alpha}{\sqrt{2}} \\ \frac{\sin\alpha}{\sqrt{2}} & \frac{1}{2} + \frac{1}{2}\cos\alpha & \frac{1}{2} - \frac{1}{2}\cos\alpha \\ -\frac{\sin\alpha}{\sqrt{2}} & \frac{1}{2} - \frac{1}{2}\cos\alpha & \frac{1}{2} + \frac{1}{2}\cos\alpha \end{pmatrix} \begin{pmatrix} 0 \\ 1 \\ 1 \end{pmatrix} = \begin{pmatrix} 0 \\ 1 \\ 1 \end{pmatrix},$$

$$T_{zx'} = D_z(\phi)D_x(\theta) = \begin{pmatrix} \cos\phi & -\sin\phi\cos\theta & \sin\phi\sin\theta \\ \sin\phi & \cos\phi\cos\theta & -\cos\phi\sin\theta \\ 0 & \sin\theta & \cos\theta \end{pmatrix}.$$

Übungsaufgaben

A4.1 Sind die folgenden Aussagen richtig oder falsch? Begründe jeweils deine Antwort.

(I) Wenn bei einer Basistransformation zwischen zwei endlichen Basen ein Vektor dieser Basen identisch ist und an derselben Stelle steht, entspricht die Transformationsmatrix in der entsprechenden Spalte der Einheitsmatrix.
(II) Der Tausch von Basisvektoren, also der Wechsel in eine Basis mit anderer Reihenfolge der Vektoren, kann durch eine Transformationsmatrix beschrieben werden.
(III) In der Situation von (II) enthält die Transformationsmatrix dieselben Spalten wie die Einheitsmatrix, nur (teilweise) an anderer Position.
(IV) Die Inverse einer Matrix T, die nur aus den Spalten der Einheitsmatrix besteht, ist wieder eine solche Matrix. Dabei gilt $T^{-1} = T^{\mathrm{T}}$.

A4.2 Wir betrachten zwei Basen des $\mathbb{R}^2$:

$$\mathcal{B} = \left\{ \begin{pmatrix} 2 \\ 1 \end{pmatrix}, \begin{pmatrix} 1 \\ 2 \end{pmatrix} \right\} \quad \text{und} \quad \mathcal{B}^* = \left\{ \begin{pmatrix} -1 \\ -2 \end{pmatrix}, \begin{pmatrix} 2 \\ 1 \end{pmatrix} \right\}.$$

a) Ein Vektor besitze hinsichtlich $\mathcal{B}$ die Koordinaten x, y. Wie lautet sein Koordinatenvektor hinsichtlich $\mathcal{B}^*$?

b) Eine lineare Abbildung $f : \mathbb{R}^2 \to \mathbb{R}^2$ besitze hinsichtlich $\mathcal{B}$ die Abbildungsmatrix

$$A = \begin{pmatrix} a & b \\ c & d \end{pmatrix}.$$

Wie lautet ihre Abbildungsmatrix in der Basis $\mathcal{B}^*$? Wenn f in der Basis $\mathcal{B}$ bijektiv ist, ist das dann zwingend auch in der Basis $\mathcal{B}^*$ der Fall? Warum (nicht)?

A4.3 Wir betrachten den Vektorraum $\mathbb{R}^3$ und die Basis

$$\mathcal{B} = \left\{ \begin{pmatrix} 2 \\ 1 \\ 0 \end{pmatrix}, \begin{pmatrix} 1 \\ 2 \\ 0 \end{pmatrix}, \begin{pmatrix} 0 \\ 1 \\ 2 \end{pmatrix} \right\}.$$

Wie lautet die Transformationsmatrix T, die den Übergang von $\mathcal{B}$ in die kanonische Basis $\mathcal{E}$ beschreibt? Welche Koordinaten besitzt der Vektor $(x, y, z)^{\mathcal{B}}$ in der kanonischen Basis?

A4.4 Eine Drehung im $\mathbb{R}^2$ wird hinsichtlich der kanonischen Basis beschrieben durch die Drehmatrix $D_\alpha = \begin{pmatrix} \cos\alpha & -\sin\alpha \\ \sin\alpha & \cos\alpha \end{pmatrix}$. Welche Matrix $D^{\mathcal{B}}$ beschreibt sie in der Basis $\mathcal{B} = \left\{ \begin{pmatrix} 1 \\ 0 \end{pmatrix}, \begin{pmatrix} 1 \\ 1 \end{pmatrix} \right\}$? Kann auch die Matrix $D^{\mathcal{B}}$ wieder in der Form $\begin{pmatrix} \cos\varepsilon & -\sin\varepsilon \\ \sin\varepsilon & \cos\varepsilon \end{pmatrix}$ mit einem Drehwinkel ε geschrieben werden?

A4.5 Eine Drehung im $\mathbb{R}^3$ werde mit einem Drehwinkel von 120° um die „Raumdiagonale“ ausgeführt, d. h. um die durch den Vektor $(1, 1, 1)$ festgelegte Ursprungsgerade. Welche Abbildungsmatrix besitzt diese Abbildung in der kanonischen Basis? Ist das Ergebnis plausibel?

5 Determinanten

Der allgemeine Begriff einer *Determinante* bezieht sich auf lineare Selbstabbildungen. Er kann übertragen werden auf die den Abbildungen zugeordneten Matrizen und diese *Matrixdeterminanten* besitzen eine Vielzahl von Anwendungen.

Die für sich genommen etwas eigenartige Definition der Matrixdeterminante hat ihren Hintergrund in der allgemeinen Determinantentheorie. Ihr Ausgangspunkt sind *Determinantenformen*, also Linearformen, die für linear abhängige Vektoren verschwinden. Aus dieser einfachen Bedingung ergeben sich die charakteristischen Eigenschaften von Determinanten, die auch auf Matrixebene erhalten bleiben.

Für Anwendungen steht die konkrete Berechnung von Matrixdeterminanten im Vordergrund. Dabei ist es wichtig, unterschiedliche Verfahren zu kennen, sodass Determinanten verschiedener Größen und Formen bewältigt werden können.

Wozu dieses Kapitel im Einzelnen

- Die Determinante gründet sich auf den Begriff der Determinantenform. Wir sehen uns an, was es damit auf sich hat.
- Bei Determinanten haben wir es mit Vertauschungen und allgemeiner mit Permutationen von Indizes zu tun. Wir müssen uns daher erinnern, wie sie zusammenhängen und in welchem Sinn eine Permutation ein Vorzeichen hat.
- Das Berechnen von Determinanten kann für kleine Matrizen leicht erfolgen, dazu gibt es entsprechende Merkregeln. Wir kümmern uns aber auch um „Tricks“ für große Matrizen.
- Mit Determinanten können Formeln für die direkte Berechnung inverser Matrizen und Lösungen von Gleichungssystemen entwickelt werden. Diese Formeln sind zwar nicht allzu einfach, aber sie sind oft nützlich.

J. Balla, *Lineare Algebra*, https://doi.org/10.1007/978-3-662-67667-7_5

5.1 Determinantenformen

Eine Determinantenform ist eine spezielle n-fache Linearform, also eine Abbildung, die ihren n Argumentvektoren eine Zahl zuordnet und bezüglich jeder Argumentposition linear ist:

Definition 5.1 *Es sei V ein n-dimensionaler Vektorraum. Eine n-fache Linearform Δ von V heißt eine* Determinantenform, *wenn sie folgende Eigenschaften besitzt:*

(1) *Es ist $\Delta(\boldsymbol{x}_1, \ldots, \boldsymbol{x}_n) = 0$ für linear abhängige Vektoren $\boldsymbol{x}_1, \ldots, \boldsymbol{x}_n \in V$.*
(2) *Es gibt Vektoren $\boldsymbol{x}_1, \ldots, \boldsymbol{x}_n \in V$ mit $\Delta(\boldsymbol{x}_1, \ldots, \boldsymbol{x}_n) \neq 0$.*

Lesehilfe
Eine Linearform ordnet mehreren Vektoren eine Zahl zu, bei einer n-fachen Linearform sind es n Argumentvektoren. Diese Zuordnung erfolgt linear, d. h., es ist beispielsweise für $n = 3$

$$\Delta(\boldsymbol{x}_1, 4\boldsymbol{x}_2 - \boldsymbol{x}_2', \boldsymbol{x}_3) = 4\Delta(\boldsymbol{x}_1, \boldsymbol{x}_2, \boldsymbol{x}_3) - \Delta(\boldsymbol{x}_1, \boldsymbol{x}_2', \boldsymbol{x}_3)$$

wegen der Linearität bezüglich der zweiten Argumentposition.

Die wesentliche inhaltliche Eigenschaft, die aus einer n-fachen Linearform eines n-dimensionalen Vektorraums eine Determinantenform macht, ist nun einfach, dass sie linear abhängigen Vektoren die 0 zuordnet.

Aus der Eigenschaft (1) der Determinantenform folgen charakteristische Rechenregeln: Zunächst bleibt der Wert einer Determinantenform unverändert, wenn zu einem Argumentvektor ein beliebiges Vielfaches eines anderen Argumentvektors addiert wird, d. h.

$$\Delta(\ldots, \boldsymbol{x}_i, \ldots, \boldsymbol{x}_j, \ldots) = \Delta(\ldots, \boldsymbol{x}_i + c\boldsymbol{x}_j, \ldots, \boldsymbol{x}_j, \ldots), \tag{5.1}$$

wie sich sofort mit der Linearität bezüglich jedes Arguments ergibt. Ferner führt das Vertauschen zweier Argumentvektoren zu einem Vorzeichenwechsel:

$$\begin{aligned}\Delta(\ldots, \boldsymbol{x}_i, \ldots, \boldsymbol{x}_j, \ldots) &= \Delta(\ldots, \boldsymbol{x}_i + \boldsymbol{x}_j, \ldots, \boldsymbol{x}_j, \ldots)\\ &= \Delta(\ldots, \boldsymbol{x}_i + \boldsymbol{x}_j, \ldots, \boldsymbol{x}_j - (\boldsymbol{x}_i + \boldsymbol{x}_j), \ldots)\\ &= \Delta(\ldots, \boldsymbol{x}_i + \boldsymbol{x}_j, \ldots, -\boldsymbol{x}_i, \ldots)\\ &= -\Delta(\ldots, \boldsymbol{x}_j, \ldots, \boldsymbol{x}_i, \ldots).\end{aligned} \tag{5.2}$$

Lesehilfe

Gleichung (5.1) ergibt sich „sofort“, wenn man sich klarmacht, dass

$$\begin{aligned}\Delta(\ldots,\boldsymbol{x}_i + c\boldsymbol{x}_j,\ldots,\boldsymbol{x}_j,\ldots) &= \Delta(\ldots,\boldsymbol{x}_i,\ldots,\boldsymbol{x}_j,\ldots)\\ &\quad + c\Delta(\ldots,\boldsymbol{x}_j,\ldots,\boldsymbol{x}_j,\ldots)\end{aligned}$$

ist und die Menge $\{\ldots,\boldsymbol{x}_j,\ldots,\boldsymbol{x}_j,\ldots\}$ offenbar linear abhängig ist.

In (5.2) siehst du den „Trick“, wie man mit der Addition bzw. Subtraktion von Argumentvektoren zu einer Vertauschung gelangt.

Wir wollen (5.2) verallgemeinern: Wenn man nicht nur einmal zwei Vektoren vertauscht, sondern k-mal, entsteht das Vorzeichen $(-1)^k$. Solche k Vertauschungen der Indizes $1,\ldots,n$ führen insgesamt zu einer anderen *Reihenfolge* der Zahlen. Dies entspricht einer *Permutation* π, d. h. einer bijektiven Abbildung der Menge $\{1,\ldots,n\}$ auf sich selbst. Dieser Permutation ordnet man das *Vorzeichen* oder *Signum* $\operatorname{sign}\pi = (-1)^k$ zu und wir haben daher

$$\Delta(\boldsymbol{x}_{\pi(1)},\ldots,\boldsymbol{x}_{\pi(n)}) = (\operatorname{sign}\pi)\,\Delta(\boldsymbol{x}_1,\ldots,\boldsymbol{x}_n). \tag{5.3}$$

Die Anzahl der Vertauschungen oder *Transpositionen*, die notwendig sind, um von der Reihenfolge $1,\ldots,n$ zur gewünschten Reihenfolge zu gelangen, ist *nicht* eindeutig, da Vertauschungen sich auch gegenseitig aufheben können. Aber *eine gegebene Permutation* π *wird entweder durch eine gerade oder durch eine ungerade Anzahl von Transpositionen erzeugt* und man spricht von *geraden* ($\operatorname{sign}\pi = +1$) oder *ungeraden* ($\operatorname{sign}\pi = -1$) Permutationen.

Lesehilfe

Machen wir uns Permutationen und Transpositionen noch einmal an Beispielen mit $n = 4$ klar: Die Reihenfolge $\langle 1,2,3,4\rangle$ entspricht der identischen Permutation. Sie wird durch 0 Vertauschungen erreicht, aber auch 2 sind möglich, oder 4 usw., wenn sie sich gegenseitig aufheben, sie ist somit gerade. Die Permutation $\pi = \langle 4,3,1,2\rangle$, gleichbedeutend mit $\pi(1) = 4$, $\pi(2) = 3$, $\pi(3) = 1$, $\pi(4) = 2$, benötigt mindestens 3 Vertauschungen,

$$\langle 1,2,3,4\rangle \xrightarrow{1\leftrightarrow 3} \langle 3,2,1,4\rangle \xrightarrow{2\leftrightarrow 3} \langle 2,3,1,4\rangle \xrightarrow{2\leftrightarrow 4} \langle 4,3,1,2\rangle,$$

und ist daher ungerade.

Wie du siehst, sind Permutationen und Transpositionen nicht schwierig, wenn man sich das in Ruhe aufschreibt.

Wir betrachten nun eine Basis $\{\boldsymbol{b}_1, \ldots, \boldsymbol{b}_n\}$ von V und berechnen $\Delta(\boldsymbol{x}_1, \ldots, \boldsymbol{x}_n)$ für beliebige Koordinatenvektoren

$$\boldsymbol{x}_i = \sum_{j=1}^{n} x_{ij}\boldsymbol{b}_j, \qquad i = 1, \ldots, n. \tag{5.4}$$

Aufgrund der Linearität ist zunächst

$$\begin{aligned}\Delta(\boldsymbol{x}_1, \ldots, \boldsymbol{x}_n) &= \Delta\left(\sum_{j_1} x_{1j_1}\boldsymbol{b}_{j_1}, \ldots, \sum_{j_n} x_{nj_n}\boldsymbol{b}_{j_n}\right)\\ &= \sum_{j_1} \ldots \sum_{j_n} x_{1j_1} \cdots x_{nj_n} \Delta(\boldsymbol{b}_{j_1}, \ldots, \boldsymbol{b}_{j_n}). \end{aligned}\tag{5.5}$$

Lesehilfe

Wenn die Summen der n Vektoren $\boldsymbol{x}_i = \sum_{j=1}^{n} x_{ij}\boldsymbol{b}_j$, $i = 1, \ldots, n$, gemeinsam ausgeführt werden sollen, müssen unterschiedliche Summationsindizes verwendet werden, die wir mit $j_1, \ldots, j_n$ bezeichnen. Mit der Linearität können dann die Summen vor die Determinantenform geschrieben werden und auch die Koordinaten x_{ij_k}. Wir haben nun ein n-fache Summe, in der j_1 von 1 bis n läuft, ebenso wie j_2, j_3, ..., j_n. Den Fall $n = 2$ können wir noch ausschreiben,

$$\begin{aligned}&\Delta(\boldsymbol{x}_1, \boldsymbol{x}_2) = \sum_{j_1}\sum_{j_2} x_{1j_1}x_{2j_2}\Delta(\boldsymbol{b}_{j_1}, \boldsymbol{b}_{j_2})\\ &= x_{11}x_{21}\Delta(\boldsymbol{b}_1, \boldsymbol{b}_1) + x_{11}x_{22}\Delta(\boldsymbol{b}_1, \boldsymbol{b}_2) + x_{12}x_{21}\Delta(\boldsymbol{b}_2, \boldsymbol{b}_1) + x_{12}x_{22}\Delta(\boldsymbol{b}_2, \boldsymbol{b}_2),\end{aligned}$$

aber für $n = 3$ sind es bereits $3 \cdot 3 \cdot 3 = 27$ Summanden.

Wenn in dieser n-fachen Summe zwei der Indizes j_k gleich sind, so folgt daraus $\Delta(\boldsymbol{b}_{j_1}, \ldots, \boldsymbol{b}_{j_n}) = 0$. Von den insgesamt n^n Summanden bleiben daher nur diejenigen übrig, bei denen die j_k, $k = 1, \ldots, n$, paarweise verschieden sind, d. h., es muss sich bei ihnen um eine Permutation der Zahlen $1, \ldots, n$ handeln. Die Menge dieser Permutationen besteht aus $n!$ Elementen und man bezeichnet sie als die *symmetrische Gruppe* S_n. Zusammen mit (5.3) erhalten wir daher

$$\Delta(\boldsymbol{x}_1, \ldots, \boldsymbol{x}_n) = \left(\sum_{\pi \in S_n} (\operatorname{sign} \pi)\, x_{1\,\pi(1)} \cdots x_{n\,\pi(n)}\right) \Delta(\boldsymbol{b}_1, \ldots, \boldsymbol{b}_n). \tag{5.6}$$

Lesehilfe
Für $n = 2$ bleiben also von den ursprünglich vier Summanden zwei übrig,

$$\begin{aligned}\Delta(\boldsymbol{x}_1, \boldsymbol{x}_2) &= \sum_{j_1}\sum_{j_2} x_{1j_1}x_{2j_2}\Delta(\boldsymbol{b}_{j_1}, \boldsymbol{b}_{j_2}) \\ &= x_{11}x_{21}\underbrace{\Delta(\boldsymbol{b}_1, \boldsymbol{b}_1)}_{=0} + x_{11}x_{22}\Delta(\boldsymbol{b}_1, \boldsymbol{b}_2) + x_{12}x_{21}\underbrace{\Delta(\boldsymbol{b}_2, \boldsymbol{b}_1)}_{=-\Delta(\boldsymbol{b}_1,\boldsymbol{b}_2)} + x_{12}x_{22}\underbrace{\Delta(\boldsymbol{b}_2, \boldsymbol{b}_2)}_{=0} \\ &= (x_{11}x_{22} - x_{12}x_{21})\Delta(\boldsymbol{b}_1, \boldsymbol{b}_2) = \left(\sum_{\pi \in S_2} x_{1\,\pi(1)}x_{2\,\pi(2)}\right)\Delta(\boldsymbol{b}_1, \boldsymbol{b}_2),\end{aligned}$$

bei $n = 3$ bleiben von 27 Summanden 6 übrig usw.

Die Anzahl der Permutationen oder Reihenfolgen der Zahlen $1, \ldots, n$ ist gleich $n!$, weil es für die erste Position n Möglichkeiten gibt, für die zweite Position dann noch $(n-1)$ usw., sodass man insgesamt auf $n \cdot (n-1) \cdots 1 = n!$ mögliche Reihenfolgen kommt.

Aus (5.6) lässt sich eine wichtige Folgerung ziehen: Eigenschaft (1) der Determinantenformen besagt, dass $\Delta(\boldsymbol{x}_1, \ldots, \boldsymbol{x}_n) = 0$ ist für linear abhängige Vektoren $\boldsymbol{x}_1, \ldots, \boldsymbol{x}_n$. Wenn umgekehrt eine Menge von n Vektoren linear unabhängig ist, handelt es sich um eine Basis. Wäre nun $\Delta(\boldsymbol{b}_1, \ldots, \boldsymbol{b}_n) = 0$, so folgte aus (5.6) auch $\Delta(\boldsymbol{x}_1, \ldots, \boldsymbol{x}_n) = 0$ für alle Vektoren $\boldsymbol{x}_1, \ldots, \boldsymbol{x}_n$, im Widerspruch zu Eigenschaft (2), dass es Vektoren mit $\Delta(\boldsymbol{x}_1, \ldots, \boldsymbol{x}_n) \neq 0$ geben muss. Also erfüllen Determinantenformen über (1) hinaus die Eigenschaft

(1′) Es ist $\Delta(\boldsymbol{x}_1, \ldots, \boldsymbol{x}_n) = 0$ *genau dann*, wenn die Vektoren $\boldsymbol{x}_1, \ldots, \boldsymbol{x}_n \in V$ linear abhängig sind.

Wie (5.6) zeigt, wird eine Determinantenform Δ letztlich durch den Wert $\Delta(\boldsymbol{b}_1, \ldots, \boldsymbol{b}_n)$ festgelegt, den sie auf den Basisvektoren annimmt. Sie unterscheidet sich somit von einer zweiten Determinantenform Δ^* nur durch eine multiplikative Konstante $c \neq 0$,

$$\frac{\Delta^*(\boldsymbol{b}_1, \ldots, \boldsymbol{b}_n)}{\Delta(\boldsymbol{b}_1, \ldots, \boldsymbol{b}_n)} =: c, \tag{5.7}$$

und damit gilt auch

$$\Delta^*(\boldsymbol{x}_1, \ldots, \boldsymbol{x}_n) = c\,\Delta(\boldsymbol{x}_1, \ldots, \boldsymbol{x}_n) \tag{5.8}$$

für beliebige Vektoren $\boldsymbol{x}_1, \ldots, \boldsymbol{x}_n \in V$. Wählt man hier nun speziell eine zweite Basis von V, so wird klar, dass der *Quotient* (5.7) *nicht von der gewählten Basis abhängt.*

5.2 Definition der Determinante

Betrachten wir nun zusätzlich einen Isomorphismus $\boldsymbol{f}$ von V. Mit $\boldsymbol{b}_1, \ldots, \boldsymbol{b}_n$ bilden dann auch die Vektoren $\boldsymbol{f}(\boldsymbol{b}_1), \ldots, \boldsymbol{f}(\boldsymbol{b}_n)$ eine Basis von V und mit einer Determinantenform Δ wird durch

$$\Delta_f(\boldsymbol{x}_1, \ldots, \boldsymbol{x}_n) := \Delta(\boldsymbol{f}(\boldsymbol{x}_1), \ldots, \boldsymbol{f}(\boldsymbol{x}_n)) \tag{5.9}$$

eine weitere Determinantenform von V definiert. Der Quotient

$$\frac{\Delta_f(\boldsymbol{b}_1, \ldots, \boldsymbol{b}_n)}{\Delta(\boldsymbol{b}_1, \ldots, \boldsymbol{b}_n)} \tag{5.10}$$

ist unabhängig von der Wahl der Basis und auch unabhängig von der Determinantenform Δ, denn mit einer zweiten Determinantenform Δ^* ist

$$\frac{\Delta_f^*(\boldsymbol{b}_1, \ldots, \boldsymbol{b}_n)}{\Delta^*(\boldsymbol{b}_1, \ldots, \boldsymbol{b}_n)} = \frac{c\,\Delta_f(\boldsymbol{b}_1, \ldots, \boldsymbol{b}_n)}{c\,\Delta(\boldsymbol{b}_1, \ldots, \boldsymbol{b}_n)} = \frac{\Delta_f(\boldsymbol{b}_1, \ldots, \boldsymbol{b}_n)}{\Delta(\boldsymbol{b}_1, \ldots, \boldsymbol{b}_n)}.$$

Der Quotient (5.10) ist somit eine charakteristische Eigenschaft der linearen Abbildung $\boldsymbol{f}$ und man setzt:

Definition 5.2 *Es sei $\boldsymbol{f}$ eine lineare Selbstabbildung auf dem Vektorraum V mit der Basis $\{\boldsymbol{b}_1, \ldots, \boldsymbol{b}_n\}$. Mit einer beliebigen Determinantenform Δ heißt*

$$\det \boldsymbol{f} := \frac{\Delta(\boldsymbol{f}(\boldsymbol{b}_1), \ldots, \boldsymbol{f}(\boldsymbol{b}_n))}{\Delta(\boldsymbol{b}_1, \ldots, \boldsymbol{b}_n)}$$

die Determinante von $\boldsymbol{f}$.

Diese Definition ist nicht auf Isomorphismen beschränkt. Sofern die Abbildung $\boldsymbol{f}$ nicht bijektiv ist, sind die Vektoren $\boldsymbol{f}(\boldsymbol{b}_1), \ldots, \boldsymbol{f}(\boldsymbol{b}_n)$ linear abhängig und es ergibt sich die Determinante 0.

Wir berechnen die Determinante einer Produktabbildung: Es sei $\boldsymbol{g}$ eine weitere lineare Selbstabbildung auf V und $\boldsymbol{g}$ sei bijektiv. Mit $\{\boldsymbol{b}_1, \ldots, \boldsymbol{b}_n\}$ ist dann auch $\{\boldsymbol{g}(\boldsymbol{b}_1), \ldots, \boldsymbol{g}(\boldsymbol{b}_n)\}$ eine Basis von V und wegen der Unabhängigkeit der Determinante von der gewählten Basis ist

$$\begin{aligned}\det(\boldsymbol{f} \circ \boldsymbol{g}) &= \frac{\Delta((\boldsymbol{f} \circ \boldsymbol{g})(\boldsymbol{b}_1), \ldots, (\boldsymbol{f} \circ \boldsymbol{g})(\boldsymbol{b}_n))}{\Delta(\boldsymbol{b}_1, \ldots, \boldsymbol{b}_n)} \\ &= \frac{\Delta(\boldsymbol{f}(\boldsymbol{g}(\boldsymbol{b}_1)), \ldots, \boldsymbol{f}(\boldsymbol{g}(\boldsymbol{b}_n)))}{\Delta(\boldsymbol{g}(\boldsymbol{b}_1), \ldots, \boldsymbol{g}(\boldsymbol{b}_n))} \frac{\Delta(\boldsymbol{g}(\boldsymbol{b}_1), \ldots, \boldsymbol{g}(\boldsymbol{b}_n))}{\Delta(\boldsymbol{b}_1, \ldots, \boldsymbol{b}_n)} \\ &= (\det \boldsymbol{f})(\det \boldsymbol{g}). \end{aligned} \tag{5.11}$$

Ist $\boldsymbol{g}$ nicht bijektiv, so auch $\boldsymbol{f} \circ \boldsymbol{g}$ nicht; die Gleichung $\det(\boldsymbol{f} \circ \boldsymbol{g}) = (\det \boldsymbol{f})(\det \boldsymbol{g})$ bleibt auch in diesem Fall richtig, weil dann auf beiden Seiten 0 steht.

Lesehilfe
Wie du siehst, besteht der „Trick" zur Berechnung der Determinante der Produktabbildung in der Erweiterung des Quotienten mit $\Delta(\boldsymbol{g}(\boldsymbol{b}_1), \ldots, \boldsymbol{g}(\boldsymbol{b}_n))$. Dieser Ausdruck ist nur dann ungleich 0, wenn die Vektoren $\boldsymbol{g}(\boldsymbol{b}_1), \ldots, \boldsymbol{g}(\boldsymbol{b}_n)$ linear unabhängig sind, d. h., wenn $\boldsymbol{g}$ bijektiv ist.

Matrixdeterminante

Wir kommen noch einmal zurück auf (5.6), die wir wegen $\Delta(\boldsymbol{b}_1, \ldots, \boldsymbol{b}_n) \neq 0$ schreiben können in der Form

$$\frac{\Delta(\boldsymbol{x}_1, \ldots, \boldsymbol{x}_n)}{\Delta(\boldsymbol{b}_1, \ldots, \boldsymbol{b}_n)} = \sum_{\pi \in S_n} (\operatorname{sign} \pi)\, x_{1\,\pi(1)} \cdots x_{n\,\pi(n)}. \tag{5.12}$$

Wir berechnen nun die Determinante einer linearen Selbstabbildung $\boldsymbol{f}$, indem wir $\boldsymbol{x}_i = \boldsymbol{f}(\boldsymbol{b}_i)$, $i = 1, \ldots, n$, wählen: Ordnen wir der Abbildung $\boldsymbol{f}$ hinsichtlich der Basis $\{\boldsymbol{b}_1, \ldots, \boldsymbol{b}_n\}$ die Matrix $A = (a_{ij})$ zu gemäß der Vorschrift[1]

$$\boldsymbol{f}(\boldsymbol{b}_i) = \sum_j a_{ij} \boldsymbol{b}_j, \qquad i = 1, \ldots, n, \tag{5.13}$$

so haben wir

$$\det \boldsymbol{f} = \frac{\Delta(\boldsymbol{f}(\boldsymbol{b}_1), \ldots, \boldsymbol{f}(\boldsymbol{b}_n))}{\Delta(\boldsymbol{b}_1, \ldots, \boldsymbol{b}_n)} = \sum_{\pi \in S_n} (\operatorname{sign} \pi)\, a_{1\,\pi(1)} \cdots a_{n\,\pi(n)}, \tag{5.14}$$

vergleiche (5.13) mit (5.4). Der *Begriff der Determinante einer linearen Selbstabbildung kann somit auf die ihr zugeordnete Matrix übertragen werden*, indem man setzt:

Definition 5.3 *Als* Determinante *einer $n \times n$-Matrix $A = (a_{ij})$ bezeichnet man die Zahl*

$$\det A := \sum_{\pi \in S_n} (\operatorname{sign} \pi)\, a_{1\,\pi(1)} \cdots a_{n\,\pi(n)}.$$

---

[1] Die Zuordnung hier ist transponiert im Vergleich mit unserer üblichen Zuordnung einer Matrix zu einer linearen Abbildung. Auf diese Weise entspricht sie (5.4) und führt auf eine Matrixdeterminante der Form $\sum_{\pi \in S_n} (\operatorname{sign} \pi)\, a_{1\,\pi(1)} \cdots a_{n\,\pi(n)}$, bei der der erste Index der Matrixelemente fest ist. Bei anders gewählter Reihenfolge der Indizes würde man zur weniger üblichen Form $\sum_{\pi \in S_n} (\operatorname{sign} \pi)\, a_{\pi(1)\,1} \cdots a_{\pi(n)\,n}$ gelangen. Tatsächlich ergeben beide Formen identische Determinanten und die Matrixdeterminante ändert sich nicht bei Transposition der Matrix, siehe Satz 5.2 (1).

Damit gilt

Satz 5.1 *Einer linearen Selbstabbildung $\boldsymbol{f}$ des n-dimensionalen Vektorraums V sei hinsichtlich einer Basis die Matrix A zugeordnet ist. Dann gilt* $\det \boldsymbol{f} = \det A$. *Matrizen, die hinsichtlich unterschiedlicher Basen derselben Abbildung $\boldsymbol{f}$ zugeordnet sind, besitzen dieselbe Determinante.*

Der **Beweis** folgt aus der Definition der Matrixdeterminante, (5.14) und der Unabhängigkeit der Determinante von der gewählten Basis. •

Lesehilfe
Matrizen, die hinsichtlich unterschiedlicher Basen derselben Abbildung zugeordnet sind, sind zueinander ähnliche Matrizen. Satz 5.1 besagt also: Ähnliche Matrizen besitzen dieselbe Determinante.

Determinanten sind *nur für quadratische Matrizen* definiert. Man schreibt sie auch als

$$\det A = \det(a_{ij}) = |A| = \begin{vmatrix} a_{11} & \cdots & a_{1n} \\ \vdots & \ddots & \vdots \\ a_{n1} & \cdots & a_{nn} \end{vmatrix},$$

schließt also die Matrix in senkrechte Striche ein.

Satz 5.2 *Die Determinante einer $n \times n$-Matrix A besitzt folgende Eigenschaften:*

(1) *Die Matrix A und ihre Transponierte A^{T} besitzen dieselbe Determinante:* $\det A = \det A^{\mathrm{T}}$.
(2) *Sind in A zwei Spalten (Zeilen) gleich, so ist* $\det A = 0$.
(3) *Addiert man zu einer Spalte (Zeile) eine Linearkombination der übrigen Spalten (Zeilen), so ändert sich die Determinante nicht.*
(4) *Vertauscht man in A zwei Spalten (Zeilen), so ändert die Determinante ihr Vorzeichen.*
(5) *Multipliziert man die Elemente einer Spalte (Zeile) mit einem Skalar c, so wird die Determinante mit c multipliziert. Daraus folgt insbesondere:* $\det(cA) = c^n \det A$.
(6) *Für die Einheitsmatrix E_n gilt:* $\det E_n = 1$.
(7) *Mit einer zweiten $n \times n$-Matrix B gilt:* $\det(AB) = (\det A)(\det B)$.
(8) *Für eine reguläre Matrix A gilt:* $\det(A^{-1}) = (\det A)^{-1}$.

Beweis (1) Es sei π^{-1} die zu π inverse Permutation. Damit gilt für die in Definition (5.3) auftretenden Produkte

$$a_{1\,\pi(1)} \cdots a_{n\,\pi(n)} = a_{\pi^{-1}(1)\,1} \cdots a_{\pi^{-1}(n)\,n},$$

auch wenn die Faktoren in anderer Reihenfolge auftreten. Da mit π auch π^{-1} alle Permutationen aus S_n durchläuft und $\operatorname{sign}(\pi^{-1}) = \operatorname{sign}\pi$ gilt, erhält man

$$\det A = \sum_{\pi \in S_n} (\operatorname{sign}\pi)\, a_{\pi(1)\,1} \cdots a_{\pi(n)\,n},$$

also auf der rechten Seite gerade die Determinante von A^{T}. Aus (1) folgt, dass alle Aussagen über Determinanten richtig bleiben, wenn man in ihnen die Begriffe „Spalte" und „Zeile" vertauscht. (2) ist unmittelbare Folgerung der Definitionseigenschaften von Determinantenformen. (3) und (4) ergeben sich ebenfalls aus den Eigenschaften der Determinantenformen, siehe (5.1) und (5.2). (5) folgt aus Definition 5.3: Der Faktor c tritt in jedem Summanden einmal auf und kann daher vor die Summe gezogen werden. Die Einheitsmatrix entspricht der Identität, sodass sich (6) sofort aus der Definition der Abbildungsdeterminante ergibt. (7) entspricht (5.11) und (8) schließlich folgt aus (6) und (7). •

Lesehilfe
Die Eigenschaften von Satz 5.2 beziehen sich auf Matrixdeterminanten, ergeben sich aber zum großen Teil auf einfache Weise aus den Eigenschaften der dahinter liegenden Abbildungsdeterminanten. Die Aussagen (7) und (8) sind geradezu erstaunlich „freundlich": So bedeutet $\det(A^{-1}) = (\det A)^{-1}$, dass es dasselbe ist, wenn man erst eine Matrix invertiert und dann die Determinante bildet, oder zunächst die Determinante bildet und anschließend einfach den Kehrwert nimmt.

Zwischenfrage (1)
Warum folgt die Eigenschaft (8) aus Satz 5.2 aus den Eigenschaften (6) und (7)?

5.3 Berechnung von Determinanten

Wir wollen nun Matrixdeterminanten berechnen, also für eine $n \times n$-Matrix $A = (a_{ij})$ die Summe

$$\det A = \sum_{\pi \in S_n} (\operatorname{sign}\pi)\, a_{1\,\pi(1)} \cdots a_{n\,\pi(n)} \tag{5.15}$$

aus Definition 5.3 konkret auswerten. Dies kann entweder direkt erfolgen oder durch Überführung in eine obere Dreiecksdeterminante. Schließlich sehen wir uns auch den *Entwicklungssatz* an, der es erlaubt, n-dimensionale Determinanten auf $(n-1)$-dimensionale zurückzuführen.

Sehen wir uns die Summe (5.15) zunächst für verschiedene Werte von n an:

$n = 1$: Die Matrix A besteht nur aus einem Element a und es gilt $\det A = a$.

Lesehilfe
Anders ausgedrückt: Die Determinante einer Zahl ist die Zahl selbst.

$n = 2$: Für $n = 2$ haben wir es mit zwei Permutationen zu tun. Die symmetrische Gruppe lautet $S_2 = \{\pi_1, \pi_2\}$ mit

$$\begin{aligned} \pi_1 &= \langle 1, 2\rangle, \quad \text{d.h. } \pi_1(1) = 1, \pi_1(2) = 2 \qquad \text{und} \\ \pi_2 &= \langle 2, 1\rangle, \quad \text{d.h. } \pi_2(1) = 2, \pi_2(2) = 1. \end{aligned}$$

Somit ergibt sich

$$\begin{aligned} \det A &= \sum_{\pi \in S_2} (\operatorname{sign} \pi)\, a_{1\,\pi(1)} a_{2\,\pi(2)} \\ &= (\operatorname{sign} \pi_1)\, a_{1\,\pi_1(1)} a_{2\,\pi_1(2)} + (\operatorname{sign} \pi_2)\, a_{1\,\pi_2(1)} a_{2\,\pi_2(2)} \\ &= a_{11}a_{22} - a_{12}a_{21}, \end{aligned}$$

also

$$\begin{vmatrix} a_{11} & a_{12} \\ a_{21} & a_{22} \end{vmatrix} = a_{11}a_{22} - a_{12}a_{21}. \tag{5.16}$$

Diese Formel merkt man sich leicht als *„Produkt der Hauptdiagonalelemente minus Produkt der Nebendiagonalelemente“*.

Lesehilfe
Wie du siehst, sind 2×2-Determinanten leicht zu berechnen. Wenn die Matrixelemente (teilweise) negativ sind, ist nur etwas Vorsicht mit den Minuszeichen geboten.

$n = 3$: Für $n = 3$ haben wir $3! = 6$ Permutationen, d. h., $S_3 = \{\pi_1, \pi_2, \pi_3, \pi_4, \pi_5, \pi_6\}$ mit

$$\begin{aligned} \pi_1 &= \langle 1, 2, 3\rangle, \quad \pi_2 = \langle 2, 3, 1\rangle, \quad \pi_3 = \langle 3, 1, 2\rangle, \\ \pi_4 &= \langle 3, 2, 1\rangle, \quad \pi_5 = \langle 2, 1, 3\rangle, \quad \pi_6 = \langle 1, 3, 2\rangle. \end{aligned}$$

Die Permutationen π_1, π_2, π_3 sind gerade (sie werden durch 0 oder 2 Transpositionen erzeugt) und die Permutationen π_4, π_5, π_6 ungerade (1 oder 3 Transpositionen). Das Ausführen der Summe

$$\det A = \sum_{\pi \in S_3} (\operatorname{sign} \pi)\, a_{1\,\pi(1)} a_{2\,\pi(2)} a_{3\,\pi(3)}$$

ergibt

$$\begin{vmatrix} a_{11} & a_{12} & a_{13} \\ a_{21} & a_{22} & a_{23} \\ a_{31} & a_{32} & a_{33} \end{vmatrix} = \begin{aligned} &a_{11}a_{22}a_{33} + a_{12}a_{23}a_{31} + a_{13}a_{21}a_{32} \\ &- a_{13}a_{22}a_{31} - a_{12}a_{21}a_{33} - a_{11}a_{23}a_{32}. \end{aligned} \tag{5.17}$$

Diesen Ausdruck merkt man sich auf einfache Weise über die *Sarrus-Regel*[2]: Man schreibt die erste und zweite Spalte der 3×3-Matrix noch einmal als eine vierte und fünfte Spalte hin,

$$\left|\begin{matrix} a_{11} & a_{12} & a_{13} \\ a_{21} & a_{22} & a_{23} \\ a_{31} & a_{32} & a_{33} \end{matrix}\right| \begin{matrix} a_{11} & a_{12} \\ a_{21} & a_{22} \\ a_{31} & a_{32} \end{matrix}\,,$$

und bildet die einzelnen in (5.17) auftretenden Produkte nach folgendem Schema: Beginnend bei a_{11}, a_{12}, a_{13} mit *Pluszeichen in Diagonalrichtung*, beginnend bei a_{13} und den erneut hingeschriebenen a_{11}, a_{12} mit *Minuszeichen in Nebendiagonalrichtung*.

Lesehilfe

Die Sarrus-Regel ist „nur" eine Merkregel für die Summanden einer 3×3-Determinante. Sie darf keinesfalls auf andere Dimensionen übertragen werden.

Das Berechnen einer 3×3-Determinante erfordert spürbar mehr Aufwand als bei einer 2×2-Determinante. Auf die Minuszeichen ist auch hier besonders zu achten.

$n \geq 4$: Für größere n wird die Summe schnell umfangreich: Die Gruppe S_n enthält $n!$ Permutationen, für $n = 4$ also bereits 24 Stück. Für handschriftliche Rechnungen ist das *direkte* Ausführen der Summe (5.15) daher nicht mehr geeignet. Siehe aber Abschn. 5.3.1.

[2] Benannt nach dem französischen Mathematiker Pierre Frédéric Sarrus, 1798-1861.

Antwort auf Zwischenfrage (1)
Gefragt war nach Eigenschaft (8) aus Satz 5.2 als Folge von (6) und (7).

Mit der inversen Matrix A^{-1} zur Matrix A gilt $AA^{-1} = E_n$. Wir bilden die Determinante dieser Gleichung:

$$\det(AA^{-1}) \overset{(7)}{=} (\det A)(\det A^{-1}) = \det E_n \overset{(6)}{=} 1,$$

also $\det(A^{-1}) = 1/(\det A) = (\det A)^{-1}$.

Beispiele
Es ist

$$\begin{vmatrix} 2 & -7 \\ -3 & 3 \end{vmatrix} = 2 \cdot 3 - (-7) \cdot (-3) = -15$$

und

$$\left|\begin{matrix} 2 & 0 & 3 \\ 6 & -1 & -1 \\ -5 & -3 & 0 \end{matrix}\right| \begin{matrix} 2 & 0 \\ 6 & -1 \\ -5 & -3 \end{matrix} \begin{matrix} \\ = 2 \cdot (-1) \cdot 0 + 0 \cdot (-1) \cdot (-5) + 3 \cdot 6 \cdot (-3) \\ - 3 \cdot (-1) \cdot (-5) - 2 \cdot (-1) \cdot (-3) - 0 \cdot 6 \cdot 0 = -75. \end{matrix}$$

Zwischenfrage (2)
Wie wir wissen, gilt $\det E_n = 1$. Aus wie vielen nichtverschwindenden Summanden besteht die Summe (5.15) für die Matrix E_n?

5.3.1 Obere Dreiecksdeterminante

Die Summe (5.15) zur Berechnung einer Determinante enthält $n!$ Produkte von jeweils n Matrixelementen. Wenn ein Matrixelement 0 ist, verschwinden alle Produkte, in denen es enthalten ist. Dies kann man zur Berechnung von Determinanten ausnutzen: Aus Satz 5.2 wissen wir, dass die Determinante einer $n \times n$-Matrix A ihren Wert nicht ändert, wenn zu einer Spalte (Zeile) das Vielfache einer anderen Spalte (Zeile) addiert wird. Vertauscht man zwei Spalten (Zeilen), so ändert die Determinante nur ihr Vorzeichen. Wir haben im Zusammenhang mit der Berechnung des Rangs gesehen, dass eine Matrix A mit Hilfe dieser elementaren Umformungen in eine Matrix B überführt werden kann,

$$A \xrightarrow[\text{Umformungen}]{\text{elementare}} B = \begin{pmatrix} b_{11} & b_{12} & \cdots & b_{1n} \\ 0 & b_{22} & \cdots & b_{2n} \\ 0 & \cdots & \ddots & \vdots \\ 0 & \cdots & 0 & b_{nn} \end{pmatrix},$$

bei der unterhalb der Hauptdiagonalen nur Nullen stehen (vgl. (3.21)), und wir haben

$$\det A = (-1)^k \det B, \tag{5.18}$$

wobei k für die *Anzahl der vorgenommenen Spalten- und Zeilenvertauschungen* steht.

Die Determinante der oberen Dreiecksmatrix $B = (b_{ij})$ kann leicht berechnet werden: Es ist $b_{ij} = 0$ für $i > j$. Für jede von der Identität verschiedene Permutation $\pi \in S_n$ gibt es mindestens einen Wert i mit $i > \pi(i)$. Wegen $b_{i\,\pi(i)} = 0$ verschwindet daher in der Summe (5.15) der zu dieser Permutation gehörende Summand und die Summe reduziert sich auf den Summanden der identischen Permutation, d. h., es ist

$$\det B = b_{11} b_{22} \cdots b_{nn}. \tag{5.19}$$

Die Determinante einer oberen Dreiecksmatrix ist gleich dem Produkt der Hauptdiagonalelemente.

Lesehilfe
In einer Matrix $B = (b_{ij})$ gibt der erste Index i die Zeile und der zweite Index j die Spalte an. Auf der Hauptdiagonalen ist $i = j$, unterhalb der Hauptdiagonalen ist $i > j$ und oberhalb $i < j$.

Eine Permutation $\pi \in S_n$ bildet die Zahlen $\{1, \ldots, n\}$ bijektiv auf sich selbst ab. Bei der identischen Permutation id ist $\mathrm{id}(1) = 1$, …, $\mathrm{id}(n) = n$, was man auch schreiben kann als Reihenfolge $\langle 1, \ldots, n \rangle$. Bei jeder anderen Reihenfolge ist mindestens einmal $i > \pi(i)$, d. h., mindestens eine Zahl i muss nach links gerückt werden (es können nicht *alle* stehenbleiben oder nach rechts rücken).

In Summe haben wir

Satz 5.3 *Es sei A eine $n \times n$-Matrix. Diese werde durch elementare Umformungen, unter denen k Spalten- oder Zeilenvertauschungen vorkommen, in eine Matrix $B = (b_{ij})$ überführt, bei der unterhalb der Hauptdiagonalen nur Nullen stehen. Dann gilt*

$$\det A = (-1)^k \, b_{11} b_{22} \cdots b_{nn}.$$

Die Berechnung von Determinanten ist damit letztlich ebenso leicht möglich wie die Berechnung des Rangs.

Antwort auf Zwischenfrage (2)
Gefragt war nach den nichtverschwindenden Summanden die Summe (5.15) im Fall der Einheitsmatrix E_n.

Bei der Einheitsmatrix $A = E_n$ sind nur die Hauptdiagonalelemente ungleich 0, d. h., die Elemente a_{ij} mit $i = j$. In der Summe

$$\det A = \sum_{\pi \in S_n} (\operatorname{sign} \pi)\, a_{1\,\pi(1)} \cdots a_{n\,\pi(n)}$$

enthalten daher alle Produkte außer $a_{11} \cdots a_{nn}$ eine 0. Das Produkt $a_{11} \cdots a_{nn}$ entspricht der identischen Permutation $\pi = \mathrm{id}$ mit $\operatorname{sign} \mathrm{id} = +1$. Wir haben daher mit

$$\det E_n = +1 \cdots 1 = 1$$

das aus Satz 5.2 bekannte Ergebnis.

Beispiel
Wir berechnen die Determinante einer 4×4-Matrix:

$$\begin{vmatrix} 1 & -1 & 3 & 0 \\ -2 & 0 & 4 & 1 \\ 3 & 0 & 2 & 7 \\ 1 & -1 & 1 & 0 \end{vmatrix} (1) \leftrightarrow (2) = (-1)^1 \begin{vmatrix} -1 & 1 & 3 & 0 \\ 0 & -2 & 4 & 1 \\ 0 & 3 & 2 & 7 \\ -1 & 1 & 1 & 0 \end{vmatrix} \begin{matrix} (-1) \\ \\ \\ \downarrow \end{matrix}$$

$$= (-1)^1 \begin{vmatrix} -1 & 1 & 3 & 0 \\ 0 & -2 & 4 & 1 \\ 0 & 3 & 2 & 7 \\ 0 & 0 & -2 & 0 \end{vmatrix} \begin{matrix} (\frac{3}{2}) \\ \downarrow \end{matrix} = (-1)^1 \begin{vmatrix} -1 & 1 & 3 & 0 \\ 0 & -2 & 4 & 1 \\ 0 & 0 & 8 & \frac{17}{2} \\ 0 & 0 & -2 & 0 \end{vmatrix} (3) \leftrightarrow (4)$$

$$= (-1)^2 \begin{vmatrix} -1 & 1 & 0 & 3 \\ 0 & -2 & 1 & 4 \\ 0 & 0 & \frac{17}{2} & 8 \\ 0 & 0 & 0 & -2 \end{vmatrix} = (-1)^2 \cdot (-1) \cdot (-2) \cdot \frac{17}{2} \cdot (-2) = -34.$$

Zwischenfrage (3)
Jemand sagt: „Wenn ich die k-te Spalte einer Matrix an die Position 1 verschiebe und die anderen Spalten ohne Reihenfolgeänderung dahinter schreibe, so entspricht das einer Spaltenvertauschung, ich erhalte also einen Faktor -1 für die Determinante.“ Hat er recht?

5.3.2 Entwicklungssatz

Der Entwicklungssatz bietet ein weiteres Verfahren zur Berechnung von Determinanten. Er erlaubt es, die Berechnung von $n \times n$-Determinanten auf $(n-1) \times (n-1)$-Determinanten zurückzuführen. Wendet man ihn mehrfach hintereinander an, kann die Dimension der noch zu berechnenden Determinanten daher beliebig verkleinert werden.

Zur Formulierung des Entwicklungssatzes benötigen wir zwei Begriffe für eine $n \times n$-Matrix $A = (a_{ij})$:

- Das *algebraische Komplement von* a_{ij} ist die $(n-1) \times (n-1)$-Untermatrix A^*_{ij}, die aus A durch Streichen der i-ten Zeile und der j-ten Spalte entsteht.
- Unter der *Adjunkten von* a_{ij} versteht man den Ausdruck

$$\operatorname{adj} a_{ij} := (-1)^{i+j} \det A^*_{ij}. \tag{5.20}$$

Die Adjunkte besteht also aus der Determinante des algebraischen Komplements und einem Vorzeichenfaktor $(-1)^{i+j}$, der sich für ein Indexpaar (i, j) nach dem „Schachbrettmuster“ ergibt:

$$\left((-1)^{i+j}\right) = \begin{pmatrix} + & - & + & \cdots \\ - & + & - & \cdots \\ + & - & + & \cdots \\ \vdots & \vdots & \vdots & \ddots \end{pmatrix}.$$

Lesehilfe
Wie du siehst, ist das algebraische Komplement leicht zu erhalten: Es entsteht einfach durch Streichen einer Zeile und einer Spalte. So sind beispielsweise in einer 3×3-Matrix neun algebraische Komplemente „enthalten“. Der Zahlwert des Elements a_{ij} spielt für sein algebraisches Komplement keine Rolle. Relevant ist nur seine Position (i, j) in der Matrix.

Die Adjunkte ist eine Zahl und sie ist etwas komplizierter: Hier ist die Determinante des algebraischen Komplements zu bilden und mit einem Faktor ± 1 aus dem Schachbrettmuster zu versehen.

Satz 5.4 (Entwicklungssatz) *Die Determinante der $n \times n$-Matrix $A = (a_{ij})$ kann berechnet werden als*

$$\det A = \sum_{j=1}^{n} (-1)^{i+j} a_{ij} \det A_{ij}^{*} = \sum_{j=1}^{n} a_{ij} \operatorname{adj} a_{ij}$$

„Entwicklung nach der i-ten Zeile"

und analog als

$$\det A = \sum_{i=1}^{n} (-1)^{i+j} a_{ij} \det A_{ij}^{*} = \sum_{i=1}^{n} a_{ij} \operatorname{adj} a_{ij}$$

„Entwicklung nach der j-ten Spalte".

Beweis Wir beweisen die Entwicklung nach der i-ten Zeile; die Entwicklung nach einer Spalte ergibt sich daraus durch Transposition. Aus der geordneten Menge $\{1, \ldots, n\}$ werde das Element i entfernt, sodass die Menge $\{k_1, \ldots, k_{n-1}\}$ entsteht, wobei die Reihenfolge ansonsten unverändert sein soll, d. h., es gelte $k_1 < k_2 < \ldots < k_{n-1}$. Es sei Γ die Menge aller Permutationen $\gamma \in S_n$ mit

$$\gamma(k_1) < \gamma(k_2) < \ldots < \gamma(k_{n-1}).$$

Die Menge Γ enthält n Permutationen γ_j, nämlich gerade die Permutationen, bei denen i an die Stellen $j = 1, 2, \ldots, n$ gerückt wird, während die anderen Elemente in der Reihenfolge unverändert bleiben. Man macht sich leicht klar, dass für die Vorzeichen dieser Permutationen gilt $\operatorname{sign} \gamma_j = (-1)^{i-j} = (-1)^{i+j}$. Für jedes γ_j sei nun Π_j die Menge aller Permutationen $\alpha \in S_n$ mit $\alpha(\gamma_j(i)) = \gamma_j(i) = j$. Damit lässt sich jede Permutation $\pi \in S_n$ auf genau eine Weise in der Form

$$\pi = \alpha \circ \gamma_j \quad \text{mit } j \in \{1, 2, \ldots, n\} \text{ und } \alpha \in \Pi_j$$

darstellen. Für die Determinante der Matrix A folgt hieraus

$$\begin{aligned}
\det A &= \sum_{\pi \in S_n} (\operatorname{sign} \pi)\, a_{1\,\pi(1)} \cdots a_{n\,\pi(n)} \\
&= \sum_{\pi \in S_n} (\operatorname{sign} \pi)\, a_{i\,\pi(i)} a_{k_1\,\pi(k_1)} \cdots a_{k_{n-1}\,\pi(k_{n-1})} \\
&= \sum_{j=1}^{n} \sum_{\alpha \in \Pi_j} (\operatorname{sign}(\alpha \circ \gamma_j))\, a_{i\,\alpha(\gamma_j(i))} a_{k_1\,\alpha(\gamma_j(k_1))} \cdots a_{k_{n-1}\,\alpha(\gamma_j(k_{n-1}))} \\
&= \sum_{j=1}^{n} (\operatorname{sign} \gamma_j)\, a_{ij} \sum_{\alpha \in \Pi_j} (\operatorname{sign} \alpha)\, a_{k_1\,\alpha(\gamma_j(k_1))} \cdots a_{k_{n-1}\,\alpha(\gamma_j(k_{n-1}))} \\
&= \sum_{j=1}^{n} (-1)^{i+j} a_{ij} \sum_{\alpha \in \Pi_j} (\operatorname{sign} \alpha)\, a_{k_1\,\alpha(\gamma_j(k_1))} \cdots a_{k_{n-1}\,\alpha(\gamma_j(k_{n-1}))}.
\end{aligned}$$

Die zweite Summe ist aber nichts anderes als die Unterdeterminante, die aus $|A|$ durch Streichen der i-ten Zeile und j-ten Spalte entsteht, also gleich $\det A_{ij}^*$. •

Die Zeile oder Spalte, nach der die Determinante entwickelt werden soll, kann beliebig gewählt werden. *Für die Entwicklung nach einer Zeile (Spalte) versieht man dann deren Elemente mit den Vorzeichenfaktoren nach dem Schachbrettmuster, bildet die Determinanten der algebraischen Komplemente, also die Unterdeterminanten, und summiert schließlich die Produkte aus den mit Vorzeichenfaktoren versehenen Zeilenelementen (Spaltenelementen) und Unterdeterminanten auf.*

Lesehilfe

Die theoretische Formulierung des Entwicklungssatzes ist nicht leicht zu durchschauen. Auch die obige verbale Beschreibung ist nicht viel besser. Seine tatsächliche Anwendung aber ist einfach: Wenn du das ein paar Mal gemacht hast, ist alles klar. Sieh dir dazu die Beispiele an :-)

Der Entwicklungssatz kann ohne Weiteres mehrmals nacheinander angewandt werden. So wird etwa eine 4×4-Determinante zunächst auf vier 3×3-Determinanten zurückgeführt und diese anschließend auf jeweils drei 2×2-Determinanten.

Antwort auf Zwischenfrage (3)

Gefragt war, ob jemand recht hat, der das Schreiben der k-ten Spalte einer Matrix an die Position 1 mit einer Spaltenvertauschung gleichsetzt.

Das stimmt im Allgemeinen nicht. Zwar ist es für $k = 2$ es offenbar richtig. Für $k = 3$ sind für diese Operation aber zwei Vertauschungen nötig: Zunächst $(1) \leftrightarrow (3)$ und zur Wiederherstellung der vorherigen Reihenfolge dann noch $(2) \leftrightarrow (3)$. Für $k = 4$ benötigt man drei Vertauschungen, um auch die ursprünglich erste Zeile an ihre neue Position 2 zu schieben usw. Man erhält allgemein das Vorzeichen $(-1)^{k-1}$.

Zwischenfrage (4)

Prüfe den Entwicklungssatz für $n = 3$, indem du eine 3×3-Determinante $|(a_{ij})|$ nach der ersten Zeile entwickelst und das Ergebnis mit der Regel von Sarrus vergleichst.

Beispiele

(1) Wir entwickeln die Determinante $\begin{vmatrix} 2 & 0 & 3 \\ 6 & -1 & -1 \\ -5 & -3 & 0 \end{vmatrix}$ nach der ersten Spalte:

$$\begin{vmatrix} \overset{\oplus}{2} & 0 & 3 \\ \overset{\ominus}{6} & -1 & -1 \\ \overset{\oplus}{-5} & -3 & 0 \end{vmatrix} = +2\begin{vmatrix} -1 & -1 \\ -3 & 0 \end{vmatrix} - 6\begin{vmatrix} 0 & 3 \\ -3 & 0 \end{vmatrix} - 5\begin{vmatrix} 0 & 3 \\ -1 & -1 \end{vmatrix}$$

$$= 2 \cdot (-3) - 6 \cdot 9 - 5 \cdot 3 = -75.$$

Besonders vorteilhaft ist die Entwicklung nach Zeilen oder Spalten, die Nullen enthalten. Die Entwicklung nach der dritten Zeile,

$$\begin{vmatrix} 2 & 0 & 3 \\ 6 & -1 & -1 \\ \overset{\oplus}{-5} & \overset{\ominus}{-3} & \overset{\oplus}{0} \end{vmatrix} = -5\begin{vmatrix} 0 & 3 \\ -1 & -1 \end{vmatrix} + 3\begin{vmatrix} 2 & 3 \\ 6 & -1 \end{vmatrix}$$

$$= -5 \cdot 3 + 3 \cdot (-20) = -75,$$

erfordert nur die Berechnung zweier 2×2-Unterdeterminanten.

(2) Die Determinante einer Drehmatrix ist gleich 1:

$$\begin{vmatrix} \cos\alpha & -\sin\alpha & \overset{\oplus}{0} \\ \sin\alpha & \cos\alpha & \overset{\ominus}{0} \\ 0 & 0 & \overset{\oplus}{1} \end{vmatrix} = 1\begin{vmatrix} \cos\alpha & -\sin\alpha \\ \sin\alpha & \cos\alpha \end{vmatrix} = \cos^2\alpha + \sin^2\alpha = 1.$$

Natürlich kann auch diese Determinante nach jeder anderen Zeile oder Spalte entwickelt werden. Die Entwicklung nach der zweiten Zeile lautet

$$\begin{vmatrix} \cos\alpha & -\sin\alpha & 0 \\ \overset{\ominus}{\sin\alpha} & \overset{\oplus}{\cos\alpha} & \overset{\ominus}{0} \\ 0 & 0 & 1 \end{vmatrix} = -\sin\alpha\begin{vmatrix} -\sin\alpha & 0 \\ 0 & 1 \end{vmatrix} + \cos\alpha\begin{vmatrix} \cos\alpha & 0 \\ 0 & 1 \end{vmatrix}$$

$$= \sin^2\alpha + \cos^2\alpha = 1.$$

Antwort auf Zwischenfrage (4)
Es sollte eine 3×3-Determinante $|(a_{ij})|$ nach der ersten Zeile entwickelt und mit der Regel von Sarrus verglichen werden.

$$\begin{vmatrix} \overset{\oplus}{a_{11}} & \overset{\ominus}{a_{12}} & \overset{\oplus}{a_{13}} \\ a_{21} & a_{22} & a_{23} \\ a_{31} & a_{32} & a_{33} \end{vmatrix} = a_{11} \begin{vmatrix} a_{22} & a_{23} \\ a_{32} & a_{33} \end{vmatrix} - a_{12} \begin{vmatrix} a_{21} & a_{23} \\ a_{31} & a_{33} \end{vmatrix} + a_{13} \begin{vmatrix} a_{21} & a_{22} \\ a_{31} & a_{32} \end{vmatrix}$$

$$\begin{aligned} &= a_{11}(a_{22}a_{33} - a_{23}a_{32}) - a_{12}(a_{21}a_{33} - a_{23}a_{31}) \\ &\quad + a_{13}(a_{21}a_{32} - a_{22}a_{31}) \\ &= a_{11}a_{22}a_{33} - a_{11}a_{23}a_{32} - a_{12}a_{21}a_{33} + a_{12}a_{23}a_{31} \\ &\quad + a_{13}a_{21}a_{32} - a_{13}a_{22}a_{31}. \end{aligned}$$

Die Regel von Sarrus ergibt mit

$$\begin{aligned} \begin{vmatrix} a_{11} & a_{12} & a_{13} \\ a_{21} & a_{22} & a_{23} \\ a_{31} & a_{32} & a_{33} \end{vmatrix} &= a_{11}a_{22}a_{33} + a_{12}a_{23}a_{31} + a_{13}a_{21}a_{32} \\ &\quad - a_{13}a_{22}a_{31} - a_{12}a_{21}a_{33} - a_{11}a_{23}a_{32} \end{aligned}$$

dasselbe Ergebnis.

Zwischenfrage (5)
Jemand sagt: „Wenn eine Matrix nur ganze Zahlen enthält, so ist ihre Determinante stets ganzzahlig, unabhängig von der Dimension der Matrix."

Hat sie recht? Und können dann nach der Überführung in eine obere Dreiecksdeterminante auf der Hauptdiagonale auch nur ganze Zahlen stehen?

5.3.3 Diagonalblockmatrizen

Eine *Diagonalblockmatrix* weist auf der Hauptdiagonale quadratische „Blöcke" auf und abseits dieser Blöcke nur Nullen. Eine Zahl ist in diesem Sinn ein 1×1-Block, des Weiteren sind 2×2-Blöcke, 3×3-Blöcke usw. möglich.

Die Determinante einer Diagonalblockmatrix kann leicht berechnet werden. Entwickeln wir beispielsweise die folgende 4×4-Determinante mit der Zahl A_1 und dem 3×3-Block A_2 nach der ersten Spalte, so ist

$$\begin{vmatrix} A_1 & 0 & 0 & 0 \\ 0 & & & \\ 0 & & A_2 & \\ 0 & & & \end{vmatrix} = A_1 \det A_2 = (\det A_1)(\det A_2).$$

Ebenso erhält man mit einem 2×2-Block $A_1 = \begin{pmatrix} a & b \\ c & d \end{pmatrix}$ und einem zweiten 2×2-Block A_2 durch Entwicklung nach der ersten Spalte

$$\begin{vmatrix} a & b & 0 & 0 \\ c & d & 0 & 0 \\ 0 & 0 & \multicolumn{2}{c}{\multirow{2}{*}{A_2}} \\ 0 & 0 & & \end{vmatrix} = a \begin{vmatrix} d & 0 & 0 \\ 0 & \multicolumn{2}{c}{\multirow{2}{*}{A_2}} \\ 0 & & \end{vmatrix} - c \begin{vmatrix} b & 0 & 0 \\ 0 & \multicolumn{2}{c}{\multirow{2}{*}{A_2}} \\ 0 & & \end{vmatrix} = (ad - bc) \det A_2$$

$$= (\det A_1)(\det A_2).$$

Tatsächlich gilt allgemein

Satz 5.5 *Die $n \times n$-Matrix A sei eine Diagonalblockmatrix, die auf der Hauptdiagonale die quadratischen Blöcke $A_1, \ldots, A_k$ aufweise und ansonsten nur Nullen, d. h., es sei $A = \operatorname{diag}(A_1, \ldots, A_k)$. Dann gilt*

$$\det A = (\det A_1) \cdots (\det A_k).$$

Sind darüber hinaus alle Blöcke regulär, so ist A invertierbar und es ist

$$A^{-1} = \operatorname{diag}(A_1^{-1}, \ldots, A_k^{-1})$$

Beweis Die Determinantenformel ist oben letztlich bis $n = 5$ bewiesen, da hier maximal ein 2×2-Block neben einem 3×3-Block auftreten kann. Für $n = 6$ sind zwei 3×3-Blöcke möglich und der Nachweis kann wieder über den Entwicklungssatz erfolgen usw. Einen vollständigen Beweis mit einem erweiterten Entwicklungssatz führen wir nicht aus.

Die inverse Matrix A^{-1} ergibt sich aus der Tatsache, dass beim Produkt der zwei Blockmatrizen A und A^{-1} letztlich nur die Blöcke „aufeinander treffen" und miteinander multipliziert werden. ○

Beispiel
Es ist

$$\begin{vmatrix} \cos\alpha & -\sin\alpha & 0 & 0 \\ \sin\alpha & \cos\alpha & 0 & 0 \\ 0 & 0 & \cos\beta & -\sin\beta \\ 0 & 0 & \sin\beta & \cos\beta \end{vmatrix} = 1 \cdot 1 = 1$$

und

$$\begin{pmatrix} \cos\alpha & -\sin\alpha & 0 & 0 \\ \sin\alpha & \cos\alpha & 0 & 0 \\ 0 & 0 & \cos\beta & -\sin\beta \\ 0 & 0 & \sin\beta & \cos\beta \end{pmatrix}^{-1} = \begin{pmatrix} \cos\alpha & \sin\alpha & 0 & 0 \\ -\sin\alpha & \cos\alpha & 0 & 0 \\ 0 & 0 & \cos\beta & \sin\beta \\ 0 & 0 & -\sin\beta & \cos\beta \end{pmatrix}.$$

Antwort auf Zwischenfrage (5)
Gefragt war, ob Matrizen mit ganzzahligen Elementen auch ganzzahlige Determinanten besitzen.

Ja, das stimmt. Die Summe

$$\det A = \sum_{\pi \in S_n} (\operatorname{sign} \pi)\, a_{1\,\pi(1)} \cdots a_{n\,\pi(n)}$$

enthält Produkte von Matrixelementen und Produkte ganzer Zahlen sind wieder ganze Zahlen.

Bei der Überführung in eine obere Dreiecksmatrix mithilfe der elementaren Umformungen können aber durchaus Brüche entstehen und schlussendlich auch auf der Hauptdiagonale stehen. Das Produkt der Hauptdiagonalelemente muss dann aber wieder eine ganze Zahl ergeben.

Welches Verfahren zur Berechnung einer Determinante?
Wir haben unterschiedliche Verfahren zur Berechnung von Determinanten kennengelernt und wollen einen zusammenfassenden Blick darauf werfen:

- 2×2-Determinanten sind einfach und können leicht berechnet werden.
- 3×3-Determinanten können mit der Sarrus-Regel ermittelt oder mit dem Entwicklungssatz auf 2×2-Determinanten zurückgeführt werden. Der Vorteil des Entwicklungssatzes ist, dass er universell gilt und bei Nullen in der Determinante schnell(er) zum Ergebnis führen kann. Auch die Überführung in eine obere Dreiecksdeterminante ist möglich und abhängig von der Form der Determinante vielleicht ein schneller Weg.
- Für 4×4-Determinanten und höher sollte immer erst geprüft werden, ob es sich um einen einfachen Sonderfall handelt oder die Determinante leicht darauf zurückgeführt werden kann. Ansonsten können der Entwicklungssatz und die Überführung in eine obere Dreiecksdeterminante verwendet werden. Für das handschriftliche Berechnen von reinen Zahldeterminanten scheint die obere Dreiecksdeterminante oft der bessere Weg zu sein.

5.4 Anwendungen

Als eine erste Anwendung halten wir fest:

Satz 5.6 *Eine $n \times n$-Matrix A ist genau dann regulär, wenn gilt* $\det A \neq 0$.

Beweis Der Beweis ergibt sich beispielsweise aus Satz 5.3. Eine $n \times n$-Matrix A ist genau dann regulär, d. h., es gilt $\operatorname{rg} A = n$, wenn sie sich anhand der elementaren Umformungen in eine obere Dreiecksmatrix überführen lässt, bei der auf der Hauptdiagonale keine Nullen stehen. Genau dann aber gilt $\det A \neq 0$. •

Manchmal ist es leichter, anstelle des Rangs die Determinante einer Matrix zu ermitteln. So gilt etwa

$$\det\begin{pmatrix} \cos\alpha & -\sin\alpha \\ \sin\alpha & \cos\alpha \end{pmatrix} = \cos^2\alpha + \sin^2\alpha = 1$$

für sämtliche Werte von α. Soll diese Matrix zur Ermittlung des Rangs auf ein oberes Dreiecksschema gebracht werden, so ist eine Fallunterscheidung und damit etwas mehr Aufwand notwendig.

5.4.1 Cramer-Regel

In Abschn. 3.8.2 haben wir gesehen, wie *eindeutig lösbare Gleichungssysteme von n Gleichungen mit n Unbekannten* mithilfe der Inversion der Koeffizientenmatrix gelöst werden können. Die *Cramer-Regel*[3] erlaubt auch ohne explizite Matrixinversion das direkte Angeben der Lösungen:

Satz 5.7 (Cramer-Regel) *Gegeben sei ein lineares Gleichungssystem*

$$\begin{array}{ccccc} a_{11}x_1 & + \ldots + & a_{1n}x_n & = & b_1 \\ \vdots & & \vdots & & \vdots \\ a_{n1}x_1 & + \ldots + & a_{nn}x_n & = & b_n, \end{array}$$

mit der $n \times n$-Koeffizientenmatrix $A = (a_{ij})$. Dabei gelte $\det A =: D \neq 0$. *Dann besitzt dieses Gleichungssystem genau eine Lösung $x_1, \ldots, x_n$ und für diese gilt*

$$x_j = \frac{1}{D}\sum_{i=1}^{n} b_i \operatorname{adj} a_{ij} = \frac{1}{D}\begin{vmatrix} a_{11} & \cdots & a_{1\,j-1} & b_1 & a_{1\,j+1} & \cdots & a_{1n} \\ \vdots & \ldots & \vdots & \vdots & \vdots & \ldots & \vdots \\ a_{n1} & \cdots & a_{n\,j-1} & b_n & a_{n\,j+1} & \cdots & a_{1n} \end{vmatrix},$$

$j = 1, \ldots, n$. *In der Determinante ist also die j-te Spalte der Matrix A durch den Lösungsvektor (b_i) ersetzt.*

[3] Benannt nach dem Schweizer Mathematiker Gabriel Cramer, 1704–1752.

Beweis Wir setzen die Lösung in das Gleichungssystem ein:

$$\begin{aligned}\sum_{j=1}^{n} a_{kj}x_j &= \sum_{j=1}^{n} a_{kj}\left(\frac{1}{D}\sum_{i=1}^{n} b_i \operatorname{adj} a_{ij}\right)\\ &= \frac{1}{D}\sum_{i=1}^{n} b_i\left(\sum_{j=1}^{n} a_{kj} \operatorname{adj} a_{ij}\right), \qquad k = 1,\ldots,n.\end{aligned}$$

Für $i = k$ gibt der letzte Ausdruck in der Klammer die Entwicklung der Determinante $|A|$ nach der i-ten Zeile wieder; er ist dann also gleich D. Für $i \neq k$ entspricht er der Determinante einer Matrix, die aus A durch Ersetzung der i-ten Zeile durch die k-te entsteht, also einer Matrix mit zwei gleichen Zeilen, deren Determinante gleich 0 ist. Wir erhalten somit $\sum_{j=1}^{n} a_{kj}x_j = b_k$. •

Beispiele

(1) Wir betrachten das Gleichungssystem

$$\begin{aligned} 2x_1 + 3x_2 - 2x_3 &= 1\\ -3x_1 + x_2 + x_3 &= -2\\ 4x_1 - 5x_2 + x_3 &= 0.\end{aligned}$$

Seine Koeffizientenmatrix hat die Determinante

$$\begin{aligned} D = \begin{vmatrix} \overset{\oplus}{2} & \overset{\ominus}{3} & \overset{\oplus}{-2}\\ -3 & 1 & 1\\ 4 & -5 & 1\end{vmatrix} &= 2\begin{vmatrix} 1 & 1\\ -5 & 1\end{vmatrix} - 3\begin{vmatrix} -3 & 1\\ 4 & 1\end{vmatrix} - 2\begin{vmatrix} -3 & 1\\ 4 & -5\end{vmatrix}\\ &= 12 + 21 - 22 = 11 \neq 0.\end{aligned}$$

Die Cramer-Regel ist also anwendbar und ergibt

$$x_1 = \frac{1}{11}\begin{vmatrix} \overset{\oplus}{1} & 3 & -2\\ \overset{\ominus}{-2} & 1 & 1\\ \overset{\oplus}{0} & -5 & 1\end{vmatrix} = \frac{1}{11}\left(\begin{vmatrix} 1 & 1\\ -5 & 1\end{vmatrix} + 2\begin{vmatrix} 3 & -2\\ -5 & 1\end{vmatrix}\right) = -\frac{8}{11}$$

$$x_2 = \frac{1}{11}\begin{vmatrix} 2 & \overset{\ominus}{1} & -2\\ -3 & \overset{\oplus}{-2} & 1\\ 4 & \overset{\ominus}{0} & 1\end{vmatrix} = \frac{1}{11}\left(-\begin{vmatrix} -3 & 1\\ 4 & 1\end{vmatrix} - 2\begin{vmatrix} 2 & -2\\ 4 & 1\end{vmatrix}\right) = -\frac{13}{11}$$

$$x_3 = \frac{1}{11}\begin{vmatrix} 2 & 3 & \overset{\oplus}{1}\\ -3 & 1 & \overset{\ominus}{-2}\\ 4 & -5 & \overset{\oplus}{0}\end{vmatrix} = \frac{1}{11}\left(\begin{vmatrix} -3 & 1\\ 4 & -5\end{vmatrix} + 2\begin{vmatrix} 2 & 3\\ 4 & -5\end{vmatrix}\right) = -\frac{33}{11} = -3.$$

Lesehilfe
Im obigen Beispiel haben wir die Determinanten jeweils nach der Spalte entwickelt, die durch den Lösungsvektor ersetzt wurde. Das bietet sich hier an, weil diese Spalte eine 0 enthält. Aber die Determinanten könnten natürlich ebenso mit irgendeiner anderen Methode berechnet werden.

(2) Wir lösen das Gleichungssystem

$$\begin{aligned} ax + by &= e \\ cx + dy &= f, \end{aligned}$$

dessen Koeffizientendeterminante $D = ad - bc$ ungleich 0 sei:

$$x = \frac{1}{D}\begin{vmatrix} e & b \\ f & d \end{vmatrix} = \frac{ed - bf}{ad - bc}, \quad y = \frac{1}{D}\begin{vmatrix} a & e \\ c & f \end{vmatrix} = \frac{af - ec}{ad - bc}.$$

Lesehilfe
Löse mal dieses Gleichungssystem mit dem Additionsverfahren. Selbst wenn du $a, b, c, d \neq 0$ annimmst (was durchaus nicht sein muss, aber Fallunterscheidungen vermeidet), wirst du merken, wie praktisch die Cramer-Regel hier ist ;-)

5.4.2 Matrixinversion

Aus Abschn. 3.8.2 wissen wir, dass die Lösung eines eindeutig lösbaren Gleichungssystems mit der Koeffizientenmatrix A unmittelbar mit der inversen Matrix A^{-1} zusammenhängt. Aus der Cramer-Regel lässt sich daher auch eine Vorschrift zur Inversion der Matrix A gewinnen:

Die Elemente der inversen Matrix wollen wir mit s_{ij} bezeichnen. Wegen $AA^{-1} = E_n$ sind die Elemente $s_{1j}, \ldots, s_{nj}$ der j-ten Spalte von A^{-1} gerade die Lösungen des Gleichungssystems aus Satz 5.7, wenn man dort $b_j = 1$ und $b_k = 0$ für $k \neq j$ setzt, siehe auch (3.37). Aus der Cramer-Regel folgt daher

Satz 5.8 *Es sei $A = (a_{ij})$ eine reguläre $n \times n$-Matrix. Für die Elemente s_{ij} der inversen Matrix A^{-1} gilt dann*

$$s_{ij} = \frac{1}{\det A} \operatorname{adj} a_{ji}.$$

Man beachte die Reihenfolge der Indizes in Satz 5.8, den man sich in folgender Weise merken kann: *Ersetzt man jedes Element von A durch seine Adjunkte, so erhält man eine neue Matrix $\tilde{A}$ und es gilt*

$$A^{-1} = \frac{1}{\det A}\,\tilde{A}^{\mathrm{T}}. \tag{5.21}$$

Lesehilfe
Invertiert man eine Matrix mit ganzzahligen Elementen mit dem Verfahren aus Abschn. 3.8.1, so bekommt man es in der Regel mit Brüchen zu tun. Wir sehen hier, dass der Hauptnenner dieser Brüche der Determinante der Matrix entspricht, da die Adjunkten bei ganzzahligen Matrixelementen ebenso ganzzahlig sind.

Beispiele
(1) Wir invertieren die Matrix

$$A = \begin{pmatrix} 3 & -1 & 2 \\ 1 & 1 & 1 \\ 4 & -2 & -1 \end{pmatrix}$$

mit Hilfe von (5.21): Die Matrix ist regulär, es ist $\det A = -14 \neq 0$. Für die Elemente der Matrix $\tilde{A} = (\tilde{a}_{ij})$, die aus den Adjunkten von A besteht, ergibt sich

$$\begin{aligned}
\tilde{a}_{11} &= +\begin{vmatrix} 1 & 1 \\ -2 & -1 \end{vmatrix} = 1, & \tilde{a}_{12} &= -\begin{vmatrix} 1 & 1 \\ 4 & -1 \end{vmatrix} = 5, & \tilde{a}_{13} &= +\begin{vmatrix} 1 & 1 \\ 4 & -2 \end{vmatrix} = -6, \\
\tilde{a}_{21} &= -\begin{vmatrix} -1 & 2 \\ -2 & -1 \end{vmatrix} = -5, & \tilde{a}_{22} &= +\begin{vmatrix} 3 & 2 \\ 4 & -1 \end{vmatrix} = -11, & \tilde{a}_{23} &= -\begin{vmatrix} 3 & -1 \\ 4 & -2 \end{vmatrix} = 2, \\
\tilde{a}_{31} &= +\begin{vmatrix} -1 & 2 \\ 1 & 1 \end{vmatrix} = -3, & \tilde{a}_{32} &= -\begin{vmatrix} 3 & 2 \\ 1 & 1 \end{vmatrix} = -1, & \tilde{a}_{33} &= +\begin{vmatrix} 3 & -1 \\ 1 & 1 \end{vmatrix} = 4,
\end{aligned}$$

also ist

$$\tilde{A} = \begin{pmatrix} 1 & 5 & -6 \\ -5 & -11 & 2 \\ -3 & -1 & 4 \end{pmatrix} \quad \text{und} \quad \tilde{A}^{\mathrm{T}} = \begin{pmatrix} 1 & -5 & -3 \\ 5 & -11 & -1 \\ -6 & 2 & 4 \end{pmatrix}.$$

Die inverse Matrix zu A lautet daher

$$A^{-1} = -\frac{1}{14}\begin{pmatrix} 1 & -5 & -3 \\ 5 & -11 & -1 \\ -6 & 2 & 4 \end{pmatrix} = \begin{pmatrix} -\frac{1}{14} & \frac{5}{14} & \frac{3}{14} \\ -\frac{5}{14} & \frac{11}{14} & \frac{1}{14} \\ \frac{3}{7} & -\frac{1}{7} & -\frac{2}{7} \end{pmatrix}.$$

Lesehilfe
Ob man einen Vorfaktor wie $-1/14$ in die Matrix hineinzieht oder davor stehenlässt, ist Geschmackssache. Hier böte es sich auch an, nur das Minuszeichen in die Matrix hineinzuschreiben.

(2) Reguläre 2×2-Matrizen können mit Hilfe von (5.21) leicht invertiert werden: Es ist $\det\begin{pmatrix} a & b \\ c & d \end{pmatrix} = ad - bc$, $\operatorname{adj} a = d$, $\operatorname{adj} b = -c$, $\operatorname{adj} c = -b$, $\operatorname{adj} d = a$ und wir haben

$$\begin{pmatrix} a & b \\ c & d \end{pmatrix}^{-1} = \frac{1}{ad - bc}\begin{pmatrix} d & -b \\ -c & a \end{pmatrix}. \tag{5.22}$$

Lesehilfe
2×2-Matrizen können mit dieser Formel „durch Hingucken" invertiert werden: Die Determinante ist leicht berechnet, dann die Elemente auf der Hauptdiagonale tauschen und die Elemente auf der Nebendiagonale stehenlassen und mit Minuszeichen versehen.

Die Inversion von 3×3-Matrizen erfordert die Berechnung der Adjunkten über die jeweiligen 2×2-Unterdeterminanten und das Vorzeichen. Mit etwas Übung und Konzentration geht das recht gut und bei ganzzahligen Matrizen erspart es das Bruchrechnen.

Bei 4×4-Matrizen hat man es mit sechzehn 3×3-Unterdeterminanten zu tun. Das ist viel Schreib- und Rechenarbeit und für das handschriftliche Rechnen wäre vermutlich das Verfahren aus Abschn. 3.8.1 vorzuziehen.

Das Wichtigste in Kürze

- Eine **Determinantenform** ist eine n-fache Linearform auf einem n-dimensionalen Vektorraum, die genau für linear abhängige Vektoren verschwindet.
- Eine Determinantenform ändert beim **Vertauschen zweier Argumentvektoren** ihr **Vorzeichen**.
- Die **symmetrische Gruppe** enthält alle **Permutationen** der Zahlen 1 bis n. Sie besitzt $n!$ Elemente.
- Eine Permutation kann durch k **Transpositionen** erzeugt werden. Das Vorzeichen der Permutation ist gleich $(-1)^k$.
- Die **Determinante einer Abbildung** ist als Quotient von Determinantenformen definiert, dessen Nenner die Basisvektoren und dessen Zähler die Bilder der Basisvektoren enthält.
- Die **Determinante einer Matrix** ist so definiert, dass sie die Abbildungsdeterminante wiedergibt. Sie besteht aus einer speziellen Summe von Produkten der Matrixelemente.
- Die **Berechnung von Determinanten** kann auf unterschiedliche Weisen erfolgen: Für 2- und 3-dimensionale Determinanten kann die Summe leicht

ausgeführt werden. Darüber hinaus kann die Berechnung durch Überführung in eine **obere Dreiecksmatrix** oder mit Hilfe des **Entwicklungssatzes** erfolgen.

- Die **Adjunkte** eines Matrixelements ist die Determinante des algebraischen Komplements mit einem zusätzlichen Vorzeichen nach dem Schachbrettmuster.
- Die Determinante einer **regulären Matrix** ist ungleich 0.
- Die **Cramer-Regel** erlaubt die Lösung von eindeutig lösbaren Gleichungssystemen mit quadratischer Koeffizientenmatrix. Auch die **Inversion einer Matrix** ist mit ihrer Hilfe möglich. ◀

Und was bedeuten die Formeln?

$$\Delta(\boldsymbol{x}_1,\ldots,\boldsymbol{x}_n) = 0 \text{ für linear abhängige Vektoren } \boldsymbol{x}_1,\ldots,\boldsymbol{x}_n \in V,$$

$$\Delta(\ldots,\boldsymbol{x}_i,\ldots,\boldsymbol{x}_j,\ldots) = -\Delta(\ldots,\boldsymbol{x}_j,\ldots,\boldsymbol{x}_i,\ldots),$$

$$\Delta(\boldsymbol{x}_1,\ldots,\boldsymbol{x}_n) = (\operatorname{sign}\pi)\,\Delta(\boldsymbol{x}_{\pi(1)},\ldots,\boldsymbol{x}_{\pi(n)}),$$

$$\frac{\Delta(\boldsymbol{x}_1,\ldots,\boldsymbol{x}_n)}{\Delta(\boldsymbol{b}_1,\ldots,\boldsymbol{b}_n)} = \left(\sum_{\pi\in S_n}(\operatorname{sign}\pi)\,x_{1\,\pi(1)}\cdots x_{n\,\pi(n)}\right), \quad \boldsymbol{x}_i = \sum_{j=1}^{n} x_{ij}\boldsymbol{b}_j,$$

$$\det \boldsymbol{f} := \frac{\Delta(\boldsymbol{f}(\boldsymbol{b}_1),\ldots,\boldsymbol{f}(\boldsymbol{b}_n))}{\Delta(\boldsymbol{b}_1,\ldots,\boldsymbol{b}_n)}, \quad \det(\boldsymbol{f}\circ\boldsymbol{g}) = (\det\boldsymbol{f})(\det\boldsymbol{g}),$$

$$\det A = \begin{vmatrix} a_{11} & \cdots & a_{1n} \\ \vdots & \ddots & \vdots \\ a_{n1} & \cdots & a_{nn} \end{vmatrix} := \sum_{\pi\in S_n}(\operatorname{sign}\pi)\,a_{1\,\pi(1)}\cdots a_{n\,\pi(n)},$$

$$\det(cA) = c^n \det A, \quad \det(AB) = (\det A)(\det B), \quad \det(A^{-1}) = (\det A)^{-1},$$

$$\begin{vmatrix} a_{11} & a_{12} \\ a_{21} & a_{22} \end{vmatrix} = a_{11}a_{22} - a_{12}a_{21}, \qquad \left|\begin{array}{ccc|cc} a_{11} & a_{12} & a_{13} & a_{11} & a_{12} \\ a_{21} & a_{22} & a_{23} & a_{21} & a_{22} \\ a_{31} & a_{32} & a_{33} & a_{31} & a_{32} \end{array}\right.,$$

$$\det A = (-1)^k\, b_{11}b_{22}\cdots b_{nn}, \quad \operatorname{adj} a_{ij} := (-1)^{i+j}\det A_{ij}^*,$$

$$\det A = \sum_{j=1}^{n}(-1)^{i+j}a_{ij}\det A_{ij}^* = \sum_{j=1}^{n} a_{ij}\operatorname{adj} a_{ij} = \sum_{i=1}^{n} a_{ij}\operatorname{adj} a_{ij},$$

$$\det A = (\det A_1)\cdots(\det A_k), \quad A^{-1} = \operatorname{diag}(A_1^{-1},\ldots,A_k^{-1}),$$

$$\sum_{j=1}^{n} a_{kj}x_j = b_k \Rightarrow x_j = \frac{1}{D}\begin{vmatrix} a_{11} & \cdots & a_{1\,j-1} & b_1 & a_{1\,j+1} & \cdots & a_{1n} \\ \vdots & \cdots & \vdots & \vdots & \vdots & \cdots & \vdots \\ a_{n1} & \cdots & a_{n\,j-1} & b_n & a_{n\,j+1} & \cdots & a_{1n} \end{vmatrix},$$

$$A^{-1} = \frac{1}{\det A}\tilde{A}^{\mathrm{T}}, \quad \begin{pmatrix} a & b \\ c & d \end{pmatrix}^{-1} = \frac{1}{ad-bc}\begin{pmatrix} d & -b \\ -c & a \end{pmatrix}.$$

Übungsaufgaben

A5.1 Sind die folgenden Aussagen richtig oder falsch? Begründe jeweils deine Antwort.

(I) Für eine Determinantenform Δ auf dem n-dimensionalen Vektorraum V und $\boldsymbol{x} \in V$ gilt $\Delta(\boldsymbol{x}, \ldots, \boldsymbol{x}) = 0$.
(II) Für eine Determinantenform Δ auf einem n-dimensionalen Vektorraum und $c \in \mathbb{R}$ gilt $\Delta(c\boldsymbol{x}_1, \ldots, c\boldsymbol{x}_n) = c^n \Delta(\boldsymbol{x}_1, \ldots, \boldsymbol{x}_n)$.
(III) Ist $\boldsymbol{b}_1, \ldots, \boldsymbol{b}_n$ eine Basis des Vektorraums V und sind Δ und Δ^* zwei Determinantenformen auf V, so gilt $\Delta(\boldsymbol{b}_1, \ldots, \boldsymbol{b}_n) = \Delta^*(\boldsymbol{b}_1, \ldots, \boldsymbol{b}_n)$.
(IV) Werden auf eine Reihenfolge der natürlichen Zahlen 1 bis n, $n \geq 2$, zwei Transpositionen angewandt, so ändert sich die Reihenfolge.
(V) Werden auf eine Reihenfolge der natürlichen Zahlen 1 bis n, $n \geq 2$, drei Transpositionen angewandt, so ändert sich die Reihenfolge.

A5.2 Jemand sagt: „Zueinander ähnliche Matrizen besitzen stets dieselbe Determinante.“ Hat sie recht?

A5.3 Berechne die Determinanten der folgenden Matrizen:

$$A = \begin{pmatrix} \cos\alpha & -\sin\alpha \\ \sin\alpha & \cos\alpha \end{pmatrix}, \quad B = \begin{pmatrix} a & b \\ c & d \end{pmatrix}, \quad C = \begin{pmatrix} 2 & 3 \\ -4 & 5 \end{pmatrix},$$

$$D = \begin{pmatrix} 1 & 2 & 3 \\ 0 & 1 & 1 \\ 5 & 1 & 8 \end{pmatrix}, \qquad E = \begin{pmatrix} \cos\alpha & -\sin\alpha & 0 \\ \sin\alpha & \cos\alpha & 0 \\ 0 & 0 & 1 \end{pmatrix},$$

$$F = \begin{pmatrix} \cos\alpha & -\frac{\sin\alpha}{\sqrt{2}} & \frac{\sin\alpha}{\sqrt{2}} \\ \frac{\sin\alpha}{\sqrt{2}} & \frac{1}{2}(1+\cos\alpha) & \frac{1}{2}(1-\cos\alpha) \\ -\frac{\sin\alpha}{\sqrt{2}} & \frac{1}{2}(1-\cos\alpha) & \frac{1}{2}(1+\cos\alpha) \end{pmatrix},$$

$$G = \begin{pmatrix} 1 & 3 & 4 & 0 \\ 2 & 5 & 7 & 1 \\ -1 & 2 & -3 & 0 \\ 0 & 0 & 1 & 4 \end{pmatrix}, \qquad H = \begin{pmatrix} 1 & 2 & 2 & 1 \\ 1 & 0 & 2 & 2 \\ 1 & 0 & 0 & 0 \\ 0 & 0 & 1 & 1 \end{pmatrix}, \qquad AC, \quad EF, \quad GH.$$

Bei welchen Matrizen handelt es sich um reguläre Matrizen?

A5.4 Löse die folgenden linearen Gleichungssysteme jeweils vollständig. Verwende nach Möglichkeit die Cramer-Regel.

a)
$$\begin{aligned} x_1 + 2x_2 &= 3 \\ -x_1 + 4x_2 &= 1 \end{aligned}$$

b)
$$\begin{aligned} x_1 + 2x_2 &= 1 \\ -4x_1 - 8x_2 &= -4 \end{aligned}$$

c)
$$\begin{aligned} -x_1 + 2x_2 &= 0 \\ 3x_1 - 6x_2 &= 7 \end{aligned}$$

d)
$$\begin{aligned} 3x_1 - x_2 + 2x_3 &= 0 \\ x_1 + x_2 + x_3 &= 1 \\ 4x_1 - 2x_2 - x_3 &= 0 \end{aligned}$$

e)
$$\begin{aligned} 3x_1 - x_2 + 2x_3 &= 0 \\ x_1 + 2x_2 + 3x_3 &= 0 \\ -x_1 + x_2 - x_3 &= 0. \end{aligned}$$

A5.5 Prüfe, ob die folgenden Matrizen invertierbar sind, und gib ggf. die Umkehrmatrix an.

$$A = \begin{pmatrix} 1 & 2 \\ -1 & 2 \end{pmatrix}, \quad B = \begin{pmatrix} -4 & 2 \\ 2 & -1 \end{pmatrix}, \quad C = \begin{pmatrix} 0 & -1 \\ -2 & 0 \end{pmatrix},$$

$$D = \begin{pmatrix} 3 & -1 & 2 \\ 1 & 1 & 1 \\ 4 & -2 & -1 \end{pmatrix}, \quad E = \begin{pmatrix} 2 & 0 & 0 & 0 \\ 0 & 0 & -1 & 0 \\ 0 & -2 & 0 & 0 \\ 0 & 0 & 0 & -3 \end{pmatrix}.$$

Eigenvektoren und Eigenwerte 6

Bei linearen Selbstabbildungen kann es Vektoren geben, die auf ein Vielfaches von sich selbst abgebildet werden. Solche Vektoren nennt man *Eigenvektoren*. Die Kenntnis der Eigenvektoren erlaubt eine Einsicht in das Verhalten einer linearen Abbildung. Beispielsweise zeigen sie bei dreidimenionalen Drehungen die Lage der Drehachse an.

Endlichdimensionale Abbildungen werden hinsichtlich unterschiedlicher Basen durch unterschiedliche Matrizen beschrieben. Basen, die Eigenvektoren enthalten, „passen" zu der Abbildung: Sie führen auf einfache(re) Abbildungsmatrizen.

Wozu dieses Kapitel im Einzelnen

- Wir sehen uns zunächst genau an, was Eigenvektoren und Eigenwerte sind und warum der Nullvektor außen vor bleiben muss.
- Eigenwerte sind „charakteristisch" für eine Abbildung. Passend dazu lernen wir das charakteristische Polynom kennen, das sich aus einer Determinante ergibt.
- Die Nullstellenbestimmung von Polynomen ist eine Standardaufgabe der Mathematik. Sie führt uns zu den Eigenwerten.
- Eigenvektoren ergeben sich aus der Lösung linearer Gleichungssysteme. Das ist in der linearen Algebra nicht überraschend ;-)
- Basen mit Eigenvektoren sind „passend". Wir wollen uns ansehen, was das heißt.

6.1 Definition von Eigenvektoren

Definition 6.1 *Es sei $\boldsymbol{f}$ eine lineare Selbstabbildung auf dem Vektorraum V. Ein Vektor $\boldsymbol{x} \neq \boldsymbol{0}$ heißt ein* Eigenvektor *von $\boldsymbol{f}$, wenn $\boldsymbol{f}(\boldsymbol{x}) = t\boldsymbol{x}$ mit einem Skalar t gilt. Dann wird t der zu diesem Eigenvektor gehörende* Eigenwert *genannt.*

J. Balla, *Lineare Algebra*, https://doi.org/10.1007/978-3-662-67667-7_6

Lesehilfe
Zu beachten ist, dass der Nullvektor grundsätzlich *kein* Eigenvektor ist. Für ihn gilt $\boldsymbol{f}(\mathbf{0}) = \mathbf{0} = t\mathbf{0}$ mit jedem beliebigen Skalar t, d. h., er wäre Eigenvektor zu jedem beliebigen Eigenwert.

Auch der Eigenwert 0 ist möglich. Er tritt auf, wenn *neben dem Nullvektor* noch andere Vektoren auf $\mathbf{0}$ abgebildet werden. *Bijektive* lineare Abbildungen können somit keinesfalls den Eigenwert 0 besitzen.[1]

Mit einem Vektor $\boldsymbol{x}$ ist wegen der Linearität von $\boldsymbol{f}$ auch jeder Vektor $c\boldsymbol{x}$ mit $c \neq 0$ Eigenvektor zum selben Eigenwert. Es gibt also grundsätzlich nicht einzelne Eigenvektoren, sondern immer einen mindestens eindimensionalen *Eigenraum*.

Zwischenfrage (1)
Warum ist mit einem Vektor $\boldsymbol{x} \neq \mathbf{0}$ auch jeder Vektor $c\boldsymbol{x}$ Eigenvektor zum selben Eigenwert?

Beispiele

(1) Bei der identischen Abbildung $\mathbf{id} : V \to V$ ist jeder Vektor $\boldsymbol{x} \neq \mathbf{0}$ Eigenvektor zum Eigenwert 1, denn es gilt $\mathbf{id}(\boldsymbol{x}) = 1\boldsymbol{x}$. Bei der Nullabbildung $\boldsymbol{n} : V \to V$ gilt $\boldsymbol{n}(\boldsymbol{x}) = \mathbf{0}$ für alle $\boldsymbol{x} \in V$; alle Vektoren $\boldsymbol{x} \neq \mathbf{0}$ sind daher Eigenvektoren zum Eigenwert 0.

(2) Eine zweidimensionale Drehung $\boldsymbol{d}_\alpha : \mathbb{R}^2 \to \mathbb{R}^2$ mit einem Drehwinkel α, $0 < \alpha < 2\pi$, besitzt für $\alpha \neq \pi$ keine Eigenvektoren. Für $\alpha = \pi$ hingegen ist jeder Vektor $\boldsymbol{x} \neq \mathbf{0}$ Eigenvektor zum Eigenwert -1.

(3) Eine dreidimensionale Drehung $\boldsymbol{d}_\alpha : \mathbb{R}^3 \to \mathbb{R}^3$ besitzt für alle Drehwinkel $0 < \alpha < 2\pi$ Eigenvektoren: Sämtliche Vektoren, die auf der Drehachse liegen, werden auf sich selbst abgebildet, sind also Eigenvektoren zum Eigenwert 1. Für den Drehwinkel $\alpha = \pi$ besitzt die Abbildung darüber hinaus noch weitere Eigenvektoren zum Eigenwert -1.

Lesehilfe
Wie du siehst, sind Eigenvektoren nichts kompliziertes, sondern es sind einfach Vektoren, die auf Vielfache von sich selbst abgebildet werden. Wenn eine

[1] Die Menge aller Vektoren, die auf $\mathbf{0}$ abgebildet werden, nennt man den *Kern* einer Abbildung, $\operatorname{Kern} \boldsymbol{f} := \{\boldsymbol{x} \in V \mid \boldsymbol{f}(\boldsymbol{x}) = \mathbf{0}\}$. Isomorphismen besitzen den kleinstmöglichen Kern $\{\mathbf{0}\}$.

Abbildungen Eigenvektoren besitzt, so besitzt sie natürlich auch die entsprechenden Eigenwerte.

In den einfachen obigen Beispielen kann man sich die Eigenvektoren überlegen, aber im Allgemeinen wird man Eigenwerte und -vektoren berechnen müssen.

Antwort auf Zwischenfrage (1)

Gefragt war, warum mit $\boldsymbol{x} \neq \boldsymbol{0}$ auch $c\boldsymbol{x}$ Eigenvektor ist.

Wenn $\boldsymbol{x}$ Eigenvektor zum Eigenwert t ist, gilt $\boldsymbol{f}(\boldsymbol{x}) = t\boldsymbol{x}$. Da $\boldsymbol{f}$ linear ist, folgt daraus

$$\boldsymbol{f}(c\boldsymbol{x}) = c\boldsymbol{f}(\boldsymbol{x}) = ct\boldsymbol{x} = t(c\boldsymbol{x}),$$

d. h., $c\boldsymbol{x}$ ist ebenfalls Eigenvektor zum Eigenwert t.

6.2 Berechnung von Eigenvektoren

Wir betrachten eine lineare Selbstabbildung $\boldsymbol{f}$ eines n-dimensionalen Vektorraums V. Sofern die Abbildung einen Eigenvektor $\boldsymbol{x} \neq \boldsymbol{0}$ zum Eigenwert t besitzt, muss gelten

$$\boldsymbol{f}(\boldsymbol{x}) = t\boldsymbol{x}, \quad \text{d. h.} \quad \boldsymbol{f}(\boldsymbol{x}) - t\boldsymbol{x} = \boldsymbol{0}.$$

Mit der identischen Abbildung $\mathbf{id} : V \to V$ lässt sich das auch ausdrücken als

$$(\boldsymbol{f} - t\,\mathbf{id})(\boldsymbol{x}) = \boldsymbol{0}. \tag{6.1}$$

Diese Gleichung ist genau dann für Vektoren $\boldsymbol{x} \neq \boldsymbol{0}$ *erfüllbar, wenn die Abbildung* $\boldsymbol{f} - t\,\mathbf{id}$ *kein Isomorphismus ist,* sie also eine verschwindende Determinante besitzt. Notwendig für die Existenz von Eigenvektoren ist daher die Bedingung, dass es Werte t gibt, für die gilt

$$\det(\boldsymbol{f} - t\,\mathbf{id}) = 0. \tag{6.2}$$

Zwischenfrage (2)

Warum ist (6.1) genau dann für Vektoren $\boldsymbol{x} \neq \boldsymbol{0}$ erfüllbar, wenn die Abbildung $\boldsymbol{f} - t\,\mathbf{id}$ kein Isomorphismus ist?

6.2.1 Charakteristisches Polynom und Eigenwerte

Der Abbildung $\boldsymbol{f}$ sei hinsichtlich einer Basis die $n \times n$-Matrix $A = (a_{ij})$ zugeordnet. Dann ist

$$\det(\boldsymbol{f} - t\,\mathbf{id}) = \det(A - tE_n) = \begin{vmatrix} a_{11} - t & a_{12} & \cdots & a_{1n} \\ a_{21} & a_{22} - t & \cdots & a_{2n} \\ \vdots & \vdots & \ddots & \vdots \\ a_{n1} & a_{n2} & \cdots & a_{nn} - t \end{vmatrix}. \tag{6.3}$$

Diese Determinante ist *unabhängig von der gewählten Basis.* Sie entspricht einem Polynom n-ten Grads in t, für das man die folgende Bezeichnung verwendet:

Definition 6.2 *Das Polynom* $p_f(t) := \det(\boldsymbol{f} - t\,\mathbf{id})$ *heißt das* charakteristische Polynom *der linearen Selbstabbildung* $\boldsymbol{f}$ *von* V*. Sein Grad ist gleich der Dimension von* V*.*

Lesehilfe
Die Abbildungsdeterminante ist unabhängig von der gewählten Basis, d. h., sie kann mit irgendeiner ihr hinsichtlich einer Basis zugeordneten Matrix berechnet werden.

Die Determinante (6.3) enthält neben den Zahlen a_{ij} die Variable t. Bei ihrer Berechnung – beispielsweise mit dem Entwicklungssatz – ist die Variable t „einfach“ mitzurechnen. Auf diese Weise erhält man ein Polynom in t.

Gleichung (6.2) ergibt nun

Satz 6.1 *Ein Skalar t ist genau dann ein Eigenwert von $\boldsymbol{f}$, wenn t eine Nullstelle des charakteristischen Polynoms von $\boldsymbol{f}$ ist.*

Die Aufgabe, die Eigenwerte der linearen Abbildung $\boldsymbol{f}$ zu bestimmen, ist somit zurückgeführt auf die Nullstellenbestimmung eines Polynoms n-ten Grads. Wie man sich leicht klarmacht, lautet der Summand mit der höchsten Potenz im charakteristischen Polynom $(-1)^n t^n$, d. h., das Polynom besitzt stets die Form

$$p_f(t) = (-1)^n t^n + b_{n-1}t^{n-1} + \ldots + b_1 x + b_0$$

mit Koeffizienten $b_0, b_1, \ldots, b_{n-1} \in \mathbb{K}$.

Lesehilfe
Machen wir uns das einmal „leicht klar“: Die Determinante $\det(A - tE_n) =:$ $\det P$ ergibt sich durch Ausführen der Summe (5.15),

$$\det P = \sum_{\pi \in S_n} (\operatorname{sign} \pi)\, p_{1\,\pi(1)} \cdots p_{n\,\pi(n)}.$$

Die Variable t steht nur auf der Hauptdiagonale, d. h. in den Elementen $p_{11}, \ldots, p_{nn}$, sodass die höchste Ordnung von t dem Summanden der identischen Permutation entspringt, der gleich

$$(a_{11} - t) \cdots (a_{nn} - t)$$

ist. Dies führt beim Ausmultiplizieren auf die höchste Ordnung $(-1)^n t^n$.

Ein Polynom n-ten Grads kann *über dem Skalarenkörper* $\mathbb{R}$

- für gerade n keine Nullstelle besitzen: Die Abbildung besitzt dann keinen Eigenwert oder Eigenvektoren.
- bis zu n verschiedene Nullstellen t_i besitzen: Die Abbildung besitzt dann bis zu n Eigenwerte. Jede Nullstelle entspricht einem Linearfaktor $(t - t_i)$, der im charakteristischen Polynom enthalten ist.
- mehrfache Nullstellen besitzen: Es gilt dann $p_f(t) = (t - t_i)^{k_i} g_i(t)$ mit $g_i(t_i) \neq 0$ und $k_i \in \mathbb{N}$ bezeichnet die *Vielfachheit* der Nullstelle t_i.

Lesehilfe
Nullstellen von Polynomen sind ein kleiner Kosmos für sich. Nur kurz zur Erinnerung: Ein Polynom zweiten Grads kann über $\mathbb{R}$ keine Nullstelle haben wie $t^2 + 1$, eine doppelte Nullstelle (d. h. Vielfachheit 2) wie $t^2 - 2t + 1 = (t - 1)^2$ oder zwei verschiedene Nullstellen wie $t^2 - 3t + 2 = (t - 1)(t - 2)$. Ein Polynom dritten Grads hat mindestens eine Nullstelle und bis zu drei, ein Polynom vierten Grads hat null bis vier Nullstellen usw.

Über $\mathbb{C}$ sind die Dinge anders: Der Körper $\mathbb{C}$ ist im Unterschied zu $\mathbb{R}$ algebraisch abgeschlossen, gleichbedeutend damit, dass jedes Polynom in Linearfaktoren zerfällt. Diesen Skalarenkörper lassen wir aber im Folgenden außen vor und beschränken uns auf $\mathbb{R}$.

Antwort auf Zwischenfrage (2)
Gefragt war, warum (6.1) genau dann für Vektoren $\boldsymbol{x} \neq \boldsymbol{0}$ erfüllbar, wenn die Abbildung $\boldsymbol{f} - t\,\mathbf{id}$ kein Isomorphismus ist.

Jede lineare Abbildung bildet die $\boldsymbol{0}$ auf die $\boldsymbol{0}$. Ein Isomorphismus ist bijektiv, d. h., es kann dann *nur* die $\boldsymbol{0}$ auf die $\boldsymbol{0}$ abgebildet werden. Soll es daher weitere Vektoren $\boldsymbol{x} \neq \boldsymbol{0}$ geben, die auf die $\boldsymbol{0}$ abgebildet werden, für die also gilt

$$(\boldsymbol{f} - t\,\mathbf{id})(\boldsymbol{x}) = \boldsymbol{0},$$

so ist das nur möglich, wenn $\boldsymbol{f} - t\,\mathbf{id}$ kein Isomorphismus ist. Dies ist dann gleichbedeutend damit, dass die Determinante dieser Abbildung verschwindet.

6.2.2 Eigenvektoren

Die Eigenwerte der Abbildung $\boldsymbol{f}$ entsprechen den Nullstellen ihres charakteristischen Polynoms, ergeben sich also als Lösungen der Gleichung

$$p_f(t) = \det(A - tE_n) = 0. \tag{6.4}$$

Ist nun t_i eine Nullstelle von p_f, so erhält man die zugehörigen Eigenvektoren $\boldsymbol{x}$ als die nichttrivialen Lösungen des homogenen linearen Gleichungssystems

$$(A - t_i E_n)\boldsymbol{x} = \boldsymbol{0}, \tag{6.5}$$

d. h. ausführlich

$$\begin{array}{ccccccc}
(a_{11} - t_i)x_1 & + & a_{12}x_2 & + \ldots + & a_{1n}x_n & = & 0 \\
a_{21}x_1 & + & (a_{22} - t_i)x_2 & + \ldots + & a_{2n}x_n & = & 0 \\
\vdots & & \vdots & & \vdots & & \vdots \\
a_{n1}x_1 & + & a_{n2}x_2 & + \ldots + & (a_{nn} - t_i)x_n & = & 0.
\end{array}$$

Dieses Gleichungssystem ist *grundsätzlich nicht eindeutig lösbar*. Seine Lösung ergibt die *Koordinaten aller Eigenvektoren hinsichtlich der Basis, in der die Abbildung* $\boldsymbol{f}$ *durch die Matrix A beschrieben wird.* Die Lösungsmenge enthält auch den Nullvektor und man spricht vom *Eigenraum* zum Eigenwert t_i.

Bei mehreren unterschiedlichen Eigenwerten $t_1, t_2, \ldots$ *ist für jeden Eigenwert jeweils über das Gleichungssystem* (6.5) *der zugehörige Eigenraum zu ermitteln.*

Lesehilfe
Ein Eigen*raum* ist ein Untervektorraum und ein Untervektorraum enthält stets den Nullvektor. Da der Nullvektor selbst kein Eigenvektor ist, ist der Eigenraum genauer die *lineare Hülle* der Eigenvektoren, also die um **0** ergänzte Menge aller Eigenvektoren.

Zwischenfrage (3)
Jemand sagt: „Null mal Vektor ergibt für jeden Vektor den Nullvektor, daher ist der Eigenraum zu dem speziellen Eigenwert 0 immer gleich dem gesamten Raum.“ Hat er recht?

6.2.3 Beispiel

Die Abbildung $f : \mathbb{R}^3 \to \mathbb{R}^3$ werde hinsichtlich der kanonischen Basis $\mathcal{E}$ beschrieben durch die Matrix

$$A = \begin{pmatrix} 0 & -4 & 2 \\ -2 & -2 & 2 \\ -3 & -6 & 5 \end{pmatrix} = A_f^{\mathcal{E}}. \tag{6.6}$$

Wir berechnen das charakteristische Polynom:

$$\begin{aligned} p_f(t) = \det(A - tE_3) &= \begin{vmatrix} \overset{\oplus}{0 - t} & -4 & 2 \\ \overset{\ominus}{-2} & -2 - t & 2 \\ \overset{\oplus}{-3} & -6 & 5 - t \end{vmatrix} \\ &= -t \begin{vmatrix} -2 - t & 2 \\ -6 & 5 - t \end{vmatrix} + 2 \begin{vmatrix} -4 & 2 \\ -6 & 5 - t \end{vmatrix} - 3 \begin{vmatrix} -4 & 2 \\ -2 - t & 2 \end{vmatrix} \\ &= -t((-2 - t)(5 - t) + 12) + 2(-4(5 - t) + 12) - 3(-8 - 2(-2 - t)) \\ &= -t^3 + 3t^2 - 4. \end{aligned}$$

Lesehilfe
Das charakteristische Polynom wird „ganz normal“ wie jede Determinante berechnet, nur dass jetzt die Variable t mitgerechnet werden muss.

Wir suchen die Nullstellen des charakteristischen Polynoms. Die erste Nullstelle erraten wir: $t_1 = -1$. Zur Berechnung der weiteren Nullstellen spalten wir den Linearfaktor $(t+1)$ ab (durch Polynomdivision) und erhalten

$$p_f(t) = (t+1)(-t^2+4t-4) = -(t+1)(t^2-4t+4) = -(t+1)(t-2)^2. \tag{6.7}$$

Wir haben somit eine zweite Nullstelle $t_2 = 2$ mit der Vielfachheit 2.

Lesehilfe
Das Ermitteln der Nullstellen eines Polynoms ist immer gleichbedeutend mit einer Faktorisierung: Jede Nullstelle entspricht einem Linearfaktor, der im Polynom enthalten ist. Dabei ist auch seine Vielfachheit für uns von Bedeutung, d. h., das Ziel ist eine faktorisierte Darstellung des charakteristischen Polynoms wie in (6.7).

In günstigen Fällen, d. h., wenn die Abbildungsmatrix Zeilen oder Spalten enthält, die nur auf der Hauptdiagonale ungleich Null sind, kann nach einer solchen Zeile bzw. Spalte entwickelt werden und das charakteristische Polynom liegt dann bereits in (teilweise) faktorisierter Form vor.

Die Abbildung f besitzt also die zwei Eigenwerte $t_1 = -1$ (einfach) und $t_2 = 2$ (zweifach) und wir berechnen jetzt die zugehörigen Eigenvektoren, indem wir die Lösungsmengen der Gleichungssysteme (6.5) ermitteln:

Eigenvektoren zu $t_1 = -1$: Zu lösen ist das Gleichungssystem

$$(A-(-1)E_3)\boldsymbol{x} = (A+E_3)\boldsymbol{x} = \boldsymbol{0},$$

d. h.

$$\begin{pmatrix} 1 & -4 & 2 \\ -2 & -1 & 2 \\ -3 & -6 & 6 \end{pmatrix} \begin{pmatrix} x_1 \\ x_2 \\ x_3 \end{pmatrix} = \begin{pmatrix} 0 \\ 0 \\ 0 \end{pmatrix}.$$

Abgekürzt geschrieben ergibt sich:

$$\begin{array}{rrr|l} 1 & -4 & 2 & 0 \\ -2 & -1 & 2 & 0 \\ -3 & -6 & 6 & 0 \end{array} \begin{array}{cc} (2) & (3) \\ \downarrow & \\ & \downarrow \end{array} \begin{array}{c} \\ \Leftrightarrow \\ \\ \end{array} \begin{array}{rrr|l} 1 & -4 & 2 & 0 \\ 0 & -9 & 6 & 0 \\ 0 & -18 & 12 & 0 \end{array} \Leftrightarrow \begin{array}{rrr|l} 1 & -4 & 2 & 0 \\ 0 & -3 & 2 & 0 \end{array},$$

also $x_2 = \frac{2}{3}x_3$ und $x_1 = 4x_2 - 2x_3 = \frac{2}{3}x_3$, sodass

$$\mathrm{ER}_{-1} = \left\{ \begin{pmatrix} x_1 \\ x_2 \\ x_3 \end{pmatrix} \middle| \, x_1 = \frac{2}{3}x_3, x_2 = \frac{2}{3}x_3, x_3 \in \mathbb{R} \right\} = \left\{ \begin{pmatrix} 2s \\ 2s \\ 3s \end{pmatrix} \middle| \, s \in \mathbb{R} \right\}$$

der Eigenraum zum Eigenwert -1 ist.

Lesehilfe
Lösungsmengen von linearen Gleichungssystemen kann man auf viele Weisen aufschreiben: Man hätte auch

$$\mathrm{ER}_{-1} = \left\{ \begin{pmatrix} \frac{2}{3}x_3 \\ \frac{2}{3}x_3 \\ x_3 \end{pmatrix} \middle| \, x_3 \in \mathbb{R} \right\}$$

stehen lassen können. Unsere Variante ohne Brüche und mit s ist nur etwas schlanker.

Eigenvektoren zu $t_2 = 2$: Jetzt haben wir das Gleichungssystem

$$(A - 2E_3)\boldsymbol{x} = \boldsymbol{0},$$

also

$$\begin{array}{rrr|l} -2 & -4 & 2 & 0 \\ -2 & -4 & 2 & 0 \\ -3 & -6 & 3 & 0 \end{array} \Leftrightarrow \begin{array}{rrr|l} -1 & -2 & 1 & 0 \end{array},$$

d. h. $x_1 = x_3 - 2x_2$ und damit den Eigenraum

$$\mathrm{ER}_2 = \left\{ \begin{pmatrix} x_1 \\ x_2 \\ x_3 \end{pmatrix} \middle| \, x_1 = x_3 - 2x_2; x_2, x_3 \in \mathbb{R} \right\} = \left\{ \begin{pmatrix} u - 2s \\ s \\ u \end{pmatrix} \middle| \, s, u \in \mathbb{R} \right\}.$$

Hier haben wir also einen zweidimensionalen Eigenraum mit zwei freien Parametern.

Insgesamt haben wir somit den eindimensionalen Eigenraum ER_{-1} zum einfachen Eigenwert $t_1 = -1$ und den zweidimensionalen Eigenraum ER_2 zum zweifachen Eigenwert $t_2 = 2$.

Lesehilfe
Die Gleichungssysteme zur Ermittlung von Eigenräumen *müssen* auf echte Lösungsmengen führen. Da es sich um homogene Gleichungssysteme handelt, ist $\mathbf{0}$ natürlich auch immer eine Lösung. Sofern sich aber $\mathbf{0}$ als einzige Lösung ergibt, stimmt etwas nicht: Entweder ist der vermeintliche Eigenwert gar keiner (Rechenfehler bei den Nullstellen des charakteristischen Polynoms) oder die Lösung des Gleichungssystems ist nicht vollständig.

Anwort auf Zwischenfrage (3)
Gefragt war, ob der Eigenraum zu dem speziellen Eigenwert 0 sei immer gleich dem gesamten Raum ist.

Nein, das stimmt nicht. Wenn der Eigenwert 0 vorliegt, bedeutet das nicht, dass $\boldsymbol{f}(\boldsymbol{x}) = 0\boldsymbol{x} = \boldsymbol{0}$ für *alle* Vektoren gilt. Vielmehr gilt diese Gleichung nur für die Eigenvektoren zu 0, also die Lösungen des Gleichungssystems

$$(A - 0 \cdot E_n)\boldsymbol{x} = A\boldsymbol{x} = \boldsymbol{0}.$$

Nur im speziellen Fall der Nullabbildung ist tatsächlich der gesamte Raum Eigenraum zu 0. Aber auch andere Abbildungen besitzen den Eigenwert 0, beispielsweise die Abbildung $\boldsymbol{f} : \mathbb{R}^2 \to \mathbb{R}^2$ mit der Abbildungsmatrix $\begin{pmatrix} 1 & 0 \\ 0 & 0 \end{pmatrix}$, die nur die Vektoren $\begin{pmatrix} 0 \\ s \end{pmatrix}$, $s \in \mathbb{R}$, auf $\boldsymbol{0}$ abbildet.

Zwischenfrage (4)
Wie lässt sich durch Einsetzen prüfen, ob die oben ermittelten Eigenräume tatsächlich Eigenvektoren zum richtigen Eigenwert enthalten?

Basis aus Eigenvektoren
In diesem Beispiel beträgt die Summe der Dimensionen der Eigenräume drei und es ist möglich, eine Basis des $\mathbb{R}^3$ anzugeben, die vollständig aus Eigenvektoren der Abbildung $\boldsymbol{f}$ besteht: Wir wählen

$$\mathcal{B} = \{\boldsymbol{v}, \boldsymbol{w}_1, \boldsymbol{w}_2\} = \left\{ \begin{pmatrix} 2 \\ 2 \\ 3 \end{pmatrix}, \begin{pmatrix} -2 \\ 1 \\ 0 \end{pmatrix}, \begin{pmatrix} 1 \\ 0 \\ 1 \end{pmatrix} \right\}. \tag{6.8}$$

Der Vektor $\boldsymbol{v}$ ist Eigenvektor zum Eigenwert -1 und die Vektoren $\boldsymbol{w}_1, \boldsymbol{w}_2$ sind Eigenvektoren zum Eigenwert 2.

Lesehilfe
Zur Auswahl eines konkreten Eigenvektors aus einem Eigenraum wählst du einfach irgendwelche Parameterwerte aus der Lösungsmenge aus. Hier haben wir in ER_{-1} $s = 1$ gewählt und in ER_2 die zwei Paare $(s, u) = (1, 0)$ und $(s, u) = (0, 1)$. Zur Zusammenstellung einer Basis haben wir so einen Vektor aus dem eindimensionalen Eigenraum und zwei linear unabhängige Vektoren aus dem zweidimensionalen Eigenraum erhalten.

In der Basis $\mathcal{B}$ aus Eigenvektoren nimmt die Matrix zur Beschreibung der Abbildung f eine besonders einfache Form an: Es ist ja

$$f(\boldsymbol{v}) = -\boldsymbol{v} \quad \text{und} \quad f(\boldsymbol{w}_i) = 2\boldsymbol{w}_i \ (i = 1, 2),$$

sodass die Abbildung f hinsichtlich $\mathcal{B}$ beschrieben wird durch die Diagonalmatrix

$$A_f^{\mathcal{B}} = \begin{pmatrix} -1 & 0 & 0 \\ 0 & 2 & 0 \\ 0 & 0 & 2 \end{pmatrix}, \tag{6.9}$$

bei der die Eigenwerte in der Reihenfolge der entsprechenden Basisvektoren auf der Hauptdiagonale stehen.

Lesehilfe

Es gibt keineswegs zu jeder Abbildung vollständige Basen aus Eigenvektoren. Hier funktioniert es, weil die Summe der Dimensionen der Eigenräume gleich drei ist.

Bei anderen dreidimensionalen Abbildungen kann es beispielsweise auch nur einen eindimensionalen Eigenraum geben, etwa bei Drehungen. Dann kann eine Basis höchstens einen Eigenvektor enthalten.

Natürlich ließe sich die Matrix $A_f^{\mathcal{B}}$ auch durch eine Basistransformation $\mathcal{E} \xrightarrow{T} \mathcal{B}$ mit der Transformationsmatrix

$$T = \begin{pmatrix} 2 & -2 & 1 \\ 2 & 1 & 0 \\ 3 & 0 & 1 \end{pmatrix}$$

gewinnen, d. h., es ist $A_f^{\mathcal{B}} = T^{-1} A_f^{\mathcal{E}} T$.

Antwort auf Zwischenfrage (4)

Es sollte geprüft werden, ob die Eigenräume tatsächlich Eigenvektoren zu den richtigen Eigenwerten enthalten.

Wir wählen Eigenvektoren aus bilden sie ab. Zunächst ist beispielsweise $\begin{pmatrix} 1 \\ 1 \\ 3/2 \end{pmatrix} \in \mathrm{ER}_{-1}$ und

$$f\left(\begin{pmatrix} 1 \\ 1 \\ 3/2 \end{pmatrix}\right) = \begin{pmatrix} 0 & -4 & 2 \\ -2 & -2 & 2 \\ -3 & -6 & 5 \end{pmatrix} \begin{pmatrix} 1 \\ 1 \\ 3/2 \end{pmatrix} = \begin{pmatrix} -1 \\ -1 \\ -3/2 \end{pmatrix},$$

der Vektor wird also tatsächlich auf sein (-1)-faches abgebildet. Ferner ist $\begin{pmatrix}-1\\1\\1\end{pmatrix} \in \mathrm{ER}_2$ und

$$f\left(\begin{pmatrix}-1\\1\\1\end{pmatrix}\right) = \begin{pmatrix}0 & -4 & 2\\-2 & -2 & 2\\-3 & -6 & 5\end{pmatrix}\begin{pmatrix}-1\\1\\1\end{pmatrix} = \begin{pmatrix}-2\\2\\2\end{pmatrix}$$

und damit wieder alles okay.

6.3 Basen mit Eigenvektoren

Nachdem wir im obigen Beispiel gesehen haben, dass Basen mit Eigenvektoren im Hinblick auf die Beschreibung von Abbildungen eine besondere Rolle spielen, wollen wir uns ihre Eigenschaften genauer ansehen. Zunächst gilt für die Eigenvektoren zu *verschiedenen* Eigenwerten

Satz 6.2 *Die Vektoren $\boldsymbol{v}_1, \ldots, \boldsymbol{v}_k$ seien Eigenvektoren der linearen Selbstabbildung $\boldsymbol{f}$ zu verschiedenen Eigenwerten $t_1, \ldots, t_k$. Dann sind die Vektoren $\boldsymbol{v}_1, \ldots, \boldsymbol{v}_k$ linear unabhängig.*

Beweis Wendet man die Abbildung $\boldsymbol{f} - t_i\,\mathbf{id}$, $i = 1, \ldots, k$, auf den Eigenvektor $\boldsymbol{v}_j$ an, so erhält man

$$(\boldsymbol{f} - t_i\,\mathbf{id})(\boldsymbol{v}_j) = (t_j - t_i)\boldsymbol{v}_j\,.$$

Wendet man sie daher auf die Gleichung $c_1\boldsymbol{v}_1 + \ldots + c_k\boldsymbol{v}_k = \mathbf{0}$ an, so ergibt sich

$$c_1(t_1 - t_i)\boldsymbol{v}_1 + \ldots + c_i(t_i - t_i)\boldsymbol{v}_i + \ldots + c_k(t_k - t_i)\boldsymbol{v}_k = \mathbf{0}.$$

Die Wirkung besteht also darin, dass der i-te Summand eliminiert wird, während die anderen $k-1$ Summanden $c_l\boldsymbol{v}_l$ mit dem Faktor $(t_l - t_i)$ versehen werden. Wendet man nun der Reihe nach alle Abbildungen $\boldsymbol{f} - t_i\,\mathbf{id}$ mit $i \neq j$ an, so verbleibt nur der j-te Summand mit den entsprechenden Vorfaktoren:

$$c_j(t_1 - t_j)\cdots(t_{j-1} - t_j)(t_{j+1} - t_j)\cdots(t_k - t_j)\boldsymbol{v}_j = \mathbf{0}.$$

Wegen der Verschiedenheit der Eigenwerte sind in dieser Gleichung sämtliche Klammern ungleich 0, sodass $c_j = 0$ folgt, $j = 1, \ldots, k$. Also sind die Vektoren $\boldsymbol{v}_1, \ldots, \boldsymbol{v}_k$ linear unabhängig. •

Lesehilfe zum Beweis
Wegen $\boldsymbol{f}(\boldsymbol{v}_j) = t_j \boldsymbol{v}_j$ ist $(\boldsymbol{f} - t_i\,\mathbf{id})(\boldsymbol{v}_j) = (t_j - t_i)\boldsymbol{v}_j$.

Vektoren $\boldsymbol{v}_1, \ldots, \boldsymbol{v}_k$ sind linear unabhängig, wenn die Gleichung $c_1\boldsymbol{v}_1 + \ldots + c_k\boldsymbol{v}_k = \mathbf{0}$ nur die triviale Lösung zulässt, wenn also $c_1 = \ldots = c_k = 0$ folgt. Eben das wird im obigen Beweis gezeigt.

Im Hinblick auf die Basis (6.8) des obigen Beispiels besagt Satz 6.2, dass die Mengen $\{\boldsymbol{v}, \boldsymbol{w}_1\}$ und $\{\boldsymbol{v}, \boldsymbol{w}_2\}$ linear unabhängig sind. Es muss daher nur noch sichergestellt sein, dass $\boldsymbol{w}_1$ und $\boldsymbol{w}_2$ linear unabhängig sind, also keine Vielfachen voneinander sind.

Die Frage, wann eine Abbildung durch eine Diagonalmatrix beschrieben werden kann, beantwortet

Satz 6.3 *Eine lineare Selbstabbildung $\boldsymbol{f}$ eines n-dimensionalen Vektorraums kann genau dann durch eine Diagonalmatrix beschrieben werden, wenn ihr charakteristisches Polynom in lauter Linearfaktoren zerfällt und wenn sich für jeden Eigenwert t mit der Vielfachheit k ein k-dimensionaler Eigenraum ergibt, d. h., wenn* $\operatorname{rg}(\boldsymbol{f} - t\,\mathbf{id}) = n - k$ *gilt.*

Beweis Wir verzichten das Aufschreiben eines formalen Beweises. Der Hinweg ist klar, da die Eigenräume dann durch die entsprechenden Basisvektoren aufgespannt werden. Für den Rückweg bemerken wir, dass mit der Bedingung $\operatorname{rg}(\boldsymbol{f} - t\,\mathbf{id}) = n - k$ sichergestellt ist, dass sich eine genügende Anzahl an linear unabhängigen Eigenvektoren finden lässt. ○

Lesehilfe zum Satz
In Satz 6.3 spielt die Dimension des Lösungsraums eines homogenen Gleichungssystems eine wichtige Rolle. Ein lineares Gleichungssystem mit der $n \times n$-Koeffizientenmatrix A, $A\boldsymbol{x} = \mathbf{0}$, besitzt für $\operatorname{rg} A = n$ nur die triviale Lösung, also ist die Dimension des Lösungsraums 0. Bei $\operatorname{rg} A = n - 1$ kann das Gleichungssystem auf $n - 1$ Gleichungen zurückgeführt werden, gleichbedeutend mit einem freien Parameter in der Lösungsmenge und Dimension 1 des Lösungsraums. Bei $\operatorname{rg} A = n - 2$ besitzt die Lösungsmenge zwei freie Parameter und die Dimension 2 usw.

Besitzt ein Eigenwert die Vielfachheit k, kann er *maximal* einen k-dimensionalen Eigenraum besitzen. Die Dimension k tritt genau dann auf, wenn $\operatorname{rg}(\boldsymbol{f} - t\,\mathbf{id}) = n - k$ gilt. Beispielsweise kann für $k = 2$ ein Eigenraum mit Dimension 2 oder 1 vorliegen. Ein einfacher Eigenwert besitzt stets einen eindimensionalen Eigenraum. Eigenräume mit der Dimension 0 gibt es nicht.

Zunächst halten wir noch einmal fest, dass das charakteristische Polynom einer Abbildung $\boldsymbol{f}$ über $\mathbb{R}$ nicht in Linearfaktoren zerfallen muss. Dann kann $\boldsymbol{f}$ generell nicht durch eine Diagonalmatrix beschrieben werden. Aber selbst dann, wenn das Polynom in lauter Linearfaktoren zerfällt, muss darüber hinaus gewährleistet sein, dass die Dimensionen der Eigenräume gleich den Vielfachheiten der jeweiligen Eigenwerte sind. Nur so lassen sich auch bei mehrfachen Eigenwerten genügend linear unabhängige Eigenvektoren für eine Basis finden. Das war in unserem obigen Beispiel 6.2.3 der Fall.

Aber auch wenn es *keine vollständige* Basis aus Eigenvektoren gibt, kann die Verwendung einer Basis mit den vorhandenen Eigenvektoren zu einer wesentlichen Vereinfachung der zugeordneten Matrix führen.

Zwischenfrage (5)
Welche Eigenwerte und Eigenräume besitzen die Abbildungen $\boldsymbol{f}$ und $\boldsymbol{g}$, die hinsichtlich der Basis $\{\boldsymbol{b}_1, \boldsymbol{b}_2, \boldsymbol{b}_3\}$ durch die Matrizen

$$A_f = \begin{pmatrix} 7 & 0 & 0 \\ 0 & 0 & 0 \\ 0 & 0 & 7 \end{pmatrix} \quad \text{bzw.} \quad A_g = \begin{pmatrix} -2 & 0 & 0 \\ 0 & 0 & 3 \\ 0 & -1 & 0 \end{pmatrix}$$

beschrieben werden? Kann die Abbildung $\boldsymbol{g}$ in einer anderen Basis auch durch eine Diagonalmatrix dargestellt werden?

Beispiel: Dreidimensionale Drehung
Bei einer dreidimensionalen Drehung bleiben die Vektoren auf der Drehachse liegen, d. h., sie besitzt immer den Eigenwert 1 mit der Drehachse als zugehörigem Eigenraum. Sehen wir uns dazu noch einmal das Beispiel der Drehung $\boldsymbol{d}_{011} : \mathbb{R}^3 \to \mathbb{R}^3$ aus Abschn. 4.3.1 an: In der kanonischen Basis wird die Abbildung beschrieben durch die Matrix

$$D_{011} = \begin{pmatrix} \cos\alpha & -\frac{\sin\alpha}{\sqrt{2}} & \frac{\sin\alpha}{\sqrt{2}} \\ \frac{\sin\alpha}{\sqrt{2}} & \frac{1}{2} + \frac{1}{2}\cos\alpha & \frac{1}{2} - \frac{1}{2}\cos\alpha \\ -\frac{\sin\alpha}{\sqrt{2}} & \frac{1}{2} - \frac{1}{2}\cos\alpha & \frac{1}{2} + \frac{1}{2}\cos\alpha \end{pmatrix}.$$

Ihr Eigenraum zum Eigenwert 1, d. h. ihre Drehachse, wird gegeben durch

$$\mathrm{ER}_1 = \left\{ s \begin{pmatrix} 0 \\ 1 \\ 1 \end{pmatrix} \middle| \, s \in \mathbb{R} \right\}.$$

Bei der Basis

$$\mathcal{E}^* = \left\{ \begin{pmatrix} 1 \\ 0 \\ 0 \end{pmatrix}, \begin{pmatrix} 0 \\ \frac{1}{2}\sqrt{2} \\ -\frac{1}{2}\sqrt{2} \end{pmatrix}, \begin{pmatrix} 0 \\ \frac{1}{2}\sqrt{2} \\ \frac{1}{2}\sqrt{2} \end{pmatrix} \right\}$$

ist der dritte Vektor ein Eigenvektor von $\boldsymbol{d}_{011}$, er liegt in der Drehachse. Die Matrix der Abbildung hinsichtlich dieser Basis lautet

$$D^*_{011} = \begin{pmatrix} \cos\alpha & -\sin\alpha & 0 \\ \sin\alpha & \cos\alpha & 0 \\ 0 & 0 & 1 \end{pmatrix}$$

und ist wesentlich einfacher als D_{011}. Man kann also sagen, dass die Basis $\mathcal{E}^*$, die einen Eigenvektor enthält, zur Beschreibung der Abbildung $\boldsymbol{d}_{011}$ besser geeignet ist als die kanonische Basis.

Siehe Abschn. 8.5.3 für ein weiteres Beispiel einer Drehung.

Antwort auf Zwischenfrage (5)

Gefragt war nach den Eigenwerten und Eigenräumen zweier Abbildungen mit den Abbildungsmatrizen A_f und A_g hinsichtlich der Basis $\{\boldsymbol{b}_1, \boldsymbol{b}_2, \boldsymbol{b}_3\}$ und ob auch $\boldsymbol{g}$ durch eine Diagonalmatrix dargestellt werden kann.

Die Matrix A_f ist eine Diagonalmatrix, sodass man die Eigenwerte einfach auf der Hauptdiagonale ablesen kann: $\boldsymbol{f}$ besitzt die Eigenwerte 0 und 7 mit den Eigenräumen

$$\mathrm{ER}_0 = \{s\boldsymbol{b}_2 \mid s \in \mathbb{R}\} \qquad \text{bzw.} \qquad \mathrm{ER}_7 = \{s\boldsymbol{b}_1 + u\boldsymbol{b}_3 \mid s, u \in \mathbb{R}\}.$$

Auch bei der Abbildung $\boldsymbol{g}$ lässt sich ein Eigenwert, -2, aufgrund der einfachen Matrix sofort ablesen. Der verbleibende Teil des charakteristischen Polynoms lautet $t^2 + 3$, sodass -2 der einzige Eigenwert bleibt mit

$$\mathrm{ER}_{-2} = \{s\boldsymbol{b}_1 \mid s \in \mathbb{R}\}.$$

Die Abbildung kann somit in keiner Basis durch eine Diagonalmatrix dargestellt werden.

Das Wichtigste in Kürze

- **Eigenvektoren** einer linearen Selbstabbildung sind Vektoren, die auf ein Vielfaches von sich selbst abgebildet werden. Der entsprechende skalare Faktor ist der **Eigenwert**. Auch der Eigenwert 0 ist erlaubt.
- Nicht jede Abbildung besitzt Eigenvektoren und Eigenwerte.

- Die Eigenwerte einer n-dimensionalen Abbildung entsprechen den Nullstellen ihres **charakteristischen Polynoms**. Da es sich um ein Polynom vom Grad n handelt, kann eine Abbildung bis zu n verschiedene Eigenwerte aufweisen.
- Zu jedem Eigenwert gehört ein **Eigenraum**, der sich aus einem mehrdeutig lösbaren homogenen Gleichungssystem ergibt. Der Eigenraum ist für jeden Eigenwert separat zu ermitteln.
- Die **Dimension eines Eigenraums** liegt zwischen 1 und der Vielfachheit, mit der der Eigenwert im charakteristischen Polynom auftritt.
- Eine Abbildung wird in einer **Basis, die Eigenvektoren enthält**, durch besonders einfache Matrizen beschrieben.
- Bei einer **Diagonalmatrix** sind die Eigenwerte auf der Hauptdiagonale ablesbar. ◀

Und was bedeuten die Formeln?

$$\boldsymbol{f}(\boldsymbol{x}) = t\boldsymbol{x}, \quad (\boldsymbol{f} - t\,\mathbf{id})(\boldsymbol{x}) = \mathbf{0}, \quad p_{\boldsymbol{f}}(t) := \det(\boldsymbol{f} - t\,\mathbf{id}) = 0,$$

$$\det(\boldsymbol{f} - t\,\mathbf{id}) = \det(A - tE_n) = \begin{vmatrix} a_{11} - t & a_{12} & \cdots & a_{1n} \\ a_{21} & a_{22} - t & \cdots & a_{2n} \\ \vdots & \vdots & \ddots & \vdots \\ a_{n1} & a_{n2} & \cdots & a_{nn} - t \end{vmatrix},$$

$$p_{\boldsymbol{f}}(t) = (-1)^n t^n + b_{n-1}t^{n-1} + \ldots + b_1 x + b_0,$$

$$(A - t_i E_n)\boldsymbol{x} = \mathbf{0}, \quad \begin{array}{cccc|c} a_{11} - t_i & a_{12} & \cdots & a_{1n} & 0 \\ a_{21} & a_{22} - t_i & \cdots & a_{2n} & 0 \\ \vdots & \vdots & \ddots & \vdots & \vdots \\ a_{n1} & a_{n2} & \cdots & a_{nn} - t_i & 0 \end{array},$$

$$\mathrm{ER}_{-1} = \left\{ \begin{pmatrix} 2s \\ 2s \\ 3s \end{pmatrix} \middle| \, s \in \mathbb{R} \right\}, \quad \mathrm{ER}_2 = \left\{ \begin{pmatrix} u - 2s \\ s \\ u \end{pmatrix} \middle| \, s, u \in \mathbb{R} \right\},$$

$$A_{\boldsymbol{f}}^{\mathcal{E}} = \begin{pmatrix} 0 & -4 & 2 \\ -2 & -2 & 2 \\ -3 & -6 & 5 \end{pmatrix}, \quad A_{\boldsymbol{f}}^{\mathcal{B}} = \begin{pmatrix} -1 & 0 & 0 \\ 0 & 2 & 0 \\ 0 & 0 & 2 \end{pmatrix},$$

$$\mathrm{rg}(\boldsymbol{f} - t\,\mathbf{id}) = n - k.$$

Übungsaufgaben

A6.1 Sind die folgenden Aussagen richtig oder falsch? Begründe jeweils deine Antwort.

(I) Wenn ein Vektor $\boldsymbol{x}$ Eigenvektor einer linearen Selbstabbildung $\boldsymbol{f}$ ist, so ist auch jedes Vielfache dieses Vektors ein Eigenvektor.
(II) Wenn ein Vektor $\boldsymbol{x}$ Eigenvektor einer linearen Selbstabbildung $\boldsymbol{f}$ ist, so ist auch jede Linearkombination, die diesen Vektor enthält, ein Eigenvektor.
(III) Ein Vektor kann nicht Eigenvektor zu zwei verschiedenen Eigenwerten sein.
(IV) Die Abbildungen $\boldsymbol{f}$, die den gesamten Raum als Eigenraum besitzen, sind genau die Abbildungen $\boldsymbol{f} = t\,\mathbf{id}$ mit $t \in \mathbb{R}$.
(V) Wenn zwei Abbildungen dasselbe charakteristische Polynom besitzen, bedeutet dies, dass die Abbildungen gleich sind.

A6.2 Wir betrachten drei Abbildungen, die hinsichtlich der kanonischen Basis des $\mathbb{R}^2$ beschrieben werden durch die Matrizen

$$A = \begin{pmatrix} 1 & 2 \\ 2 & 4 \end{pmatrix}, \quad B = \begin{pmatrix} 1 & -2 \\ 2 & 4 \end{pmatrix}, \quad C = \begin{pmatrix} 1 & 2 \\ 1 & 4 \end{pmatrix}.$$

Bestimme die Eigenwerte und Eigenräume der Abbildungen.

A6.3 Sind die folgenden Aussagen richtig oder falsch? Begründe jeweils deine Antwort.

(I) Besitzt eine lineare Abbildung $\boldsymbol{f} : \mathbb{R}^2 \to \mathbb{R}^2$ nur einen Eigenwert, so besitzt dieser die Vielfachheit 2.
(II) Besitzt eine lineare Abbildung $\boldsymbol{f} : \mathbb{R}^3 \to \mathbb{R}^3$ drei verschiedene Eigenwerte, so ist ihre Abbildungsmatrix ähnlich zu einer Diagonalmatrix.
(III) Besitzt eine lineare Abbildung $\boldsymbol{f} : \mathbb{R}^3 \to \mathbb{R}^3$ drei verschiedene Eigenwerte, so ist sie bijektiv.
(IV) Besitzt eine lineare Abbildung $\boldsymbol{f} : \mathbb{R}^3 \to \mathbb{R}^3$ den Eigenwert 1, so handelt es sich um eine Drehung.
(V) Eine lineare Abbildung $\boldsymbol{f} : \mathbb{R}^4 \to \mathbb{R}^4$ kann drei verschiedene Eigenwerte besitzen.

A6.4 **a)** Die lineare Selbstabbildung $\boldsymbol{f} : \mathbb{R}^3 \to \mathbb{R}^3$ werde hinsichtlich der kanonischen Basis beschrieben durch die Matrix

$$A = \begin{pmatrix} -3 & 0 & -2 \\ 1 & -6 & 1 \\ 1 & -3 & 0 \end{pmatrix}.$$

Ermittle sämtliche Eigenwerte und Eigenräume und gib – sofern möglich – eine Basis des $\mathbb{R}^3$ an, die aus Eigenvektoren von $\boldsymbol{f}$ besteht.

b) Die lineare Selbstabbildung $\boldsymbol{g} : \mathbb{R}^4 \to \mathbb{R}^4$ werde hinsichtlich der kanonischen Basis beschrieben durch die Matrix

$$B = \begin{pmatrix} 3 & 0 & 0 & 5/2 \\ 5 & -2 & 0 & 5/2 \\ 10 & -10 & 3 & 0 \\ 0 & 0 & 0 & -2 \end{pmatrix}.$$

Ermittle sämtliche Eigenwerte und Eigenräume und gib – sofern möglich – eine Basis des $\mathbb{R}^4$ an, die aus Eigenvektoren von $\boldsymbol{g}$ besteht.

Euklidische Vektorräume

7

Die grundlegenden Rechenoperationen eines Vektorraums sind die linearen Operationen, d. h. die Addition von Vektoren und ihre Multiplikation mit einer Zahl. Einem *euklidischen* Vektorraum wird mit einem *Skalarprodukt* zweier Vektoren eine weitere Struktur hinzugefügt, die dem Vektorraum ein „Maß“ gibt, es also erlaubt, von der Länge eines Vektors oder dem Winkel zwischen zwei Vektoren zu sprechen.

Wir beschränken uns in diesem Kapitel auf reelle Vektorräume. Zwar ist auch in komplexen Räumen die Definition eines Skalarprodukts möglich, aber man hat dann etwas andere Zusammenhänge und spricht nicht von euklidischen, sondern von *unitären* Vektorräumen.

Wozu dieses Kapitel im Einzelnen

- Ein „Skalarprodukt“ ist etwas ganz anderes als das „Produkt mit einem Skalar“. Wir müssen uns also zunächst einmal Skalarprodukte ansehen.
- Nicht alle Vektoren kann man zeichnen und Längen und Winkel sind Definitionssache. Wenn eine geometrische Vorstellung vorliegt, kann sie durch das „richtige“ Skalarprodukt wiedergegeben werden. Wir werden sehen, was das heißt.
- „Orthogonal“, „normiert“, „orthonormal“ sind wichtige Begriffe für die Anwendung von Vektoren. Wir werden dabei erneut feststellen, dass die kanonische Basis besonders ist.

7.1 Skalarprodukt

Ein Skalarprodukt ist ein Produkt zweier Vektoren, das im Ergebnis eine Zahl ergibt, einen Skalar. Es handelt sich um eine Bilinearform mit besonderen Eigenschaften:

J. Balla, *Lineare Algebra*, https://doi.org/10.1007/978-3-662-67667-7_7

Definition 7.1 *Eine Bilinearform β des reellen Vektorraums V heißt ein* Skalarprodukt *von V, wenn sie folgende Eigenschaften besitzt:*

(1) β *ist* symmetrisch, *d. h., es gilt $\beta(\boldsymbol{x}, \boldsymbol{y}) = \beta(\boldsymbol{y}, \boldsymbol{x})$ für alle $\boldsymbol{x}, \boldsymbol{y} \in V$.*
(2) β *ist* positiv definit, *d. h., für jeden Vektor $\boldsymbol{x} \neq \boldsymbol{0}$ gilt $\beta(\boldsymbol{x}, \boldsymbol{x}) > 0$.*

Ein Skalarprodukt ist also eine *symmetrische, positiv definite Bilinearform.* Dabei gilt $\beta(\boldsymbol{x}, \boldsymbol{x}) = 0$ genau dann, wenn $\boldsymbol{x} = \boldsymbol{0}$ ist.

Lesehilfe
Eine Bilinarform, also eine 2-fache Linearform, ordnet zwei Vektoren eine Zahl zu. Im Allgemeinen ist die Argumentreihenfolge relevant, d. h., normalerweise ist $\beta(\boldsymbol{x}, \boldsymbol{y}) \neq \beta(\boldsymbol{y}, \boldsymbol{x})$. Die Symmetrie des Skalarprodukts besagt nun aber, dass die Reihenfolge keine Rolle spielt, man also eine „kommutative" Zuordnung hat.

Positiv definit bedeutet, dass das Produkt eines Vektors $\boldsymbol{x} \neq \boldsymbol{0}$ mit sich selbst positiv ist. Das kennst du auch vom Produkt reeller Zahlen: $x^2 > 0$ für $x \in \mathbb{R} \setminus \{0\}$.

Ein reeller Vektorraum, in dem ein Skalarprodukt β ausgezeichnet ist, wird ein *euklidischer Vektorraum* genannt. Da dann das skalare Produkt fest vorgegeben ist, schreibt man statt $\beta(\boldsymbol{x}, \boldsymbol{y})$ kürzer $\boldsymbol{x} \cdot \boldsymbol{y}$ oder auch $\langle \boldsymbol{x}, \boldsymbol{y} \rangle$. In einem euklidischen Vektorraum ist das Skalarprodukt also durch folgende Eigenschaften gekennzeichnet:

$$(\boldsymbol{x}_1 + \boldsymbol{x}_2) \cdot \boldsymbol{y} = \boldsymbol{x}_1 \cdot \boldsymbol{y} + \boldsymbol{x}_2 \cdot \boldsymbol{y} \tag{7.1}$$

$$(c\boldsymbol{x}) \cdot \boldsymbol{y} = c(\boldsymbol{x} \cdot \boldsymbol{y}) \tag{7.2}$$

$$\boldsymbol{x} \cdot \boldsymbol{y} = \boldsymbol{y} \cdot \boldsymbol{x} \tag{7.3}$$

$$\boldsymbol{x} \cdot \boldsymbol{x} > 0 \text{ für } \boldsymbol{x} \neq \boldsymbol{0}. \tag{7.4}$$

Lesehilfe
Es lassen sich beliebig viele unterschiedliche Skalarprodukte definieren. In einem euklidischen Vektorraum ist also ein bestimmtes Skalarprodukt als *das* Skalarprodukt des Raums ausgezeichnet.

Anders als bei einem Produkt von Zahlen wird der Punkt beim Skalarprodukt nicht weggelassen.

Zwischenfrage (1)
Warum erfüllt ein Skalarprodukt die Eigenschaften (7.1) bis (7.4)? Und fehlt nicht eine Eigenschaft (7.1b) der Form

$$\boldsymbol{x} \cdot (\boldsymbol{y}_1 + \boldsymbol{y}_2) = \boldsymbol{x} \cdot \boldsymbol{y}_1 + \boldsymbol{x} \cdot \boldsymbol{y}_2?$$

Beispiele
(1) Im reellen Vektorraum $\mathbb{R}^n$ wird für zwei Tupel $\boldsymbol{x} = (x_1, \ldots, x_n)$ und $\boldsymbol{y} = (y_1, \ldots, y_n)$ durch

$$\boldsymbol{x} \cdot \boldsymbol{y} := x_1 y_1 + \ldots + x_n y_n = \sum_{k=1}^{n} x_k y_k \tag{7.5}$$

ein Skalarprodukt definiert, das als das *Standardskalarprodukt* bezeichnet wird.[1] Insbesondere gilt dann

$$\boldsymbol{x} \cdot \boldsymbol{x} = x_1^2 + \ldots + x_n^2 > 0 \quad \text{für } \boldsymbol{x} = (x_1, \ldots, x_n) \neq (0, \ldots, 0).$$

Lesehilfe
Das Standardskalarprodukt zweier Tupel ist leicht zu berechnen und besonders leicht, wenn man die Vektoren stehend schreibt. Zum Beispiel ist

$$\begin{pmatrix} 1 \\ 2 \\ 3 \end{pmatrix} \cdot \begin{pmatrix} -4 \\ 5 \\ -6 \end{pmatrix} = -4 + 10 - 18 = -12.$$

Skalarprodukte wie

$$\begin{pmatrix} 1 \\ 0 \\ 0 \end{pmatrix} \cdot \begin{pmatrix} -4 \\ 5 \\ -6 \end{pmatrix} = -4 \quad \text{oder} \quad \begin{pmatrix} 0 \\ 0 \\ 1 \end{pmatrix} \cdot \begin{pmatrix} -4 \\ 5 \\ 0 \end{pmatrix} = 0$$

findet man durch bloßes Hinsehen :-)

[1] Für stehend geschriebene Vektoren $\boldsymbol{x}, \boldsymbol{y}$ wird das Standardskalarprodukt manchmal auch als $\boldsymbol{x}^{\mathrm{T}} \boldsymbol{y}$ geschrieben und entspricht damit der gewöhnlichen Matrizenmultiplikation der $1 \times n$-Matrix $\boldsymbol{x}^{\mathrm{T}}$ mit der $n \times 1$-Matrix $\boldsymbol{y}$.

(2) Wir betrachten den Vektorraum aller stetigen Funktionen $f : [a, b] \to \mathbb{R}, a < b$. Durch

$$\langle f, g \rangle := \int_a^b f(t)g(t)\,\mathrm{d}t \tag{7.6}$$

wird in diesem Raum ein skalares Produkt definiert. Linearität und Symmetrie dieses Produkts sind offensichtlich. Außerdem ist es positiv definit, weil das Integral

$$\langle f, f \rangle = \int_a^b f^2(t)\,\mathrm{d}t \tag{7.7}$$

einen nichtnegativen Integranden aufweist und aufgrund der Stetigkeit nur für $f = 0$ den Wert 0 annehmen kann.

Lesehilfe
Skalarprodukte sind nicht auf endlichdimensionale Vektorräume beschränkt und es gibt sie auch in Funktionenräumen. Das Skalarprodukt zweier Funktionen wird in der Regel als Integral über ein Funktionenprodukt definiert. Man zieht dann die Schreibweise $\langle f, g \rangle$ für das Skalarprodukt vor, da der Ausdruck $f \cdot g$ leicht mit dem Produkt der Funktionswerte verwechselt werden kann.

Funktionenräume sind wichtige Beispiele mit vielen Anwendungen. Zum Verständnis der linearen Algebra im Hinblick auf den $\mathbb{R}^n$ sind sie allerdings nicht erforderlich. Wenn du mit der Integration nicht vertraut bist, kannst du die entsprechenden Beispiele einfach überlesen.

Antwort auf Zwischenfrage (1)
Es war gefragt, warum ein Skalarprodukt die Eigenschaften (7.1) bis (7.4) erfüllt und ob sie noch ergänzt werden müssten.

Die Eigenschaften (7.1) und (7.2) gelten aufgrund der Linearität der Bilinearform, durch die ein Skalarprodukt definiert wird. Genauer ist hier die Linearität bezüglich der ersten Komponente ausgedrückt. Die Eigenschaft (7.3) gibt die Symmetrie wieder und da „vorne und hinten vertauscht werden können" ist (7.1) gleichbedeutend mit

$$\boldsymbol{y} \cdot (\boldsymbol{x}_1 + \boldsymbol{x}_2) = \boldsymbol{y} \cdot \boldsymbol{x}_1 + \boldsymbol{y} \cdot \boldsymbol{x}_2$$

und (7.2) könnte als

$$(c\boldsymbol{x}) \cdot \boldsymbol{y} = c(\boldsymbol{x} \cdot \boldsymbol{y}) = \boldsymbol{x} \cdot (c\boldsymbol{y})$$

vervollständigt werden. Die Eigenschaft (7.4) schließlich ist die positive Definitheit des Skalarprodukts.

7.2 Betrag

Wir betrachten einen euklidischen Vektorraum V, in dem das Skalarprodukt zweier Vektoren als $\boldsymbol{x} \cdot \boldsymbol{y}$ geschrieben werde. Für jeden Vektor $\boldsymbol{x} \in V$ gilt $\boldsymbol{x} \cdot \boldsymbol{x} \geq 0$. Daher ist

$$|\boldsymbol{x}| := \sqrt{\boldsymbol{x} \cdot \boldsymbol{x}} \tag{7.8}$$

eine nichtnegative reelle Zahl, die man den *Betrag* oder die *Länge* des Vektors $\boldsymbol{x}$ nennt. *Der Betrag eines Vektors hängt somit von dem gewählten Skalarprodukt ab.*

Lesehilfe
Vektorpfeile, d. h. Ortsvektoren des Raums oder der Ebene, haben eine geometrische Länge. Wenn man 2- oder 3-Tupel mit einem Koordinatensystem assoziiert, kann man sie mit Ortsvektoren identifizieren und ebenfalls von einer geometrischen Länge reden, die allerdings vom Koordinatensystem abhängt: In einem kartesischen Koordinatensystem sieht ein 3-Tupel anders aus als in einem Koordinatensystem mit „schiefen" Achsen und unterschiedlichen Maßstäben. Wir werden in Kap. 8 sehen, dass das Standardskalarprodukt in kartesischen Koordinatensystemen die geometrischen Verhältnisse wiedergibt.

Andere Vektoren wie n-Tupel mit $n \geq 4$ oder Funktionen haben keine vorstellbare geometrische Länge. Aber auch ihnen kann mittels (7.8) ein Betrag zugeordnet werden und normierte Vektoren spielen in allen Räumen eine ausgezeichnete Rolle.

Für den Betrag eines Vektors $\boldsymbol{x}$ gilt $|\boldsymbol{x}| \geq 0$ und $|\boldsymbol{x}| = 0$ ist gleichwertig mit $\boldsymbol{x} = \boldsymbol{0}$. Des Weiteren ist für $c \in \mathbb{R}$

$$|c\boldsymbol{x}| = |c||\boldsymbol{x}|, \tag{7.9}$$

wie aus $|c\boldsymbol{x}| = \sqrt{c\boldsymbol{x} \cdot (c\boldsymbol{x})} = \sqrt{c^2}\sqrt{\boldsymbol{x} \cdot \boldsymbol{x}} = |c||\boldsymbol{x}|$ folgt. Ein Vektor $\boldsymbol{x}$ heißt *normiert* oder ein *Einheitsvektor*, wenn $|\boldsymbol{x}| = 1$ gilt. Ist $\boldsymbol{x} \neq \boldsymbol{0}$, so kann mit $\boldsymbol{x}^0 := \boldsymbol{x}/|\boldsymbol{x}|$ stets ein zu $\boldsymbol{x}$ paralleler normierter Vektor definiert werden.

Lesehilfe
Der normierte Vektor $\boldsymbol{x}^0$ wird als „$\boldsymbol{x}$ oben 0" ausgesprochen.

Zwischenfrage (2)
Das Skalarprodukt ist kommutativ. Ist es auch assoziativ?

Der Betrag von Vektoren erfüllt zwei wichtige Ungleichungen:

Satz 7.1 (Schwarz-Ungleichung)[2] *Für beliebige Vektoren $\boldsymbol{x}, \boldsymbol{y} \in V$ gilt*

$$|\boldsymbol{x} \cdot \boldsymbol{y}|^2 \le (\boldsymbol{x} \cdot \boldsymbol{x})(\boldsymbol{y} \cdot \boldsymbol{y}).$$

Das Gleichheitszeichen gilt genau dann, wenn die Vektoren $\boldsymbol{x}$ und $\boldsymbol{y}$ linear abhängig sind.

Beweis Für $\boldsymbol{y} = \boldsymbol{0}$ ist $\boldsymbol{x} \cdot \boldsymbol{y} = \boldsymbol{y} \cdot \boldsymbol{y} = 0$ und die behauptete Beziehung gilt mit dem Gleichheitszeichen. Es kann daher im folgenden $\boldsymbol{y} \neq \boldsymbol{0}$ und damit $\boldsymbol{y} \cdot \boldsymbol{y} > 0$ vorausgesetzt werden. Für einen beliebigen Skalar c gilt

$$\begin{aligned} 0 \le (\boldsymbol{x} - c\boldsymbol{y}) \cdot (\boldsymbol{x} - c\boldsymbol{y}) &= \boldsymbol{x} \cdot \boldsymbol{x} - c(\boldsymbol{x} \cdot \boldsymbol{y}) - c(\boldsymbol{y} \cdot \boldsymbol{x}) + c^2(\boldsymbol{y} \cdot \boldsymbol{y}) \\ &= \boldsymbol{x} \cdot \boldsymbol{x} - 2c(\boldsymbol{x} \cdot \boldsymbol{y}) + c^2(\boldsymbol{y} \cdot \boldsymbol{y}). \end{aligned}$$

Hierin setzt man nun $c = \dfrac{\boldsymbol{x} \cdot \boldsymbol{y}}{\boldsymbol{y} \cdot \boldsymbol{y}}$ und erhält

$$\begin{aligned} & 0 \le \boldsymbol{x} \cdot \boldsymbol{x} - 2\frac{(\boldsymbol{x} \cdot \boldsymbol{y})^2}{\boldsymbol{y} \cdot \boldsymbol{y}} + \frac{(\boldsymbol{x} \cdot \boldsymbol{y})^2}{\boldsymbol{y} \cdot \boldsymbol{y}} = \boldsymbol{x} \cdot \boldsymbol{x} - \frac{(\boldsymbol{x} \cdot \boldsymbol{y})^2}{\boldsymbol{y} \cdot \boldsymbol{y}} \\ \Leftrightarrow\ & 0 \le (\boldsymbol{x} \cdot \boldsymbol{x})(\boldsymbol{y} \cdot \boldsymbol{y}) - (\boldsymbol{x} \cdot \boldsymbol{y})^2. \end{aligned}$$

Das ist die Schwarz-Ungleichung. Das Gleichheitszeichen gilt genau dann, wenn $\boldsymbol{x} - c\boldsymbol{y} = \boldsymbol{0}$ ist, wenn also $\boldsymbol{x}$ und $\boldsymbol{y}$ linear abhängig sind. •

Lesehilfe zum Beweis
Es ist $(\boldsymbol{x} \cdot \boldsymbol{y})^2 = |\boldsymbol{x} \cdot \boldsymbol{y}|^2$, da $\boldsymbol{x} \cdot \boldsymbol{y}$ einfach eine reelle Zahl ist und das Quadrat einer reellen Zahl a gleich dem Quadrat ihres Betrags ist, $a^2 = |a|^2$.

Die Schwarz-Ungleichung kann durch Wurzelziehen in der Form

$$|\boldsymbol{x} \cdot \boldsymbol{y}| \le |\boldsymbol{x}||\boldsymbol{y}| \tag{7.10}$$

geschrieben werden: *Der Betrag des Skalarprodukts zweier Vektoren ist kleiner gleich dem Produkt ihrer Beträge.* Die Dreiecksungleichung besagt nun dasselbe für die Summe:

Satz 7.2 (Dreiecksungleichung) *Für beliebige Vektoren $\boldsymbol{x}, \boldsymbol{y} \in V$ gilt*

$$|\boldsymbol{x} + \boldsymbol{y}| \le |\boldsymbol{x}| + |\boldsymbol{y}|.$$

[2] Benannt nach dem deutschen Mathematiker Hermann Amandus Schwarz, 1843–1921.

Beweis Es ist

$$|\boldsymbol{x}+\boldsymbol{y}|^2 = (\boldsymbol{x}+\boldsymbol{y})\cdot(\boldsymbol{x}+\boldsymbol{y}) = |\boldsymbol{x}|^2 + 2\boldsymbol{x}\cdot\boldsymbol{y} + |\boldsymbol{y}|^2.$$

Mit $|\boldsymbol{x}\cdot\boldsymbol{y}| \leq |\boldsymbol{x}||\boldsymbol{y}|$ folgt daraus

$$|\boldsymbol{x}+\boldsymbol{y}|^2 \leq |\boldsymbol{x}|^2 + 2|\boldsymbol{x}||\boldsymbol{y}| + |\boldsymbol{y}|^2 = (|\boldsymbol{x}|+|\boldsymbol{y}|)^2.$$ •

Lesehilfe zum Beweis
Das „skalare“ Ausmultiplizieren noch einmal etwas ausführlicher:

$$(\boldsymbol{x}+\boldsymbol{y})\cdot(\boldsymbol{x}+\boldsymbol{y}) = \boldsymbol{x}\cdot\boldsymbol{x} + \boldsymbol{x}\cdot\boldsymbol{y} + \boldsymbol{y}\cdot\boldsymbol{x} + \boldsymbol{y}\cdot\boldsymbol{y} = |\boldsymbol{x}|^2 + 2\boldsymbol{x}\cdot\boldsymbol{y} + |\boldsymbol{y}|^2.$$

Letztlich ist das einfach die binomische Formel, nur dass man nicht „$\boldsymbol{x}^2$“ schreibt, sondern $\boldsymbol{x}\cdot\boldsymbol{x}$ oder $|\boldsymbol{x}|^2$.

Aus dem Beweis der Dreiecksungleichung folgt, dass das Gleichheitszeichen genau dann gilt, wenn $|\boldsymbol{x}\cdot\boldsymbol{y}| = |\boldsymbol{x}||\boldsymbol{y}|$ ist, wenn also $\boldsymbol{x}$ und $\boldsymbol{y}$ linear abhängig sind.

Antwort auf Zwischenfrage (2)
Gefragt war, ob das Skalarprodukt assoziativ ist.

Das Assoziativgesetz lässt sich für das Skalarprodukt gar nicht formulieren. Für drei Zahlen x, y, z lautet es $(xy)z = x(yz) = xyz$, d. h., man kann bei einem Produkt aus drei Zahlen die Klammern weglassen, weil es egal ist, in welcher Reihenfolge das Produkt ausgeführt wird.

Für drei Vektoren $\boldsymbol{x}, \boldsymbol{y}, \boldsymbol{z}$ ist der Ausdruck $\boldsymbol{x}\cdot\boldsymbol{y}\cdot\boldsymbol{z}$ aber gar nicht definiert, weil das Skalarprodukt zweier Vektoren einen Skalar ergibt, der nicht wieder in das nächste vektorielle Skalarprodukt einfließen kann. Aus diesem Grund verwendet für Vektoren keine Potenzen. Zwar wäre $\boldsymbol{x}^2 = \boldsymbol{x}\cdot\boldsymbol{x} = |\boldsymbol{x}|^2$ noch definiert, aber $\boldsymbol{x}^3$ und höher ergäbe keinen Sinn.

Schließlich bemerken wir, dass i. Allg.

$$(\boldsymbol{x}\cdot\boldsymbol{y})\boldsymbol{z} \neq \boldsymbol{x}(\boldsymbol{y}\cdot\boldsymbol{z})$$

ist, d. h., auch bei diesen definierten „Produkten“ aus drei Vektoren ist die Klammerung essenziell.

Beispiele

(1) Im Vektorraum $\mathbb{R}^3$ betrachten wir das Standardskalarprodukt zweier Vektoren $\boldsymbol{x} = (x_1, x_2, x_3)$ und $\boldsymbol{y} = (y_1, y_2, y_3)$, d. h., es gelte

$$\boldsymbol{x}\cdot\boldsymbol{y} := x_1y_1 + x_2y_2 + x_3y_3. \tag{7.11}$$

Ein Vektor $\boldsymbol{x}$ besitzt dann die Länge

$$|\boldsymbol{x}| = \sqrt{\boldsymbol{x} \cdot \boldsymbol{x}} = \sqrt{x_1^2 + x_2^2 + x_3^2}. \tag{7.12}$$

Stellt man den Vektor als Pfeil in einem kartesischen Koordinatensystem dar, so entspricht diese Länge der geometrischen Länge des Vektorpfeils: Wir haben mit (7.12) den dreidimensionalen Satz des Pythagoras vor uns. Beispielsweise besitzt der Vektor $(1, 2, -3)$ die Länge

$$|(1, 2, -3)| = \sqrt{(1, 2, -3) \cdot (1, 2, -3)} = \sqrt{1^2 + 2^2 + (-3)^2} = \sqrt{14}$$

und der Vektor $(1, 2, -3)/\sqrt{14}$ ist normiert, d. h., er hat die Länge 1. Ebenso handelt es sich bei $(1, 0, 0)$, $(0, -1, 0)$ oder $(0, 1/\sqrt{2}, -1/\sqrt{2})$ um Einheitsvektoren.

Lesehilfe

Bei normierten Vektoren im $\mathbb{R}^n$ kann offenbar keine Komponente größer als 1 sein. Der Betrag ist 1, wenn sich die Quadrate der Komponenten zu 1 ergänzen, z. B.

$$\left|\left(0, \frac{1}{\sqrt{2}}, -\frac{1}{\sqrt{2}}\right)\right|^2 = 0^2 + \left(\frac{1}{\sqrt{2}}\right)^2 + \left(-\frac{1}{\sqrt{2}}\right)^2 = 0 + \frac{1}{2} + \frac{1}{2} = 1$$

oder

$$\left|\left(-\frac{1}{\sqrt{3}}, \frac{1}{\sqrt{3}}, -\frac{1}{\sqrt{3}}\right)\right|^2 = \frac{1}{3} + \frac{1}{3} + \frac{1}{3} = 1.$$

Statt des Betrags $|\boldsymbol{x}|$ schreibt man oft einfacher das Quadrat $|\boldsymbol{x}|^2$, weil es einem die (große) Wurzel erspart.

Mit ein wenig Übung „siehst" du, ob ein Vektor normiert ist oder zumindest sein könnte.

(2) Im Vektorraum aller stetigen Funktionen $f : [-1, 1] \to \mathbb{R}$ mit dem Skalarprodukt

$$\langle f, g \rangle := \int_{-1}^{1} f(t)g(t)\,\mathrm{d}t$$

besitzt die identische Funktion id den Betrag

$$\sqrt{\langle \mathrm{id}, \mathrm{id} \rangle} = \sqrt{\int_{-1}^{1} t^2\,\mathrm{d}t} = \sqrt{\left.\frac{t^3}{3}\right|_{-1}^{1}} = \sqrt{\frac{2}{3}} = \frac{1}{3}\sqrt{6}.$$

7.3 Orthogonalität

Mit einem Skalarprodukt können neben dem Betrag eines Vektors auch Winkel zwischen zwei Vektoren definiert werden: Für zwei Vektoren $\boldsymbol{x}, \boldsymbol{y} \neq \mathbf{0}$ gilt aufgrund der Schwarz-Ungleichung (7.10)

$$-1 \leq \frac{\boldsymbol{x} \cdot \boldsymbol{y}}{|\boldsymbol{x}||\boldsymbol{y}|} \leq +1$$

und man definiert den *Cosinus des Winkels* $\angle(\boldsymbol{x}, \boldsymbol{y})$ *zwischen den Vektoren* als

$$\cos \angle(\boldsymbol{x}, \boldsymbol{y}) := \frac{\boldsymbol{x} \cdot \boldsymbol{y}}{|\boldsymbol{x}||\boldsymbol{y}|}. \tag{7.13}$$

Lesehilfe
Es erscheint vielleicht eigenartig, dass ein Winkel zwischen Vektoren „definiert“ wird. Aber auch hier müssen wir uns daran erinnern, dass es einen tatsächlichen geometrischen Winkel nur zwischen Vektorpfeilen, also zwischen Ortsvektoren gibt. Mit dem „richtigen“ Skalarprodukt gibt (7.13) diesen Winkel wieder.

Aus Definition (7.13) folgt unmittelbar die Gleichung

$$\boldsymbol{x} \cdot \boldsymbol{y} = |\boldsymbol{x}||\boldsymbol{y}| \cos \angle(\boldsymbol{x}, \boldsymbol{y}). \tag{7.14}$$

Für $\boldsymbol{x} \cdot \boldsymbol{y} = 0$ ist $\cos \angle(\boldsymbol{x}, \boldsymbol{y}) = 0$ und man hat es mit einem rechten Winkel zwischen den Vektoren zu tun. Dieser Fall hat besondere Bedeutung:

Definition 7.2 *Zwei Vektoren* $\boldsymbol{x}, \boldsymbol{y}$ *eines euklidischen Vektorraums* V *heißen* orthogonal, *wenn gilt* $\boldsymbol{x} \cdot \boldsymbol{y} = 0$.

Eine nichtleere Teilmenge M *von* V *heißt ein* Orthogonalsystem, *wenn* $\mathbf{0} \notin M$ *ist und wenn je zwei verschiedene Vektoren aus* M *orthogonal sind. Ein Orthogonalsystem, das aus lauter normierten Vektoren besteht, wird ein* Orthonormalsystem *genannt.*

Eine Orthonormalbasis *ist ein Orthonormalsystem, das gleichzeitig eine Basis von* V *ist.*

Lesehilfe
Kurzgefasst also

$$\text{orthonormal} = \text{orthogonal} + \text{normiert}.$$

Die Bedingung $\boldsymbol{x} \cdot \boldsymbol{y} = 0$ ist auch erfüllt, wenn einer der beiden Vektoren der Nullvektor ist. In diesem Sinn ist der Nullvektor orthogonal zu jedem Vektor, auch wenn er aus (7.13) ausgeschlossen ist. In einem Orthogonal- oder Orthonormalsystem darf er ebenfalls nicht enthalten sein.

Zwischenfrage (3)
Welche der folgenden Teilmengen des $\mathbb{R}^3$ mit dem Standardskalarprodukt sind Orthogonal- oder sogar Orthonormalsysteme?

$$M_1 = \left\{ \begin{pmatrix} 1 \\ 2 \\ 0 \end{pmatrix}, \begin{pmatrix} -2 \\ 1 \\ 0 \end{pmatrix}, \begin{pmatrix} 0 \\ 0 \\ 1 \end{pmatrix} \right\}, \quad M_2 = \left\{ \begin{pmatrix} 1 \\ 1 \\ -2 \end{pmatrix}, \begin{pmatrix} 0 \\ 2 \\ 1 \end{pmatrix}, \begin{pmatrix} 1 \\ 2 \\ -4 \end{pmatrix} \right\},$$

$$M_3 = \left\{ \begin{pmatrix} 1 \\ 0 \\ 0 \end{pmatrix}, \begin{pmatrix} 0 \\ 1/\sqrt{2} \\ 1/\sqrt{2} \end{pmatrix} \right\}, \quad M_4 = \left\{ \begin{pmatrix} 1 \\ 3 \\ 5 \end{pmatrix}, \begin{pmatrix} 2 \\ -4 \\ 2 \end{pmatrix} \right\}.$$

Satz 7.3 *Jedes Orthogonalsystem ist linear unabhängig.*

Beweis Es seien $\boldsymbol{v}_1, \ldots, \boldsymbol{v}_n$ Vektoren aus einem Orthogonalsystem und es gelte $c_1\boldsymbol{v}_1 + \ldots + c_n\boldsymbol{v}_n = \boldsymbol{0}$. Für jedes k mit $1 \leq k \leq n$ folgt dann

$$c_1\boldsymbol{v}_1 \cdot \boldsymbol{v}_k + \ldots + c_k\boldsymbol{v}_k \cdot \boldsymbol{v}_k + \ldots + c_n\boldsymbol{v}_n \cdot \boldsymbol{v}_k = \boldsymbol{0} \cdot \boldsymbol{v}_k = \boldsymbol{0}.$$

Wegen $\boldsymbol{v}_i \cdot \boldsymbol{v}_k = 0$ für $i \neq k$ ergibt dies $c_k\boldsymbol{v}_k \cdot \boldsymbol{v}_k = 0$ und wegen $\boldsymbol{v}_k \neq \boldsymbol{0}$ schließlich $c_k = 0$. •

Lesehilfe zum Beweis
Hier wird die Gleichung $c_1\boldsymbol{v}_1 + \ldots + c_n\boldsymbol{v}_n = \boldsymbol{0}$ skalar mit $\boldsymbol{v}_k$ multipliziert und damit $c_k = 0$ gezeigt. Dies gilt für alle $k = 1, \ldots, n$, sodass alle Koeffizenten $c_1, \ldots, c_n$ gleich 0 und die Vektoren damit linear unabhängig sind. Der Beweis schließt auch unendliche Systeme ein, da eine unendliche Menge von Vektoren linear unabhängig ist, wenn je endlich viele Vektoren aus der Menge linear unabhängig sind, siehe Definition 2.3.

Da in n-dimensionalen Vektorräumen höchstens n Vektoren linear unabhängig sein können, besteht ein Orthogonalsystem hier aus höchstens n Vektoren. In unendlichdimensionalen Vektorräumen können aber durchaus auch unendliche Mengen Orthogonalsysteme sein.

Betrachten wir nun ein Orthonormalsystem $\{\boldsymbol{e}_1, \ldots, \boldsymbol{e}_n\}$. Wegen der Orthogonalität gilt $\boldsymbol{e}_i \cdot \boldsymbol{e}_j = 0$ für $i \neq j$ und die Normierung ist gleichbedeutend mit $\boldsymbol{e}_i \cdot \boldsymbol{e}_i = 1$ für $i = 1, \ldots, n$. Dies lässt sich kompakt ausdrücken durch das *Kronecker-Symbol*[3]

$$\delta_{ij} := \begin{cases} 1 & \text{für } i = j \\ 0 & \text{für } i \neq j. \end{cases} \tag{7.15}$$

Ein Orthonormalsystem $\{\boldsymbol{e}_1, \ldots, \boldsymbol{e}_n\}$ *wird charakterisiert durch die Bedingung*

$$\boldsymbol{e}_i \cdot \boldsymbol{e}_j = \delta_{ij}. \tag{7.16}$$

Lesehilfe
Das Kronecker-Symbol ist sehr nützlich und wird oft benutzt.

Orthonormalsysteme sind von großer praktischer Bedeutung. Insbesondere erlauben sie die einheitliche Berechnung des Skalarprodukts:

Satz 7.4 *Es sei* $\{\boldsymbol{e}_1, \ldots, \boldsymbol{e}_n\}$ *eine Orthonormalbasis des euklidischen Vektorraums* V. *Sind* $x_1, \ldots, x_n$ *und* $y_1, \ldots, y_n$ *die Koordinaten der Vektoren* $\boldsymbol{x}$ *bzw.* $\boldsymbol{y}$ *hinsichtlich dieser Basis, so gilt* $x_k = \boldsymbol{x} \cdot \boldsymbol{e}_k$, $k = 1, \ldots, n$, *und*

$$\boldsymbol{x} \cdot \boldsymbol{y} = x_1 y_1 + \ldots + x_n y_n = \sum_{i=1}^{n} x_i y_i.$$

Beweis Wegen $\boldsymbol{e}_i \cdot \boldsymbol{e}_j = \delta_{ij}$ erhält man

$$\boldsymbol{x} \cdot \boldsymbol{e}_k = \left(\sum_{i=1}^{n} x_i \boldsymbol{e}_i \right) \cdot \boldsymbol{e}_k = \sum_{i=1}^{n} x_i \delta_{ik} = x_k$$

und

$$\boldsymbol{x} \cdot \boldsymbol{y} = \left(\sum_{i=1}^{n} x_i \boldsymbol{e}_i \right) \cdot \left(\sum_{j=1}^{n} y_j \boldsymbol{e}_j \right) = \sum_{i,j=1}^{n} x_i y_j (\boldsymbol{e}_i \cdot \boldsymbol{e}_j) = \sum_{i,j=1}^{n} x_i y_j \delta_{ij} = \sum_{i=1}^{n} x_i y_i. \quad \bullet$$

Lesehilfe zum Beweis
Hier tritt das Kronecker-Symbol in typischer Weise in einer Doppelsumme auf: In der Summe $\sum_{i,j=1}^{n} x_i y_j \delta_{ij}$ bleiben nur die Summanden mit $i = j$ erhalten und sie ist damit gleich $\sum_{i=1}^{n} x_i y_i$.

[3] Benannt nach dem deutschen Mathematiker Leopold Kronecker, 1823–1891.

In einer Orthonormalbasis wird das Skalarprodukt stets in Form des Standardskalarprodukts berechnet. Das kann in verschiedenen Fällen von Nutzen sein:

- Im $\mathbb{R}^n$ mit dem Standardskalarprodukt ist die kanonische Basis eine Orthonormalbasis. Aber auch, wenn man in einer anderen Orthonormalbasis arbeitet, funktionieren deren Koordinatenvektoren hinsichtlich des Skalarprodukts „wie gewohnt".
- Wird im $\mathbb{R}^n$ ein anderes als das Standardskalarprodukt verwendet, so erhält man andere Orthonormalsysteme. Beispielsweise ist die kanonische Basis dann nicht länger ein Orthonormalsystem. Bei Verwendung von Koordinatenvektoren hinsichtlich einer Orthonormalbasis kann das Skalarprodukt aber „wie gewohnt" berechnet werden.
- Funktionenräume sind i. Allg. nicht endlichdimensional, aber sie besitzen endlichdimensionale Unteräume, auf die Satz 7.4 anwendbar ist. Verwendet man darin Koordinatenvektoren hinsichtlich einer Orthonormalbasis, so kann deren Skalarprodukt – das in der Regel einem Integral entspricht – einfach in Form des Standardskalarprodukts berechnet werden.

Beispiele

(1) Die kanonische Basis $\mathcal{E}_n = \{\boldsymbol{e}_1, \ldots, \boldsymbol{e}_n\}$ des $\mathbb{R}^n$ mit dem Standardskalarprodukt, siehe (7.5), ist eine Orthonormalbasis. Die Menge $\mathcal{B} := \{2\boldsymbol{e}_1, \ldots, 2\boldsymbol{e}_n\}$ ist eine Orthogonalbasis des $\mathbb{R}^n$, aber keine Orthonormalbasis.

(2) Wir betrachten im Vektorraum $\mathbb{R}^2$ mit der kanonischen Basis die Koordinatenvektoren $\boldsymbol{x} = (1, 0)$ und $\boldsymbol{y} = (1, 1)$. Sie besitzen die Beträge $|\boldsymbol{x}| = 1$ bzw. $|\boldsymbol{y}| = \sqrt{2}$ und ihr Skalarprodukt ergibt $\boldsymbol{x} \cdot \boldsymbol{y} = 1$. Der Cosinus des Winkels zwischen ihnen ist somit gleich

$$\cos \angle(\boldsymbol{x}, \boldsymbol{y}) = \frac{1}{\sqrt{2}}.$$

Ihm entspricht ein Winkel von $\pi/4 \mathrel{\hat{=}} 45°$ zwischen den Vektoren.

(3) Im Vektorraum aller stetigen Funktionen $f : [-1, 1] \to \mathbb{R}$ mit dem Skalarprodukt

$$\langle f, g \rangle := \int_{-1}^{1} f(t) g(t) \, \mathrm{d}t$$

berechnen wir das Skalarprodukt zwischen den Funktionen 1 und id:

$$\langle 1, \mathrm{id} \rangle = \int_{-1}^{1} t \, \mathrm{d}t = \left. \frac{t^2}{2} \right|_{-1}^{1} = 0. \tag{7.17}$$

Die beiden Funktionen sind somit orthogonal und die Menge $\{1, \mathrm{id}\}$ ist ein Orthogonalsystem. Es ist ferner

$$\langle 1, 1\rangle = \int_{-1}^{1} \mathrm{d}t = 2 \quad \text{und} \quad \langle \mathrm{id}, \mathrm{id}\rangle = \int_{-1}^{1} t^2\, \mathrm{d}t = \frac{t^3}{3}\bigg|_{-1}^{1} = \frac{2}{3}, \tag{7.18}$$

sodass die Menge $\{\frac{1}{\sqrt{2}}, \sqrt{\frac{3}{2}}\,\mathrm{id}\}$ ein Orthonormalsystem bildet, das die Menge aller linearen Funktionen aufspannt.

Antwort auf Zwischenfrage (3)
Gefragt war, welche der Teilmengen

$$M_1 = \left\{\begin{pmatrix}1\\2\\0\end{pmatrix}, \begin{pmatrix}-2\\1\\0\end{pmatrix}, \begin{pmatrix}0\\0\\1\end{pmatrix}\right\}, \quad M_2 = \left\{\begin{pmatrix}1\\1\\-2\end{pmatrix}, \begin{pmatrix}0\\2\\1\end{pmatrix}, \begin{pmatrix}1\\2\\-4\end{pmatrix}\right\},$$

$$M_3 = \left\{\begin{pmatrix}1\\0\\0\end{pmatrix}, \begin{pmatrix}0\\1/\sqrt{2}\\1/\sqrt{2}\end{pmatrix}\right\}, \qquad M_4 = \left\{\begin{pmatrix}1\\3\\5\end{pmatrix}, \begin{pmatrix}2\\-4\\2\end{pmatrix}\right\}$$

mit dem Standardskalarprodukt Orthogonal- oder Orthonormalsysteme sind.

M_1 ist ein Orthogonalsystem, die Vektoren sind wechselseitig orthogonal, aber die ersten beiden sind nicht normiert. M_2 ist kein Orthogonalsystem, da ihr erster und dritter Vektor nicht orthogonal sind. M_3 ist ein Orthonormalsystem. M_4 ist ein Orthogonalsystem.

7.4 Schmidt-Orthonormierungsverfahren

Manchmal wird zu einem vorgegebenen System linear unabhängiger Vektoren $\{\boldsymbol{v}_1, \boldsymbol{v}_2, \ldots\}$ eines euklidischen Vektorraums V ein Orthonormalsystem $\{\boldsymbol{e}_1, \boldsymbol{e}_2, \ldots\}$ mit der Eigenschaft gesucht, dass beide Systeme für $k = 1, 2, \ldots$ jeweils denselben Unterraum U_k von V aufspannen. Die Konstruktion eines solchen Orthonormalsystems kann mit Hilfe des *Schmidt-Orthonormierungsverfahrens*[4] erfolgen.

Lesehilfe
Der Unterraum U_1 wird von $\boldsymbol{v}_1$ aufgespannt, der Unterraum U_2 von $\{\boldsymbol{v}_1, \boldsymbol{v}_2\}$ usw. Da die Vektoren $\boldsymbol{v}_i$ linear unabhängig sind, sind die Unterräume U_k k-

[4] Benannt nach dem deutschen Mathematiker Erhard Schmidt, 1876–1959.

dimensional, sie erhalten also mit jedem hinzukommenden Vektor v_i „eine weitere Dimension".

Das gesuchte Orthonormalsystem soll dasselbe leisten: $\boldsymbol{e}_1$ wird einfach parallel zu $\boldsymbol{v}_1$ gewählt, $\boldsymbol{e}_2$ muss dann so konstruiert werden, dass er in der von $\{\boldsymbol{v}_1, \boldsymbol{v}_2\}$ aufgespannten Ebene liegt, aber orthogonal zu $\boldsymbol{e}_1$ ist usw.

Die gesuchten Vektoren $\boldsymbol{e}_1, \boldsymbol{e}_2, \ldots$ werden induktiv bestimmt. Bei einem endlichen System $\{\boldsymbol{v}_1, \ldots, \boldsymbol{v}_n\}$ ist das Verfahren nach n Schritten abgeschlossen:

Wegen der linearen Unabhängigkeit gilt $\boldsymbol{v}_1 \neq \mathbf{0}$. Daher ist

$$\boldsymbol{e}_1 := \frac{1}{|\boldsymbol{v}_1|}\boldsymbol{v}_1 \tag{7.19}$$

ein Einheitsvektor und $\boldsymbol{e}_1$ und $\boldsymbol{v}_1$ spannen denselben Unterraum U_1 von V auf.

Es seien jetzt die Vektoren $\boldsymbol{e}_1, \ldots, \boldsymbol{e}_k$ bereits so konstruiert, dass die geforderte Eigenschaft erfüllt ist. Dann setzen wir

$$\boldsymbol{w}_{k+1} := \boldsymbol{v}_{k+1} - \sum_{i=1}^{k}(\boldsymbol{v}_{k+1} \cdot \boldsymbol{e}_i)\boldsymbol{e}_i. \tag{7.20}$$

Die Vektoren $\boldsymbol{e}_1, \ldots, \boldsymbol{e}_k, \boldsymbol{w}_{k+1}$ sind offenbar linear unabhängig und spannen denselben Unterraum U_{k+1} auf wie die Vektoren $\boldsymbol{v}_1, \ldots, \boldsymbol{v}_{k+1}$. Insbesondere gilt $\boldsymbol{w}_{k+1} \neq \mathbf{0}$.

Zwischenfrage (4)
Warum sind die Vektoren $\boldsymbol{e}_1, \ldots, \boldsymbol{e}_k, \boldsymbol{w}_{k+1}$ „offenbar" linear unabhängig und spannen den Unterraum U_{k+1} auf?

Wegen $\boldsymbol{e}_i \cdot \boldsymbol{e}_j = \delta_{ij}$ ergibt sich außerdem für $j = 1, \ldots, k$

$$\boldsymbol{w}_{k+1} \cdot \boldsymbol{e}_j = \boldsymbol{v}_{k+1} \cdot \boldsymbol{e}_j - \sum_{i=1}^{k}(\boldsymbol{v}_{k+1} \cdot \boldsymbol{e}_i)\delta_{ij} = 0, \tag{7.21}$$

sodass $\boldsymbol{w}_{k+1}$ orthogonal zu allen bisher konstruierten Vektoren $\boldsymbol{e}_1, \ldots, \boldsymbol{e}_k$ ist. Wir setzen daher

$$\boldsymbol{e}_{k+1} := \frac{1}{|\boldsymbol{w}_{k+1}|}\boldsymbol{w}_{k+1} \tag{7.22}$$

und erhalten ein Orthonormalsystem $\boldsymbol{e}_1, \ldots, \boldsymbol{e}_{k+1}$ mit der geforderten Eigenschaft.

Lesehilfe
Die Wirkungsweise des Schmidt-Orthonormierungsverfahrens ist nicht leicht zu durchschauen. Letztlich werden mit der Vorschrift (7.20) die Anteile in Richtung der Vektoren $\boldsymbol{e}_1, \ldots, \boldsymbol{e}_k$ aus $\boldsymbol{v}_{k+1}$ herausgenommen. Die Anwendung des Verfahrens ist unproblematisch: Man geht einfach der Reihe nach vor.

Im $\mathbb{R}^2$ und auch im $\mathbb{R}^3$ sind die Verhältnisse noch so übersichtlich, dass man Orthonormalbasen mit bestimmten Eigenschaften auch ohne das Schmidt-Verfahren durch geometrische Überlegungen gewinnen kann.

Beispiele

(1) Im Vektorraum $\mathbb{R}^4$ mit dem Standardskalarprodukt wenden wir das Orthonormierungsverfahren auf die Vektoren

$$\boldsymbol{v}_1 = (4, 2, -2, -1), \ \boldsymbol{v}_2 = (2, 2, -4, -5), \ \boldsymbol{v}_3 = (0, 8, -2, -5)$$

an. Das ergibt mit

$$\begin{aligned}
\boldsymbol{e}_1 &= \frac{1}{|\boldsymbol{v}_1|}\boldsymbol{v}_1 = \frac{1}{\sqrt{4^2+2^2+2^2+1^2}}(4,2,-2,-1) = \frac{1}{5}(4,2,-2,-1)\\
\boldsymbol{w}_2 &= \boldsymbol{v}_2 - (\boldsymbol{v}_2 \cdot \boldsymbol{e}_1)\boldsymbol{e}_1 = (2,2,-4,-5) - \frac{1}{5}(8+4+8+5)\frac{1}{5}(4,2,-2,-1)\\
&= (-2,0,-2,-4)\\
\boldsymbol{e}_2 &= \frac{1}{|\boldsymbol{w}_2|}\boldsymbol{w}_2 = \frac{1}{2\sqrt{6}}(-2,0,-2,-4)\\
\boldsymbol{w}_3 &= \boldsymbol{v}_3 - (\boldsymbol{v}_3 \cdot \boldsymbol{e}_1)\boldsymbol{e}_1 - (\boldsymbol{v}_3 \cdot \boldsymbol{e}_2)\boldsymbol{e}_2 = (-2,6,2,0)\\
\boldsymbol{e}_3 &= \frac{1}{|\boldsymbol{w}_3|}\boldsymbol{w}_3 = \frac{1}{2\sqrt{11}}(-2,6,2,0)
\end{aligned}$$

das gewünschte Orthonormalsystem $\{\boldsymbol{e}_1, \boldsymbol{e}_2, \boldsymbol{e}_3\}$.

Lesehilfe
Die obigen Rechnungen sind nicht schwierig. Trotzdem solltest du sie einmal in Ruhe nachvollziehen.

(2) Als weiteres Beispiel betrachten wir erneut den Vektorraum der stetigen Funktionen $f : [-1, 1] \to \mathbb{R}$ mit dem Skalarprodukt

$$\langle f, g \rangle = \int_{-1}^{1} f(t)g(t)\,\mathrm{d}t \tag{7.23}$$

und wollen die Polynomfunktionen „orthonormieren", also das Schmidt-Verfahren auf die Funktionen $\mathrm{id}^0 = 1, \mathrm{id}, \mathrm{id}^2, \ldots$ anwenden. Die Funktionen des Orthonormalsystems bezeichnen wir mit $p_0, p_1, p_2, \ldots$ und erhalten:

$$\langle 1, 1\rangle = \int_{-1}^{1} \mathrm{d}t = 2, \quad \text{also} \quad p_0 = \frac{1}{\sqrt{2}}$$

$$\langle \mathrm{id}, p_0\rangle = \int_{-1}^{1} \frac{t}{\sqrt{2}}\,\mathrm{d}t = 0$$

$$w_1 = \mathrm{id} - \langle \mathrm{id}, p_0\rangle p_0 = \mathrm{id}, \quad \langle w_1, w_1\rangle = \int_{-1}^{1} t^2\,\mathrm{d}t = \frac{2}{3}$$

$$p_1 = \sqrt{\frac{3}{2}}\,\mathrm{id}$$

(siehe auch (7.17) und (7.18))

$$\langle \mathrm{id}^2, p_0\rangle = \int_{-1}^{1} \frac{t^2}{\sqrt{2}}\,\mathrm{d}t = \frac{\sqrt{2}}{3}, \quad \langle \mathrm{id}^2, p_1\rangle = \int_{-1}^{1} \sqrt{\frac{3}{2}}\,t^3\,\mathrm{d}t = 0$$

$$w_2 = \mathrm{id}^2 - \langle \mathrm{id}^2, p_0\rangle p_0 - \langle \mathrm{id}^2, p_1\rangle p_1 = \mathrm{id}^2 - \frac{1}{3}$$

$$\langle w_2, w_2\rangle = \int_{-1}^{1} \left(t^2 - \frac{1}{3}\right)^2 \mathrm{d}t = \int_{-1}^{1} \left(t^4 - \frac{2}{3}t^2 + \frac{1}{9}\right)\mathrm{d}t = \frac{2}{5} - \frac{4}{9} + \frac{2}{9} = \frac{8}{45}$$

$$p_2 = \frac{15}{2\sqrt{10}}\left(\mathrm{id}^2 - \frac{1}{3}\right) \qquad \text{usw.}$$

Die Funktionen p_0, p_1, p_2 sind bezüglich ihres Skalarprodukts wechselseitig orthogonal und weisen allesamt den Betrag 1 auf. Sie bilden damit eine Orthonormalbasis des Unterraums aller Polynome maximal zweiten Grads.

Bei den oben konstruierten Polynomfunktionen $p_0, p_1, p_2, \ldots$ handelt sich sich bis auf Vorfaktoren um die *Legendre-Polynome*, die von großer praktischer Bedeutung sind: Sie bilden ein unendliches Orthogonalsystem aller Polynome auf dem Intervall $[-1, 1]$.

Lesehilfe

„Alle" Polynome haben einen beliebig großen Grad. Die endlich vielen Polynomfunktionen $p_0, p_1, \ldots, p_k$ spannen den Unterraum der Polynomfunktionen bis Grad k auf. Um alle Polynome zu erhalten, benötigt man das unendliche Orthonormalsystem $p_0, p_1, \ldots$

Antwort auf Zwischenfrage (4)

Gefragt war nach der linearen Unabhängigkeit der Vektoren $\boldsymbol{e}_1, \ldots, \boldsymbol{e}_k, \boldsymbol{w}_{k+1}$ und warum sie den Unterraum U_{k+1} aufspannen.

Die Vektoren $\boldsymbol{e}_1, \ldots, \boldsymbol{e}_k$ spannen denselben Unterraum U_k wie die Vektoren $\boldsymbol{v}_1, \ldots, \boldsymbol{v}_k$ auf, der eine echte Teilmenge des Unterraums U_{k+1} ist, für den zusätzlich der Vektor $\boldsymbol{v}_{k+1}$ benötigt wird. Daher kann eine Linearkombination der $\boldsymbol{e}_1, \ldots, \boldsymbol{e}_k$ nicht den Vektor $\boldsymbol{v}_{k+1}$ ergeben und

$$\boldsymbol{w}_{k+1} = \boldsymbol{v}_{k+1} - \sum_{i=1}^{k} (\boldsymbol{v}_{k+1} \cdot \boldsymbol{e}_i)\boldsymbol{e}_i$$

ist ungleich $\mathbf{0}$. Weil mit $\boldsymbol{v}_{k+1}$ auch $\boldsymbol{w}_{k+1}$ nicht durch die Vektoren $\boldsymbol{e}_1, \ldots, \boldsymbol{e}_k$ erzeugt werden kann, ist die Menge $\{\boldsymbol{e}_1, \ldots, \boldsymbol{e}_k, \boldsymbol{w}_{k+1}\}$ linear unabhängig. Da $\boldsymbol{w}_{k+1}$ den Vektor $\boldsymbol{v}_{k+1}$ enthält, wird zusammen mit $\boldsymbol{e}_1, \ldots, \boldsymbol{e}_k$ der Unterraum U_{k+1} aufgespannt. Siehe Satz 2.5.

Das Wichtigste in Kürze

- Ein **Skalarprodukt** ist eine symmetrische, positiv definite Bilinearform auf einem Vektorraum. Es ordnet also zwei Vektoren eine Zahl zu.
- Ein reeller Vektorraum mit einem Skalarprodukt heißt ein **euklidischer Vektorraum**.
- Das Skalarprodukt erlaubt die Definition des **Betrags** eines Vektors und des **Winkels** zwischen zwei Vektoren. Beide Größen sind auch unabhängig von einer geometrischen Bedeutung definiert.
- Ein Vektor mit der Länge 1 heißt **normiert** oder ein **Einheitsvektor**.
- Zwei Vektoren heißen **orthogonal**, wenn ihr Skalarprodukt verschwindet. Ein **Orthogonalsystem** besteht aus lauter wechselseitig orthogonalen Vektoren, bei einem **Orthonormalsystem** sind sie zusätzlich alle normiert.
- In einem Orthonormalsystem wird das Skalarprodukt stets in Form des **Standardskalarprodukts** gebildet.
- Das **Schmidt-Orthonormierungsverfahren** erlaubt die Konstruktion eines Orthonormalsystems mit bestimmten Eigenschaften. ◄

Und was bedeuten die Formeln?

$$(\boldsymbol{x}_1 + \boldsymbol{x}_2) \cdot \boldsymbol{y} = \boldsymbol{x}_1 \cdot \boldsymbol{y} + \boldsymbol{x}_2 \cdot \boldsymbol{y}, \quad (c\boldsymbol{x}) \cdot \boldsymbol{y} = c(\boldsymbol{x} \cdot \boldsymbol{y}),$$
$$\boldsymbol{x} \cdot \boldsymbol{y} = \boldsymbol{y} \cdot \boldsymbol{x}, \quad \boldsymbol{x} \cdot \boldsymbol{x} > 0 \text{ für } \boldsymbol{x} \neq \mathbf{0},$$

$$\boldsymbol{x} \cdot \boldsymbol{y} := x_1 y_1 + \ldots + x_n y_n = \sum_{k=1}^{n} x_k y_k, \quad \langle f, g \rangle := \int_a^b f(t) g(t)\, \mathrm{d}t,$$

$$|\boldsymbol{x}| := \sqrt{\boldsymbol{x}\cdot\boldsymbol{x}}, \quad |c\boldsymbol{x}| = |c||\boldsymbol{x}|, \quad \boldsymbol{x}\cdot\boldsymbol{x} = |\boldsymbol{x}|^2,$$

$$|\boldsymbol{x}\cdot\boldsymbol{y}| \le |\boldsymbol{x}||\boldsymbol{y}|, \quad |\boldsymbol{x}+\boldsymbol{y}| \le |\boldsymbol{x}| + |\boldsymbol{y}|, \quad |\boldsymbol{x}| = \sqrt{x_1^2 + x_2^2 + x_3^2},$$

$$\cos\angle(\boldsymbol{x},\boldsymbol{y}) := \frac{\boldsymbol{x}\cdot\boldsymbol{y}}{|\boldsymbol{x}||\boldsymbol{y}|}, \quad \boldsymbol{x}\cdot\boldsymbol{y} = |\boldsymbol{x}||\boldsymbol{y}|\cos\angle(\boldsymbol{x},\boldsymbol{y}), \quad \boldsymbol{x}\cdot\boldsymbol{y} = 0,$$

orthonormal = orthogonal + normiert, $\boldsymbol{e}_i \cdot \boldsymbol{e}_j = \delta_{ij}$,

$$\boldsymbol{x}\cdot\boldsymbol{y} = \left(\sum_{i=1}^n x_i \boldsymbol{e}_i\right)\cdot\left(\sum_{j=1}^n y_j \boldsymbol{e}_j\right) = \sum_{i,j=1}^n x_i y_j (\boldsymbol{e}_i\cdot\boldsymbol{e}_j) = \sum_{i=1}^n x_i y_i,$$

$$\boldsymbol{e}_1 := \frac{\boldsymbol{v}_1}{|\boldsymbol{v}_1|}, \quad \boldsymbol{w}_{k+1} := \boldsymbol{v}_{k+1} - \sum_{i=1}^k (\boldsymbol{v}_{k+1}\cdot\boldsymbol{e}_i)\boldsymbol{e}_i, \quad \boldsymbol{e}_{k+1} := \frac{\boldsymbol{w}_{k+1}}{|\boldsymbol{w}_{k+1}|}.$$

Übungsaufgaben

A7.1 Sind die folgenden Aussagen richtig oder falsch? Begründe jeweils deine Antwort.

(I) Durch die Abbildungsvorschrift $\beta(\boldsymbol{x},\boldsymbol{y}) := x_1 + x_2 + y_1 + y_2$ wird eine symmetrische Bilinearform β des $\mathbb{R}^2$ festgelegt.
(II) Ist eine Bilinearform positiv definit, so nimmt sie keine negativen Werte an.
(III) Durch die Abbildungsvorschrift $\gamma(\boldsymbol{x},\boldsymbol{y}) := 4x_1y_1 - 2x_1y_2 - 2x_2y_1 + 3x_2y_2$ wird eine positiv definite Bilinearform γ des $\mathbb{R}^2$ festgelegt.
(IV) Die Bilinearform γ ist symmetrisch.

A7.2 **a)** Gib die Menge aller Vektoren des $\mathbb{R}^3$ an, die bezüglich des Standardskalarprodukts orthogonal zum Vektor $(1, -2, 3)$ sind.

b) Gib die Menge aller Vektoren des $\mathbb{R}^3$ an, die bezüglich des Standardskalarprodukts orthogonal zu den Vektoren $(1, -2, 3)$ und $(-4, 5, -6)$ sind.

A7.3 Zeige, dass es sich bei

$$\mathcal{B} = \{\boldsymbol{b}_1, \boldsymbol{b}_2, \boldsymbol{b}_3\} = \left\{ \begin{pmatrix} \cos\phi \\ -\sin\phi\cos\theta \\ \sin\phi\sin\theta \end{pmatrix}, \begin{pmatrix} \sin\phi \\ \cos\phi\cos\theta \\ -\cos\phi\sin\theta \end{pmatrix}, \begin{pmatrix} 0 \\ \sin\theta \\ \cos\theta \end{pmatrix} \right\}$$

bezüglich des Standardskalarprodukts für alle Werte von ϕ und θ um eine Orthonormalbasis des $\mathbb{R}^3$ handelt.

A7.4 Im euklidischen Vektorraum $\mathbb{R}^3$ mit dem Standardskalarprodukt seien die folgenden Vektoren $\boldsymbol{v}_1, \ldots, \boldsymbol{v}_7$ gegeben:

$$\begin{pmatrix}1\\0\\0\end{pmatrix}, \begin{pmatrix}1\\1\\0\end{pmatrix}, \begin{pmatrix}-1\\1\\0\end{pmatrix}, \begin{pmatrix}0\\1\\0\end{pmatrix}, \begin{pmatrix}0\\1\\1\end{pmatrix}, \begin{pmatrix}0\\-1\\1\end{pmatrix}, \begin{pmatrix}0\\0\\1\end{pmatrix}.$$

Welche Orthogonalsysteme lassen sich aus jeweils drei Vektoren dieser Menge bilden? Besitzen die Vektoren dieser Systeme dann dieselbe Länge?

A7.5 Jemand sagt: „Wenn ich kein Orthonormalsystem benötige, sondern nur ein Orthogonalsystem, dann kann ich beim Schmidt-Orthonormierungsverfahren vollständig auf die Normierung von Vektoren verzichten, also statt mit den Vektoren „$\boldsymbol{e}_i$" einfach mit den „$\boldsymbol{w}_i$" arbeiten." Hat er recht?

A7.6 Gegeben sei die Basis

$$\mathcal{B} = \{\boldsymbol{b}_1, \boldsymbol{b}_2, \boldsymbol{b}_3\} = \left\{ \begin{pmatrix}2\\0\\-2\end{pmatrix}, \begin{pmatrix}0\\-1\\2\end{pmatrix}, \begin{pmatrix}1\\3\\-2\end{pmatrix} \right\}$$

des $\mathbb{R}^3$ mit dem Standardskalarprodukt. Konstruiere eine Orthonormalbasis

$$\mathcal{A} = \{\boldsymbol{a}_1, \boldsymbol{a}_2, \boldsymbol{a}_3\}$$

so, dass für $k = 1, 2, 3$ die ersten k Vektoren von $\mathcal{B}$ und $\mathcal{A}$ jeweils denselben Unterraum des $\mathbb{R}^3$ aufspannen. Ist das Ergebnis eindeutig?

8 Anwendungen im gewöhnlichen $\mathbb{R}^3$

In diesem Kapitel besprechen wir geometrische Anwendungen „gewöhnlicher" dreidimensionaler Vektoren. Wir betrachten also den reellen Vektorraum $\mathbb{R}^3$ mit dem Standardskalarprodukt

$$\boldsymbol{x} \cdot \boldsymbol{y} = \begin{pmatrix} x_1 \\ x_2 \\ x_3 \end{pmatrix} \cdot \begin{pmatrix} y_1 \\ y_2 \\ y_3 \end{pmatrix} := x_1 y_1 + x_2 y_2 + x_3 y_3 \tag{8.1}$$

und identifizieren seine Vektoren mit den räumlichen Ortsvektoren, indem die 3-Tupel in einem rechtshändig orientierten kartesischen Koordinatensystem dargestellt werden. Das Koordinatensystem entspricht dann der kanonischen Basis des $\mathbb{R}^3$ und die Vektoren sind gleichzeitig die Koordinatenvektoren hinsichtlich der kanonischen Basis. Sind diese Voraussetzungen erfüllt, so wollen wir vom *gewöhnlichen* $\mathbb{R}^3$ sprechen.

Wozu dieses Kapitel im Einzelnen

- „Vektoren" lernt man oft zunächst als Pfeile kennen und versteht sie geometrisch. In diesem Kapitel dürfen wir es tatsächlich dabei belassen und können sie uns vorstellen.
- Vektoren haben Richtungen im Raum und sie können auf andere Richtungen projiziert werden. Wir werden sehen, dass das Skalarprodukt hier der Schlüssel ist.
- Die Beschreibung von Ebenen ist auf unterschiedliche Weisen möglich. Wir sehen sie uns an und werfen dabei einen neuen Blick auf lineare Gleichungssysteme.
- Das Skalarprodukt ist ein Produkt zwischen Vektoren, im gewöhnlichen $\mathbb{R}^3$ gibt es aber noch weitere nützliche Produkte zwischen Vektoren.
- Drehungen kennen wir bereits aus vielen Beispielen. Wir werden hier sehen, was das besondere an unseren Beispielen war und was genau eine „Drehmatrix" ist.

J. Balla, *Lineare Algebra*, https://doi.org/10.1007/978-3-662-67667-7_8

8.1 Vektorpfeile

Die geometrische Länge eines Vektors $\boldsymbol{x} = (x_1, x_2, x_3)$ ergibt sich aus dem dreidimensionalen Satz des Pythagoras zu

$$|\boldsymbol{x}| = \sqrt{x_1^2 + x_2^2 + x_3^2} \tag{8.2}$$

und ist damit gleich $\sqrt{\boldsymbol{x} \cdot \boldsymbol{x}}$. Ferner gilt für das Skalarprodukt zweier Vektoren

$$\boldsymbol{x} \cdot \boldsymbol{y} = |\boldsymbol{x}||\boldsymbol{y}| \cos \angle(\boldsymbol{x}, \boldsymbol{y}) \tag{8.3}$$

und der in dieser Beziehung auftretende Winkel zwischen den Vektoren entspricht im gewöhnlichen $\mathbb{R}^3$ dem geometrischen Winkel zwischen den Vektorpfeilen, siehe Abb. 8.1.

Lesehilfe

Für die Komponenten von Vektoren des $\mathbb{R}^3$ sind verschiedene Bezeichnungen gebräuchlich:

$$\begin{pmatrix} x_1 \\ x_2 \\ x_3 \end{pmatrix}, \quad \begin{pmatrix} x \\ y \\ z \end{pmatrix}, \quad \begin{pmatrix} a_1 \\ a_2 \\ a_3 \end{pmatrix}, \quad \begin{pmatrix} a_x \\ a_y \\ a_z \end{pmatrix} \quad \text{usw.}$$

Die Nummerierung der Komponenten ist vorteilhaft, wenn man es mit Summationen zu tun bekommt, andererseits spricht man lieber von der x-Achse als von der 1-Achse, Komponenten namens x, y, z sind nicht geeignet, wenn neben einem Vektor $\boldsymbol{x}$ noch andere Vektoren auftauchen usw. Man muss also mit allen Schreibweisen zurechtkommen und das fällt auch nicht schwer :-)

8.2 Projektion

Betrachtet man zu einem Vektor $\boldsymbol{a}$ eine Richtung, die durch einen zweiten Vektor $\boldsymbol{e} \neq \boldsymbol{0}$ vorgegeben wird, so kann man $\boldsymbol{a}$ in seine Anteile $\boldsymbol{a}_\parallel$ in dieser Richtung und $\boldsymbol{a}_\perp$ senkrecht dazu zerlegen,

$$\boldsymbol{a} = \boldsymbol{a}_\parallel + \boldsymbol{a}_\perp, \tag{8.4}$$

siehe Abb. 8.1. Den Vektor $\boldsymbol{e}$, der die Richtung angibt, wollen wir als *normiert* annehmen. Die *Projektion des Vektors* $\boldsymbol{a}$ *auf diese Richtung* ist dann

$$\boldsymbol{a} \cdot \boldsymbol{e} =: a_e \tag{8.5}$$

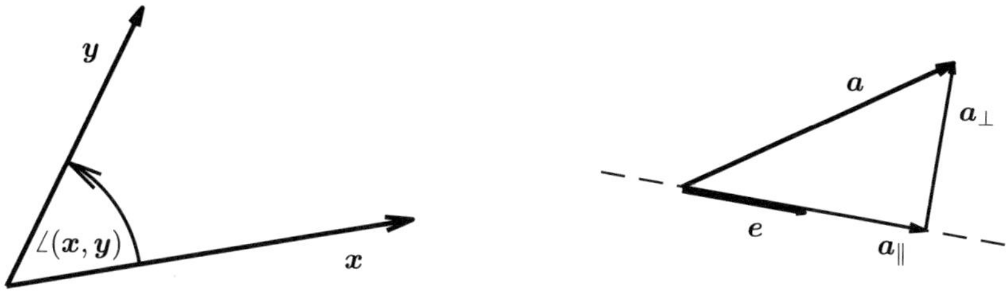

Abb. 8.1 Für das Skalarprodukt zweier Vektoren gilt $\boldsymbol{x} \cdot \boldsymbol{y} = |\boldsymbol{x}||\boldsymbol{y}| \cos \angle(\boldsymbol{x}, \boldsymbol{y})$. Im gewöhnlichen $\mathbb{R}^3$ entspricht der darin auftretende Winkel dem geometrischen Winkel zwischen den Vektorpfeilen, während die Beträge der Vektoren ihre geometrischen Längen wiedergeben. Wird ein Vektor $\boldsymbol{a}$ in seine Anteile längs und senkrecht zu einer Richtung $\boldsymbol{e}$ zerlegt, so gilt $\boldsymbol{a} = \boldsymbol{a}_{\parallel} + \boldsymbol{a}_{\perp}$ und, sofern der Vektor $\boldsymbol{e}$ normiert ist, $\boldsymbol{a}_{\parallel} = (\boldsymbol{a} \cdot \boldsymbol{e})\boldsymbol{e}$

und seine vektorielle Zerlegung wird gegeben durch

$$\boldsymbol{a}_{\parallel} = (\boldsymbol{a} \cdot \boldsymbol{e})\boldsymbol{e} \quad \text{und} \quad \boldsymbol{a}_{\perp} = \boldsymbol{a} - \boldsymbol{a}_{\parallel} = \boldsymbol{a} - (\boldsymbol{a} \cdot \boldsymbol{e})\boldsymbol{e}. \tag{8.6}$$

Der Vektor $\boldsymbol{a}_{\perp}$ liegt in der Ebene, die durch $\boldsymbol{a}$ und $\boldsymbol{e}$ aufgespannt wird.

Lesehilfe
Mit dem Wort „Richtung" muss man ein wenig aufpassen. Die obige Richtung entspricht einer Gerade, auf die der Vektor projiziert wird und deren „Richtung" durch einen Vektor beliebiger Länge vorgegeben werden kann. Legt man fest, dass der Vektor normiert ist, sind noch zwei entgegengesetzt orientierte Vektoren möglich („Richtung und Gegenrichtung", wenn man es so bezeichnen mag, oder „dieselbe Richtung, aber entgegengesetzt orientiert"). Dementsprechend besitzt das Skalarprodukt $\boldsymbol{a} \cdot \boldsymbol{e}$ ein Vorzeichen: Es ist positiv, wenn die Vektoren $\boldsymbol{a}$ und $\boldsymbol{e}$ einen spitzen Winkel einschließen, und negativ, wenn sie einen stumpfen Winkel einschließen.

Für den Vektor $\boldsymbol{a}_{\parallel} = (\boldsymbol{a} \cdot \boldsymbol{e})\boldsymbol{e}$ spielt die Orientierung von $\boldsymbol{e}$ keine Rolle: $(\boldsymbol{a} \cdot (-\boldsymbol{e}))(-\boldsymbol{e})$ ergibt denselben Vektor.

Zwischenfrage (1)
Zeigt der Vektor $\boldsymbol{a}_{\parallel} = (\boldsymbol{a} \cdot \boldsymbol{e})\boldsymbol{e}$ noch in die Richtung von $\boldsymbol{e}$, wenn der Vektor $\boldsymbol{e}$ *nicht* normiert ist? Und sind die Vektoren $\boldsymbol{a}_{\parallel}$ und $\boldsymbol{a}_{\perp}$, wie sie in (8.6) definiert werden, dann noch orthogonal?

Die Zerlegung eines Vektors in seine Anteile parallel und senkrecht zu einer vorgebenen Richtung ist nicht auf den $\mathbb{R}^3$ beschränkt, sondern kann vielmehr *in beliebigen euklidische Vektorräumen* vorgenommen werden. Werfen wir noch einmal einen Blick auf das Orthonormierungsverfahren aus Abschn. 7.4, insbesondere auf (7.20),

$$\boldsymbol{w}_{k+1} := \boldsymbol{v}_{k+1} - \sum_{i=1}^{k} (\boldsymbol{v}_{k+1} \cdot \boldsymbol{e}_i)\boldsymbol{e}_i .$$

Ein Vergleich mit $\boldsymbol{a}_\perp = \boldsymbol{a} - (\boldsymbol{a} \cdot \boldsymbol{e})\boldsymbol{e}$ erklärt die Orthogonalisierung: Vom Vektor $\boldsymbol{v}_{k+1}$ werden sämtliche Anteile in Richtung der Vektoren $\boldsymbol{e}_1, \ldots, \boldsymbol{e}_k$, also die Projektionen in diese Richtungen, subtrahiert. Der auf diese Weise gebildete Vektor $\boldsymbol{w}_{k+1}$ ist daher orthogonal zu den $\boldsymbol{e}_1, \ldots, \boldsymbol{e}_k$.

Beispiel
Wir zerlegen den Vektor $\boldsymbol{a} = (2, 3, -1)$ in seine Anteile längs und senkrecht zu der Richtung, die durch den Vektor $\boldsymbol{r} = (1, -1, 1)$ vorgeben ist. Dazu ist der Vektor $\boldsymbol{r}$ zunächst zu normieren: Wegen $\boldsymbol{r} \cdot \boldsymbol{r} = 3$ ist

$$\boldsymbol{e} := \boldsymbol{r}^0 = \frac{1}{\sqrt{3}} \begin{pmatrix} 1 \\ -1 \\ 1 \end{pmatrix}$$

ein normierter Richtungsvektor. Damit erhalten wir

$$\boldsymbol{a} \cdot \boldsymbol{e} = \frac{1}{\sqrt{3}}(2 - 3 - 1) = -\frac{2}{\sqrt{3}}$$

und weiter

$$\boldsymbol{a}_\parallel = (\boldsymbol{a} \cdot \boldsymbol{e})\boldsymbol{e} = -\frac{2}{\sqrt{3}} \frac{1}{\sqrt{3}} \begin{pmatrix} 1 \\ -1 \\ 1 \end{pmatrix} = \frac{2}{3} \begin{pmatrix} -1 \\ 1 \\ -1 \end{pmatrix}$$

$$\boldsymbol{a}_\perp = \boldsymbol{a} - (\boldsymbol{a} \cdot \boldsymbol{e})\boldsymbol{e} = \begin{pmatrix} 2 \\ 3 \\ -1 \end{pmatrix} - \frac{2}{3} \begin{pmatrix} -1 \\ 1 \\ -1 \end{pmatrix} = \frac{1}{3} \begin{pmatrix} 8 \\ 7 \\ -1 \end{pmatrix}.$$

Der Winkel zwischen den Vektoren $\boldsymbol{a}$ und $\boldsymbol{e}$ bzw. $\boldsymbol{r}$ ergibt sich aus

$$\cos \angle(\boldsymbol{a}, \boldsymbol{e}) = \frac{\boldsymbol{a} \cdot \boldsymbol{e}}{|\boldsymbol{a}||\boldsymbol{e}|} = \frac{-\frac{2}{\sqrt{3}}}{\sqrt{4 + 9 + 1}} = -\frac{2}{\sqrt{42}}$$

zu $\angle(\boldsymbol{a}, \boldsymbol{e}) = \arccos \dfrac{-2}{\sqrt{42}} \approx 108°$.

Antwort auf Zwischenfrage (1)
Gefragt war, ob der Vektor $\boldsymbol{a}_\parallel = (\boldsymbol{a} \cdot \boldsymbol{e})\boldsymbol{e}$ für *nicht* normiertes $\boldsymbol{e}$ noch in Richtung von $\boldsymbol{e}$ zeigt und ob $\boldsymbol{a}_\parallel$ und $\boldsymbol{a}_\perp$ dann noch orthogonal sind.

Der Vektor $\boldsymbol{a}_\parallel = (\boldsymbol{a} \cdot \boldsymbol{e})\boldsymbol{e}$ zeigt als Vielfaches von $\boldsymbol{e}$ immer in die Richtung von $\boldsymbol{e}$, hat aber für nicht normiertes $\boldsymbol{e}$ nicht mehr die Länge der Projektion des Vektors $\boldsymbol{a}$. Daher ist die Zerlegung nicht mehr orthogonal:

$$\begin{aligned}\boldsymbol{a}_\parallel \cdot \boldsymbol{a}_\perp &= (\boldsymbol{a} \cdot \boldsymbol{e})\boldsymbol{e} \cdot (\boldsymbol{a} - (\boldsymbol{a} \cdot \boldsymbol{e})\boldsymbol{e}) \\ &= (\boldsymbol{a} \cdot \boldsymbol{e})(\boldsymbol{e} \cdot \boldsymbol{a}) - (\boldsymbol{a} \cdot \boldsymbol{e})^2 \boldsymbol{e} \cdot \boldsymbol{e}\end{aligned}$$

ist nur für $\boldsymbol{e} \cdot \boldsymbol{e} = 1$ gleich 0.

8.3 Ebene und Normalenvektor

Zwei linear unabhängige Vektoren $\boldsymbol{a}, \boldsymbol{b}$ spannen eine Ebene auf. Die Vektoren $\boldsymbol{x}$ der Ebene werden gegeben durch

$$\boldsymbol{x} = s\boldsymbol{a} + u\boldsymbol{b}, \qquad s, u \in \mathbb{R} \tag{8.7}$$

und man bezeichnet $\boldsymbol{a}, \boldsymbol{b}$ als die *Richtungsvektoren* der Ebene und (8.7) als ihre *Punktrichtungsform.* Ebenso kann die Richtung der Ebene aber auch festgelegt werden durch nur einen Vektor, nämlich einen *Normalenvektor* $\boldsymbol{n} \neq \boldsymbol{0}$, der *senkrecht auf der Ebene* steht. Für sämtliche Vektoren $\boldsymbol{x}$ der Ebene gilt dann die Gleichung

$$\boldsymbol{n} \cdot \boldsymbol{x} = 0. \tag{8.8}$$

Wir haben es bisher mit einer *Ursprungsebene* zu tun, also einer Ebene, die $\boldsymbol{0}$ enthält. Zur Beschreibung einer Ebene, die beliebig im Raum liegt, ist zusätzlich ein *Stützvektor* $\boldsymbol{d}$ erforderlich, also ein Vektor, der einen beliebigen Punkt der Ebene angibt, und ihre Punktrichtungsform lautet nun

$$\boldsymbol{x} = \boldsymbol{d} + s\boldsymbol{a} + u\boldsymbol{b}, \qquad s, u \in \mathbb{R}. \tag{8.9}$$

Für einen Vektor $\boldsymbol{x}$ der Ebene ist dann $\boldsymbol{x} - \boldsymbol{d}$ senkrecht zu $\boldsymbol{n}$ und es gilt

$$\boldsymbol{n} \cdot (\boldsymbol{x} - \boldsymbol{d}) = 0, \tag{8.10}$$

sodass

$$\boldsymbol{n} \cdot \boldsymbol{x} = \boldsymbol{n} \cdot \boldsymbol{d} = c, \quad c \in \mathbb{R}, \tag{8.11}$$

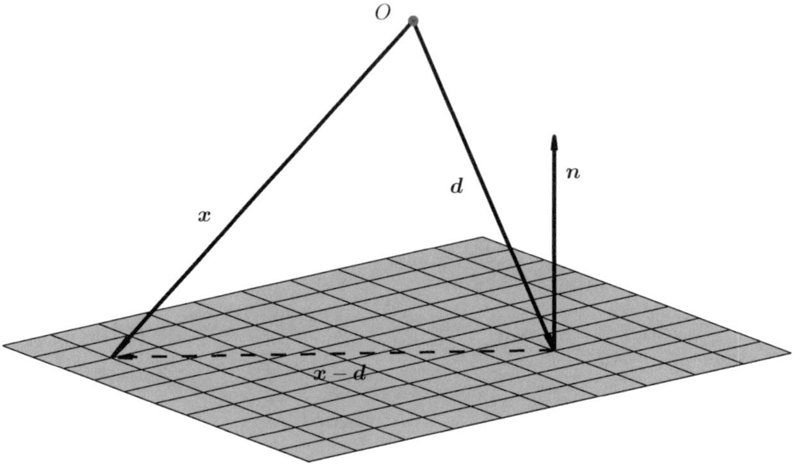

Abb. 8.2 Die Richtung einer Ebene wird durch einen Normalenvektor $\boldsymbol{n}$ festgelegt, der senkrecht auf der Ebene steht. Ist $\boldsymbol{d}$ ein beliebiger Punkt in der Ebene, so ist der Vektor $\boldsymbol{x} - \boldsymbol{d}$ für alle Vektoren $\boldsymbol{x}$ der Ebene senkrecht zu $\boldsymbol{n}$, d. h., es gilt $\boldsymbol{n} \cdot (\boldsymbol{x} - \boldsymbol{d}) = 0$

die allgemeine Gleichung einer Ebene in *Normalenform* darstellt, siehe Abb. 8.2. Ist der Vektor $\boldsymbol{n}$ normiert, so spricht man von der *Hesse-Normalenform*[1]:

$$\boldsymbol{n}^0 \cdot \boldsymbol{x} = c_0 \qquad \text{bzw.} \qquad \boldsymbol{n}^0 \cdot \boldsymbol{x} - c_0 = 0. \tag{8.12}$$

Zwischenfrage (2)
Sind für eine gegebene Ebene der Stützvektor, die Richtungsvektoren oder der Normalenvektor eindeutig festgelegt? Ist der Normalenvektor eindeutig, wenn er normiert wird?

Mit $\boldsymbol{n} = (n_1, n_2, n_3)$ und $\boldsymbol{x} = (x_1, x_2, x_3)$ lautet (8.11)

$$n_1 x_1 + n_2 x_2 + n_3 x_3 = c \tag{8.13}$$

und wir haben die Ebenengleichung in *Koordinatenform* vor uns. *Eine lineare Gleichung mit drei Unbekannten entspricht somit einer Ebenengleichung und die Lösungsmenge der Gleichung enthält die Punkte der Ebene.*

Ein Gleichungssystem von linearen Gleichungen mit drei Unbekannten lässt sich somit geometrisch deuten: Bei der Lösung eines Systems aus zwei Gleichungen handelt es sich um die Schnittmenge zweier Ebenen. Bei nicht parallelen Ebenen, deren Normalenvektoren also keine Vielfachen voneinander sind, erhält man als

[1] Benannt nach dem deutschen Mathematiker Otto Hesse, 1811–1874.

Schnittmenge eine *Gerade*, d. h. eine Lösungsmenge der Form

$$\mathbb{L} = \{\boldsymbol{x} \mid \boldsymbol{x} = \boldsymbol{c} + s\boldsymbol{r},\ s \in \mathbb{R}\} \tag{8.14}$$

mit einem Stützvektor $\boldsymbol{c}$ und einem Richtungsvektor $\boldsymbol{r}$ der Gerade. Bei parallelen Ebenen ergibt sich die gesamte Ebene (Ebenen identisch) oder die leere Menge (Ebenen punktfremd).

Kommt eine dritte Ebene hinzu und sind die drei Normalenvektoren linear unabhängig, so erhält man als Schnittmenge einen Punkt (eindeutig lösbares System) und bei linear abhängigen Normalenvektoren sind eine Ebene, eine Gerade oder die leere Menge als Lösungen möglich (nicht eindeutig lösbare Systeme).

Antwort auf Zwischenfrage (2)

Gefragt war, ob für eine Ebene der Stützvektor, die Richtungsvektoren oder der Normalenvektor eindeutig festgelegt sind.

Als Stützvektor kann ein beliebiger Punkt der Ebene gewählt werden, es sind also beliebig viele möglich. Ebenso verhält es sich bei den Richtungsvektoren: Hat man zwei Richtungsvektoren, so funktionieren auch Linearkombinationen dieser Richtungsvektoren als „neue“ Richtungsvektoren, solange man zwei linear unabhängige Vektoren behält. Der Normalenvektor schließlich ist durch seine Richtung ausgezeichnet, jedes Vielfache ($\neq \boldsymbol{0}$) eines Normalenvektors ist somit wieder ein Normalenvektor. Soll er normiert sein, sind noch zwei Vektoren möglich: Der Vektor und sein Negatives.

Beispiel

Die Gleichung $2x_1 - 3x_2 + x_3 = -5$ ist die Koordinatengleichung einer Ebene im $\mathbb{R}^3$. Ihr Normalenvektor kann abgelesen werden, denn es ist

$$2x_1 - 3x_2 + x_3 = \begin{pmatrix} 2 \\ -3 \\ 1 \end{pmatrix} \cdot \begin{pmatrix} x_1 \\ x_2 \\ x_3 \end{pmatrix} = -5. \tag{8.15}$$

Ein Stützvektor ist ein beliebiger Punkt der Ebene. Mit Blick auf die Koordinatengleichung wählen wir $(0, 0, -5)$ und haben mit

$$\begin{pmatrix} 2 \\ -3 \\ 1 \end{pmatrix} \cdot \begin{pmatrix} x_1 \\ x_2 \\ x_3 \end{pmatrix} = \begin{pmatrix} 2 \\ -3 \\ 1 \end{pmatrix} \cdot \begin{pmatrix} 0 \\ 0 \\ -5 \end{pmatrix} = -5 \tag{8.16}$$

die Normalenform der Ebene und mit

$$\begin{pmatrix} 2/\sqrt{14} \\ -3/\sqrt{14} \\ 1/\sqrt{14} \end{pmatrix} \cdot \begin{pmatrix} x_1 \\ x_2 \\ x_3 \end{pmatrix} = \begin{pmatrix} 2/\sqrt{14} \\ -3/\sqrt{14} \\ 1/\sqrt{14} \end{pmatrix} \cdot \begin{pmatrix} 0 \\ 0 \\ -5 \end{pmatrix} = -\frac{5}{\sqrt{14}}$$

bzw.

$$\begin{pmatrix} 2/\sqrt{14} \\ -3/\sqrt{14} \\ 1/\sqrt{14} \end{pmatrix} \cdot \begin{pmatrix} x_1 \\ x_2 \\ x_3 \end{pmatrix} + \frac{5}{\sqrt{14}} = 0 \tag{8.17}$$

ihre Hesse-Normalenform.

Für die Punktrichtungsform benötigen wir zwei linear unabhängige Richtungsvektoren senkrecht zum Normalenvektor: Die Skalarprodukte

$$\begin{pmatrix} 2 \\ -3 \\ 1 \end{pmatrix} \cdot \begin{pmatrix} 3 \\ 2 \\ 0 \end{pmatrix} \quad \text{und} \quad \begin{pmatrix} 2 \\ -3 \\ 1 \end{pmatrix} \cdot \begin{pmatrix} 1 \\ 0 \\ -2 \end{pmatrix}$$

sind 0, sodass wir

$$\boldsymbol{x} = \begin{pmatrix} 0 \\ 0 \\ -5 \end{pmatrix} + s \begin{pmatrix} 3 \\ 2 \\ 0 \end{pmatrix} + u \begin{pmatrix} 1 \\ 0 \\ -2 \end{pmatrix} \tag{8.18}$$

als Punktrichtungsform der Ebene angeben können.

Lesehilfe
Die verschiedenen Formen einer Ebenengleichung haben jeweils ihre Vorteile. Abhängig von der Fragestellung wird man die eine oder die andere vorziehen, daher ist es wichtig, dass du sie ineinander „umrechnen" kannst. Wie du im obigen Beispiel siehst, ist das leicht möglich.

8.4 Vektorprodukt

Mit dem Skalarprodukt wird zwei Vektoren ein Skalar zugeordnet. Im gewöhnlichen $\mathbb{R}^3$, und zwar nur dort, lässt sich darüber hinaus auch ein *Vektorprodukt* definieren, das zwei Vektoren einen Vektor zuordnet:[2]

Definition 8.1 *Unter dem* Vektorprodukt *oder* Kreuzprodukt *zweier Vektoren* $\boldsymbol{a}, \boldsymbol{b}$ *des gewöhnlichen* $\mathbb{R}^3$, *geschrieben als* $\boldsymbol{a} \times \boldsymbol{b}$, *versteht man den Vektor* $\boldsymbol{v} = \boldsymbol{a} \times \boldsymbol{b}$ *mit den folgenden Eigenschaften:*

(1) *Sein Betrag ist* $|\boldsymbol{v}| = |\boldsymbol{a}||\boldsymbol{b}||\sin \angle(\boldsymbol{a}, \boldsymbol{b})|$.
(2) *Er ist orthogonal zu* $\boldsymbol{a}$ *und zu* $\boldsymbol{b}$.
(3) *Die Vektoren* $\boldsymbol{a}, \boldsymbol{b}, \boldsymbol{v}$ *bilden ein Rechtssystem.*

[2] Das Skalarprodukt bezeichnet man auch als das *innere Produkt* und das Vektorprodukt als das *äußere Produkt*.

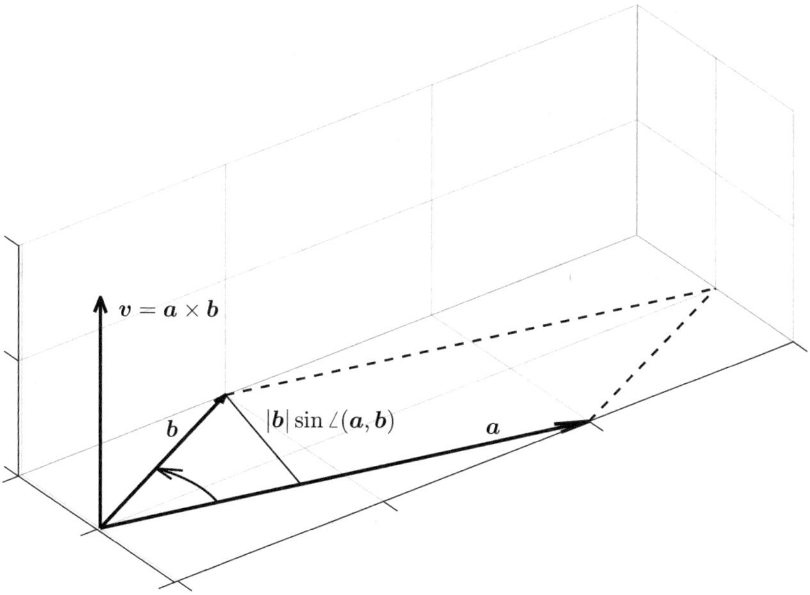

Abb. 8.3 Die Länge des Vektors $\boldsymbol{v} = \boldsymbol{a} \times \boldsymbol{b}$ ist gleich $|\boldsymbol{a}||\boldsymbol{b}||\sin \angle(\boldsymbol{a}, \boldsymbol{b})|$ und entspricht dem Flächeninhalt des von $\boldsymbol{a}$ und $\boldsymbol{b}$ aufgespannten Parallelogramms. Der Vektor $\boldsymbol{v}$ steht senkrecht auf dieser Fläche und die Vektoren $\boldsymbol{a}, \boldsymbol{b}, \boldsymbol{v}$ bilden ein Rechtssystem

Lesehilfe
Drei Vektoren bilden ein Rechtssystem, wenn sie wie der Reihe nach wie Daumen, Zeigefinger, Mittelfinger der *rechten* Hand orientiert sind. Die Reihenfolge der Vektoren ist daher entscheidend: Wenn $\boldsymbol{a}, \boldsymbol{b}, \boldsymbol{v}$ ein Rechtssystem bilden, ist das bei $\boldsymbol{b}, \boldsymbol{a}, \boldsymbol{v}$ nicht der Fall (das wäre vielmehr ein „Linkssystem", wenn man es so bezeichnen will).

Geometrisch besitzt das Vektorprodukt die folgende Bedeutung: Die Länge von $\boldsymbol{v}$ entspricht dem Flächeninhalt des von $\boldsymbol{a}$ und $\boldsymbol{b}$ aufgespannten Parallelogramms, der Vektor $\boldsymbol{v}$ steht senkrecht auf dieser Fläche und seine Orientierung ergibt sich aus der Forderung, dass $\boldsymbol{a}, \boldsymbol{b}, \boldsymbol{v}$ ein Rechtssystem bilden, siehe Abb. 8.3.

Das Vektorprodukt ist *nicht kommutativ*, vielmehr gilt aufgrund der Eigenschaften des Rechtssystems

$$\boldsymbol{a} \times \boldsymbol{b} = -\boldsymbol{b} \times \boldsymbol{a}. \tag{8.19}$$

Ferner ist zu beachten, dass aus $\boldsymbol{a} \times \boldsymbol{b} = \boldsymbol{0}$ *nicht* zwingend $\boldsymbol{a} = \boldsymbol{0}$ oder $\boldsymbol{b} = \boldsymbol{0}$ folgt. Das Vektorprodukt verschwindet nämlich auch dann, wenn die Vektoren $\boldsymbol{a}$ und $\boldsymbol{b}$ parallel sind.

Lesehilfe
Wie du siehst, weist das Vektorprodukt spezielle Eigenschaften auf. Man muss also beim Rechnen ein wenig aufpassen.

Das Vektorprodukt erfüllt das Distributivgesetz:

$$\boldsymbol{a} \times (\boldsymbol{b} + \boldsymbol{c}) = \boldsymbol{a} \times \boldsymbol{b} + \boldsymbol{a} \times \boldsymbol{c} \quad \text{für alle } \boldsymbol{a}, \boldsymbol{b}, \boldsymbol{c} \in \mathbb{R}^3. \tag{8.20}$$

Für das Vektorprodukt der kanonischen Basisvektoren $\boldsymbol{e}_i$, $i = 1, 2, 3$, gilt

$$\boldsymbol{e}_1 \times \boldsymbol{e}_2 = \boldsymbol{e}_3$$

und analog für jede *zyklische* Permutation der Indizes $1, 2, 3$, also die Permutationen $\langle 2, 3, 1 \rangle$ und $\langle 3, 1, 2 \rangle$. Umgekehrt erhält man für jede *antizyklische* Permutation, also $\langle 3, 2, 1 \rangle$, $\langle 1, 3, 2 \rangle$, $\langle 2, 1, 3 \rangle$, ein Minuszeichen, d. h. beispielsweise

$$\boldsymbol{e}_3 \times \boldsymbol{e}_2 = -\boldsymbol{e}_1.$$

Lesehilfe
Zyklisch bedeutet also, dass die Indizes $1, 2, 3$ in dieser Reihenfolge auftreten und man bei 3 drei weiterzählt auf 1, also den „Zyklus" $1, 2, 3$ immer in dieser Richtung durchläuft, beginnend bei 1, 2 oder 3. Antizyklisch läuft man anders herum.

Diese Zusammenhänge lassen sich zusammenfassen als

$$(\boldsymbol{e}_i \times \boldsymbol{e}_j) \cdot \boldsymbol{e}_k = \begin{cases} +1 & \text{falls } i, j, k \text{ zyklisch zu } 1, 2, 3 \\ -1 & \text{falls } i, j, k \text{ antizyklisch zu } 1, 2, 3 \\ 0 & \text{falls } i, j, k \text{ sonstwie gewählt} \end{cases} \tag{8.21}$$

und erhält damit das *Levi-Civita-Symbol*[3]

$$\varepsilon_{ijk} := (\boldsymbol{e}_i \times \boldsymbol{e}_j) \cdot \boldsymbol{e}_k. \tag{8.22}$$

Lesehilfe
Der Ausdruck $(\boldsymbol{e}_i \times \boldsymbol{e}_j) \cdot \boldsymbol{e}_k$ ist einfach, wenn du ihn in Ruhe ansiehst: $\boldsymbol{e}_i \times \boldsymbol{e}_j$ ist 0 für $i = j$ und für $i \neq j$ kommt $\pm \boldsymbol{e}_l$ heraus, wo l der noch fehlende

[3] Benannt nach dem italienischen Mathematiker Tullio Levi-Civita, 1873–1941.

Index aus $1, 2, 3$ ist und $\pm$ von der Reihenfolge von i, j abhängt. Wird nun $(\pm \boldsymbol{e}_l) \cdot \boldsymbol{e}_k$ gebildet, ist das nur für $l = k$ ungleich 0. Somit ist $(\boldsymbol{e}_i \times \boldsymbol{e}_j) \cdot \boldsymbol{e}_k$ nur dann ungleich 0, wenn die Indizes i, j, k verschieden sind und dann sind sie entweder zyklisch oder antizyklisch zu $1, 2, 3$ (das ist bei drei Zahlen so, bei vier Zahlen stimmt das nicht mehr). „Sonstwie gewählt“ heißt also, dass mindestens zwei der Indizes gleich sind. Wie du siehst, ist (8.21) viel weniger schlimm als dieser ganze Text hier ;-)

Das Levi-Civita-Symbol gibt es in beliebigen Dimensionen n, dann als $\varepsilon_{i_1 \dots i_n}$. Es ist 0, wenn zwei Indizes denselben Wert haben, und es ist „total antisymmetrisch“, d. h., das Vertauschen zweier Indizes führt zu einem Vorzeichenwechsel. Sein Wert gibt an, ob die Permutation $\langle i_1, \dots, i_n \rangle$ gerade oder ungerade ist. Oben haben wir also genauer das Levi-Civita-Symbol dritter Stufe.

Die **Komponentendarstellung** des Vektorprodukts kann mithilfe der Basisdarstellungen der Vektoren und unter Verwendung der Rechenregeln für das Vektorprodukt gewonnen werden: Es ergibt sich nach kurzer Rechnung

$$\begin{aligned} \boldsymbol{a} \times \boldsymbol{b} &= (a_1 \boldsymbol{e}_1 + a_2 \boldsymbol{e}_2 + a_3 \boldsymbol{e}_3) \times (b_1 \boldsymbol{e}_1 + b_2 \boldsymbol{e}_2 + b_3 \boldsymbol{e}_3) \\ &= (a_2 b_3 - a_3 b_2) \boldsymbol{e}_1 - (a_1 b_3 - a_3 b_1) \boldsymbol{e}_2 + (a_1 b_2 - a_2 b_1) \boldsymbol{e}_3. \end{aligned} \tag{8.23}$$

Dieses Ergebnis kann man sich leicht merken, wenn man es in Form der folgenden Determinante schreibt, bei der die erste Zeile zwar aus Vektoren besteht, die aber dessen ungeachtet in der üblichen Weise berechnet wird:

$$\boldsymbol{a} \times \boldsymbol{b} = \begin{vmatrix} \boldsymbol{e}_1 & \boldsymbol{e}_2 & \boldsymbol{e}_3 \\ a_1 & a_2 & a_3 \\ b_1 & b_2 & b_3 \end{vmatrix}. \tag{8.24}$$

Lesehilfe

Zur Berechnung des Vektorprodukts mit der Merkregel (8.24) bietet es sich an, die Determinante nach der ersten Zeile zu entwickeln.

Schließlich kann das Ergebnis für $\boldsymbol{v} = \boldsymbol{a} \times \boldsymbol{b}$ auch wiedergegeben werden als

$$v_i = \sum_{j,k=1}^{3} \varepsilon_{ijk} a_j b_k, \qquad i = 1, 2, 3, \tag{8.25}$$

wovon man sich durch Ausschreiben der Summe und Vergleich mit (8.23) leicht überzeugt.

Zwischenfrage (3)
Wie lautet die „kurze Rechnung", die auf (8.23) führt?

Spatprodukt

Multipliziert man das Kreuzprodukt zweier Vektoren skalar mit einem weiteren Vektor, so erhält man das *Spatprodukt*: *Für drei Vektoren* $\boldsymbol{a}, \boldsymbol{b}, \boldsymbol{c}$ *des gewöhnlichen* $\mathbb{R}^3$ *bezeichnet man*

$$V(\boldsymbol{a}, \boldsymbol{b}, \boldsymbol{c}) := (\boldsymbol{a} \times \boldsymbol{b}) \cdot \boldsymbol{c}. \tag{8.26}$$

als ihr Spatprodukt. Dieses Produkt ergibt das *Volumen des durch die Vektoren* $\boldsymbol{a}, \boldsymbol{b}, \boldsymbol{c}$ *aufgespannten Parallelepipeds* (bzw. *Spats*): Es ist $(\boldsymbol{a} \times \boldsymbol{b}) \cdot \boldsymbol{c} = |\boldsymbol{a} \times \boldsymbol{b}||\boldsymbol{c}| \cos\varphi$, wobei φ der Winkel zwischen $\boldsymbol{c}$ und $\boldsymbol{a} \times \boldsymbol{b}$ ist. Der Vektor $\boldsymbol{a} \times \boldsymbol{b}$ steht senkrecht auf $\boldsymbol{a}$ und $\boldsymbol{b}$, sodass $|\boldsymbol{c}| \cos\varphi$ als Projektion von $\boldsymbol{c}$ auf $\boldsymbol{a} \times \boldsymbol{b}$ bis auf ein eventuelles Vorzeichen die Höhe des Parallelepipeds darstellt, siehe Abb. 8.4.

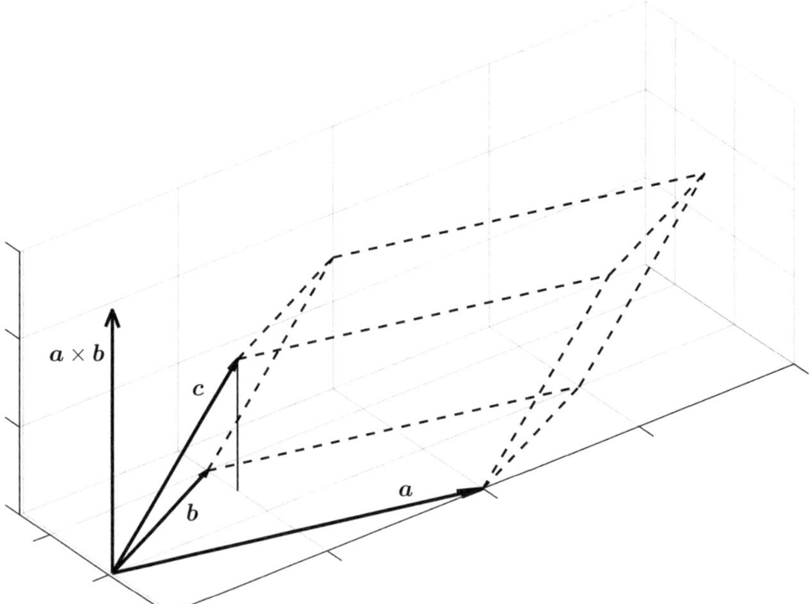

Abb. 8.4 Das Spatprodukt dreier Vektoren $\boldsymbol{a}, \boldsymbol{b}, \boldsymbol{c}$ ergibt das Volumen des durch diese drei Vektoren aufgespannten Parallelepipeds. Es ist $(\boldsymbol{a} \times \boldsymbol{b}) \cdot \boldsymbol{c} = |\boldsymbol{a} \times \boldsymbol{b}||\boldsymbol{c}| \cos\varphi$ mit dem Winkel φ zwischen den Vektoren $\boldsymbol{a} \times \boldsymbol{b}$ und $\boldsymbol{c}$. Der Vektor $\boldsymbol{a} \times \boldsymbol{b}$ steht senkrecht auf $\boldsymbol{a}$ und $\boldsymbol{b}$, sodass $|\boldsymbol{c}| \cos\varphi$ als Projektion von $\boldsymbol{c}$ auf $\boldsymbol{a} \times \boldsymbol{b}$ die Höhe des Parallelepipeds darstellt

Lesehilfe
„Spat" und „Parallelepiped" sind zwei Wörter für dieselbe Sache: Es handelt sich um das „dreidimensionale Parallelogramm", das durch drei linear unabhängige Vektoren aufgespannt wird. Das Spatprodukt heißt nun so, weil es das Volumen dieses dreidimensionalen Körpers angibt, jedenfalls bis auf ein Vorzeichen: Es ist

$$(\boldsymbol{a} \times \boldsymbol{b}) \cdot \boldsymbol{c} = -(\boldsymbol{b} \times \boldsymbol{a}) \cdot \boldsymbol{c}$$

und für den Spat ist es unerheblich, in welcher Reihenfolge er durch seine Kantenvektoren aufgespannt wird.

Sehen wir uns die **Komponentendarstellung** des Spatprodukts an: Für das Vektorprodukt haben wir

$$(\boldsymbol{a} \times \boldsymbol{b})_i = \sum_{j,k=1}^{3} \varepsilon_{ijk} a_j b_k,$$

siehe (8.25), sodass wir mit dem anschließenden Skalarprodukt insgesamt

$$(\boldsymbol{a} \times \boldsymbol{b}) \cdot \boldsymbol{c} = \sum_{i=1}^{3} (\boldsymbol{a} \times \boldsymbol{b})_i c_i = \sum_{i,j,k=1}^{3} \varepsilon_{ijk} a_j b_k c_i = \sum_{i,j,k=1}^{3} \varepsilon_{ijk} a_i b_j c_k \tag{8.27}$$

erhalten. Diese Dreifachsumme entspricht der Determinante, die aus den Vektoren $\boldsymbol{a}, \boldsymbol{b}, \boldsymbol{c}$ gebildet wird, d. h., es ist

$$(\boldsymbol{a} \times \boldsymbol{b}) \cdot \boldsymbol{c} = \begin{vmatrix} a_1 & b_1 & c_1 \\ a_2 & b_2 & c_2 \\ a_3 & b_3 & c_3 \end{vmatrix} = \begin{vmatrix} a_1 & a_2 & a_3 \\ b_1 & b_2 & b_3 \\ c_1 & c_2 & c_3 \end{vmatrix}, \tag{8.28}$$

wie man durch Ausführen der Summe und Vergleich mit (5.17) erkennt.

Lesehilfe

Es ist vielleicht überraschend, dass die Dreifachsumme (8.27) einer Determinante entspricht. Werfen wir noch einmal einen Blick darauf: Die Determinante ist

$$\det A = \det(a_{ij}) = \sum_{\pi \in S_3} (\operatorname{sign} \pi)\, a_{1\,\pi(1)} a_{2\,\pi(2)} a_{3\,\pi(3)}.$$

Bezeichnen wir die Elemente der ersten Zeile als $a_{1\,\pi(1)} =: a_{\pi(1)}$, die der zweiten Zeile als $a_{2\,\pi(1)} =: b_{\pi(1)}$ und ebenso $a_{3\,\pi(1)} =: c_{\pi(1)}$, so haben wir

$$\det A = \sum_{\pi \in S_3} (\operatorname{sign} \pi)\, a_{\pi(1)} b_{\pi(2)} c_{\pi(3)}$$

und die Matrix A wird aus den Vektoren $\boldsymbol{a}$, $\boldsymbol{b}$ und $\boldsymbol{c}$ gebildet. Nun ist ε_{ijk} nur ungleich 0, wenn die i, j, k eine Permutation der Zahlen $1, 2, 3$ darstellen (also alle drei unterschiedlich sind) und ergibt dann das Vorzeichen der entsprechenden Permutation. Daher kann man auch

$$\det A = \sum_{i,j,k=1}^{3} \varepsilon_{ijk} a_i b_j c_k$$

schreiben, da in dieser Dreifachsumme, die zunächst aus $3 \cdot 3 \cdot 3 = 27$ Summanden zu bestehen scheint, aufgrund von ε_{ijk} nur 6 Summanden ungleich 0 übrig bleiben.

Tatsächlich kann jede $n \times n$-Determinante auch mit dem Levi-Civita-Symbol geschrieben werden als

$$\det(a_{ij}) = \sum_{i_1,\ldots,i_n=1}^{n} \varepsilon_{i_1 \ldots i_n} a_{1\,i_1} \ldots a_{n\,i_n}.$$

Aus der Darstellung als Determinante erkennt man, dass gilt

$$(\boldsymbol{a} \times \boldsymbol{b}) \cdot \boldsymbol{c} = \boldsymbol{a} \cdot (\boldsymbol{b} \times \boldsymbol{c}). \tag{8.29}$$

Es ist also egal, ob das Kreuzprodukt mit den ersten beiden oder den zweiten beiden Vektoren gebildet wird.

Antwort auf Zwischenfrage (3)
Gefragt war nach der Rechnung, die auf (8.23) führt.

Durch Ausmultiplizieren unter Beibehaltung der Reihenfolge der Vektoren erhält man:

$$\begin{aligned}
\boldsymbol{a} \times \boldsymbol{b} &= (a_1\boldsymbol{e}_1 + a_2\boldsymbol{e}_2 + a_3\boldsymbol{e}_3) \times (b_1\boldsymbol{e}_1 + b_2\boldsymbol{e}_2 + b_3\boldsymbol{e}_3) \\
&= a_1b_1 \underbrace{\boldsymbol{e}_1 \times \boldsymbol{e}_1}_{=0} + a_1b_2\boldsymbol{e}_1 \times \boldsymbol{e}_2 + a_1b_3\boldsymbol{e}_1 \times \boldsymbol{e}_3 \\
&\quad + a_2b_1\boldsymbol{e}_2 \times \boldsymbol{e}_1 + a_2b_2 \underbrace{\boldsymbol{e}_2 \times \boldsymbol{e}_2}_{=0} + a_2b_3\boldsymbol{e}_2 \times \boldsymbol{e}_3 \\
&\quad + a_3b_1\boldsymbol{e}_3 \times \boldsymbol{e}_1 + a_3b_2\boldsymbol{e}_3 \times \boldsymbol{e}_2 + a_3b_3 \underbrace{\boldsymbol{e}_3 \times \boldsymbol{e}_3}_{=0} \\
&= a_1b_2\boldsymbol{e}_3 + a_1b_3(-\boldsymbol{e}_2) + a_2b_1(-\boldsymbol{e}_3) + a_2b_3\boldsymbol{e}_1 + a_3b_1\boldsymbol{e}_2 + a_3b_2(-\boldsymbol{e}_1) \\
&= (a_2b_3 - a_3b_2)\boldsymbol{e}_1 - (a_1b_3 - a_3b_1)\boldsymbol{e}_2 + (a_1b_2 - a_2b_1)\boldsymbol{e}_3.
\end{aligned}$$

Zwischenfrage (4)
Warum folgt aus der Darstellung des Spatprodukts als Determinante (8.29)?

Beispiele
(1) Wir betrachten die drei Vektoren

$$\boldsymbol{a} = \begin{pmatrix} 1 \\ 2 \\ -3 \end{pmatrix}, \quad \boldsymbol{b} = \begin{pmatrix} -1 \\ 0 \\ 1 \end{pmatrix}, \quad \boldsymbol{c} = \begin{pmatrix} 0 \\ 4 \\ -5 \end{pmatrix}.$$

Die Vektoren $\boldsymbol{a}$ und $\boldsymbol{b}$ spannen ein Parallelogramm auf. Zur Berechnung seines Flächeninhalts bilden wir das Vektorprodukt:

$$\begin{aligned}
\boldsymbol{a} \times \boldsymbol{b} = \begin{pmatrix} 1 \\ 2 \\ -3 \end{pmatrix} \times \begin{pmatrix} -1 \\ 0 \\ 1 \end{pmatrix} &= \begin{vmatrix} \boldsymbol{e}_1 & \boldsymbol{e}_2 & \boldsymbol{e}_3 \\ 1 & 2 & -3 \\ -1 & 0 & 1 \end{vmatrix} \\
&= \boldsymbol{e}_1(+2) - \boldsymbol{e}_2(-2) + \boldsymbol{e}_3(+2) = \begin{pmatrix} 2 \\ 2 \\ 2 \end{pmatrix}.
\end{aligned}$$

Dieser Vektor steht senkrecht auf $\boldsymbol{a}$ und $\boldsymbol{b}$,

$$\begin{pmatrix} 2 \\ 2 \\ 2 \end{pmatrix} \cdot \begin{pmatrix} 1 \\ 2 \\ -3 \end{pmatrix} = 0 = \begin{pmatrix} 2 \\ 2 \\ 2 \end{pmatrix} \cdot \begin{pmatrix} -1 \\ 0 \\ 1 \end{pmatrix},$$

und seine Länge ergibt den Flächeninhalt des Parallelogramms:

$$F = \left\| \begin{pmatrix} 2 \\ 2 \\ 2 \end{pmatrix} \right\| = \sqrt{2^2 + 2^2 + 2^2} = \sqrt{12} = 2\sqrt{3}.$$

Das Volumen des durch die Vektoren $\boldsymbol{a}$, $\boldsymbol{b}$ und $\boldsymbol{c}$ aufgespannten Parallelepipeds ergibt sich aus dem Spatprodukt:

$$(\boldsymbol{a} \times \boldsymbol{b}) \cdot \boldsymbol{c} = \begin{vmatrix} 1 & -1 & 0 \\ 2 & 0 & 4 \\ -3 & 1 & -5 \end{vmatrix} = -2.$$

Das Volumen entspricht dem Betrag dieses Werts. Das Vorzeichen spielt in diesem Zusammenhang keine Rolle, es spiegelt lediglich die Reihenfolge der Vektoren wieder.

(2) Wir betrachten erneut (8.18), also die Punktrichtungsform

$$\boldsymbol{x} = \begin{pmatrix} 0 \\ 0 \\ -5 \end{pmatrix} + s \begin{pmatrix} 3 \\ 2 \\ 0 \end{pmatrix} + u \begin{pmatrix} 1 \\ 0 \\ -2 \end{pmatrix} \tag{8.30}$$

einer Ebene. Zur Ermittlung eines Normalenvektors kann das Kreuzprodukt der beiden Richtungsvektoren gebildet werden:

$$\begin{pmatrix} 3 \\ 2 \\ 0 \end{pmatrix} \times \begin{pmatrix} 1 \\ 0 \\ -2 \end{pmatrix} = \begin{vmatrix} \boldsymbol{e}_1 & \boldsymbol{e}_2 & \boldsymbol{e}_3 \\ 3 & 2 & 0 \\ 1 & 0 & -2 \end{vmatrix} = \begin{pmatrix} -4 \\ 6 \\ -2 \end{pmatrix}.$$

Dieser Vektor ist ein Vielfaches des Normalenvektors $(2, -3 - 1)$, der in (8.15) abgelesen wurde, was nicht überraschend ist, da der Normalenvektor wie die Richtungsvektoren nicht eindeutig bestimmt ist. Die Menge aller möglichen Normalenvektoren entspricht der Lösungsmenge des homogenen Gleichungssystems

$$\begin{pmatrix} 3 \\ 2 \\ 0 \end{pmatrix} \cdot \boldsymbol{n} = 3n_1 + 2n_2 = 0$$

$$\begin{pmatrix} 1 \\ 0 \\ -2 \end{pmatrix} \cdot \boldsymbol{n} = n_1 - 2n_3 = 0,$$

ergibt sich also aus der Bedingung, dass ein Normalenvektor orthogonal zu beiden Richtungsvektoren sein muss. Mit dem obigen Kreuzprodukt können wir die

Lösung dieses Gleichungssystems sofort angeben:

$$\mathbb{L} = \left\{ s \begin{pmatrix} -4 \\ 6 \\ -2 \end{pmatrix} \middle| s \in \mathbb{R}^* \right\}$$

ist die Menge aller möglichen Normalenvektoren der Ebene (8.30).

(3) Die kanonischen Basisvektoren $\boldsymbol{e}_1, \boldsymbol{e}_2, \boldsymbol{e}_3$ spannen das Volumen 1 auf, denn es ist

$$(\boldsymbol{e}_1 \times \boldsymbol{e}_2) \cdot \boldsymbol{e}_3 = \varepsilon_{123} = 1$$

oder auch

$$(\boldsymbol{e}_1 \times \boldsymbol{e}_2) \cdot \boldsymbol{e}_3 = \det E_3 = 1.$$

Antwort auf Zwischenfrage (4)

Gefragt war, warum aus der Darstellung des Spatprodukts als Determinante folgt

$$(\boldsymbol{a} \times \boldsymbol{b}) \cdot \boldsymbol{c} = \boldsymbol{a} \cdot (\boldsymbol{b} \times \boldsymbol{c}).$$

Zunächst haben wir

$$(\boldsymbol{a} \times \boldsymbol{b}) \cdot \boldsymbol{c} = \begin{vmatrix} a_1 & b_1 & c_1 \\ a_2 & b_2 & c_2 \\ a_3 & b_3 & c_3 \end{vmatrix}.$$

Aufgrund der Kommutativität des Skalarprodukts ist

$$\boldsymbol{a} \cdot (\boldsymbol{b} \times \boldsymbol{c}) = (\boldsymbol{b} \times \boldsymbol{c}) \cdot \boldsymbol{a} = \begin{vmatrix} b_1 & c_1 & a_1 \\ b_2 & c_2 & a_2 \\ b_3 & c_3 & a_3 \end{vmatrix}.$$

Diese beiden Determinanten sind gleich, weil sie durch zwei Spaltenvertauschungen auseinander hervorgehen.

8.5 Drehungen und Drehmatrizen

Wir haben uns in den Beispielen zu den vorangegangenen Kapiteln bereits mehrfach mit Drehungen und „Drehmatrizen“ beschäftigt, siehe insbesondere Abschn. 3.4, 4.3.1 und 4.3.2. Man spricht von einer *Drehmatrix*, wenn durch diese Matrix *hinsichtlich einer Orthonormalbasis* eine Drehung beschrieben wird. In unseren Beispielen war das der Fall, weil sie in der kanonischen Basis formuliert waren oder in Basen, die sich aus der kanonischen Basis durch eine Koordinatendrehung ergeben haben und daher wieder Orthonormalbasen waren. Wir haben aber generell zu beachten, dass *Drehungen abseits von Orthonormalbasen nicht durch Drehmatrizen beschrieben werden.*

8.5.1 Invarianz der Länge

Eine Drehung $\boldsymbol{d}$ ist geometrisch dadurch gekennzeichnet, dass sie die Länge eines Vektors invariant lässt, d. h., ein Vektor $\boldsymbol{x}$ und sein Bildvektor $\boldsymbol{d}(\boldsymbol{x})$ besitzen dieselbe Länge:

$$\boldsymbol{d}(\boldsymbol{x}) \cdot \boldsymbol{d}(\boldsymbol{x}) = \boldsymbol{x} \cdot \boldsymbol{x}. \tag{8.31}$$

In einer Orthonormalbasis besitzt das Skalarprodukt die Form des Standardskalarprodukts. Wird die Drehung also in einer Orthonormalbasis durch die Matrix $D = (d_{ij})$ beschrieben, so ist Bedingung (8.31) gleichbedeutend mit

$$\sum_i \left(\sum_k d_{ik} x_k\right)\left(\sum_l d_{il} x_l\right) = \sum_{k,l} x_k x_l \sum_i d_{ik} d_{il} = \sum_i x_i x_i .$$

Lesehilfe
Mit $\boldsymbol{y} = \boldsymbol{d}(\boldsymbol{x})$ ist $y_i = \sum_k d_{ik} x_k$ und daher ist

$$\boldsymbol{y} \cdot \boldsymbol{y} = \sum_i y_i y_i = \sum_i \left(\sum_k d_{ik} x_k\right)\left(\sum_l d_{il} x_l\right),$$

wobei in der zweiten Summe nur der andere innere Summationsindex l verwendet wurde. Da x_k, x_l nicht von i abhängen, können sie anschließend vor die Summe über i geschrieben werden.

Sie ist erfüllt, wenn für die Elemente der Matrix D gilt

$$\sum_i d_{ik} d_{il} = \delta_{kl}. \tag{8.32}$$

Drückt man dies auf Ebene der Matrizen aus, so erfüllt eine Drehmatrix also die Bedingung

$$D^{\mathrm{T}} D = E_n \tag{8.33}$$

mit der Einheitsmatrix E_n.

Lesehilfe
Setzt man $d_{ik} =: d'_{ki}$, so sind d'_{ki} die Elemente der transponierten Matrix D^{T} und $\sum_i d'_{ki} d_{il}$ entspricht dem Matrizenprodukt $D^{\mathrm{T}} D$. Auf der anderen Seite haben wir mit der Matrix (δ_{kl}) die Matrix, die auf der Hauptdiagonale Einsen und ansonsten nur Nullen enthält, also $(\delta_{kl}) = E_n$.

Eine Matrix D, die der Gleichung (8.33) genügt, besitzt normierte Spaltenvektoren, die paarweise orthogonal sind. Eine solche Matrix nennt man eine *orthogonale Matrix*[4] und wir halten fest:

Drehmatrizen sind orthogonale Matrizen.

Die Inversion einer Drehmatrix fällt daher besonders leicht, denn für orthogonale Matrizen gilt offenbar

$$D^{-1} = D^{\mathrm{T}}. \tag{8.34}$$

Zwischenfrage (5)
Warum besagt die Bedingung $D^{\mathrm{T}} D = E_n$, dass die Spalten der Matrix D paarweise orthogonal sind? Und warum ist „offenbar" $D^{-1} = D^{\mathrm{T}}$?

8.5.2 Invarianz des Rechtsvolumens

Die Bedingung (8.33) allein reicht nicht aus, um Drehungen zu charakterisieren, d. h., nicht nur Drehungen werden durch orthogonale Matrizen beschrieben. Beispielsweise ist die Matrix

$$S = \begin{pmatrix} -1 & 0 & 0 \\ 0 & -1 & 0 \\ 0 & 0 & -1 \end{pmatrix} \tag{8.35}$$

orthogonal, sie beschreibt aber eine Spiegelung und keine Drehung.

[4] Die Spalten (Zeilen) einer orthogonalen Matrix bilden ein Orthonormalsystem. Man spricht trotzdem von einer orthogonalen Matrix und nicht von einer orthonormalen.

Betrachten wir die drei kanonischen Basisvektoren $\boldsymbol{e}_1, \boldsymbol{e}_2, \boldsymbol{e}_3$. Sie spannen einen Würfel auf und da sie rechtshändig orientiert sind, ergibt ihr Spatprodukt mit

$$V(\boldsymbol{e}_1, \boldsymbol{e}_2, \boldsymbol{e}_3) = (\boldsymbol{e}_1 \times \boldsymbol{e}_2) \cdot \boldsymbol{e}_3 = +1 \tag{8.36}$$

das Volumen des Würfels mit dem richtigen Vorzeichen. Unterwirft man diesen Würfel einer Drehung $\boldsymbol{d}$, so bleiben die Längen und relativen Lagen der Vektoren unverändert und insbesondere bilden die Vektoren $\boldsymbol{d}(\boldsymbol{e}_1), \boldsymbol{d}(\boldsymbol{e}_2), \boldsymbol{d}(\boldsymbol{e}_3)$ weiterhin ein Rechtssystem. Auch für die Bildvektoren muss daher gelten

$$V(\boldsymbol{d}(\boldsymbol{e}_1), \boldsymbol{d}(\boldsymbol{e}_2), \boldsymbol{d}(\boldsymbol{e}_3)) = +1 \tag{8.37}$$

und diese Eigenschaft bezeichnet man als die *Invarianz des Rechtsvolumens.*

Lesehilfe
Das „Rechtsvolumen" ist nichts anderes als das Spatprodukt, also ein Volumen mit Vorzeichen.

Drückt man die Bildvektoren durch die zugeordnete Matrix $D = (d_{ij})$ aus und verwendet (8.28) zur Berechnung des Spatprodukts, so folgt

$$V(\boldsymbol{d}(\boldsymbol{e}_1), \boldsymbol{d}(\boldsymbol{e}_2), \boldsymbol{d}(\boldsymbol{e}_3)) = \begin{vmatrix} d_{11} & d_{12} & d_{13} \\ d_{21} & d_{22} & d_{23} \\ d_{31} & d_{32} & d_{33} \end{vmatrix} = +1 \tag{8.38}$$

und wir halten fest:

Eine Drehmatrix hat die Determinante $+1$.

Dreidimensionale Drehungen unterscheiden sich mit dieser Bedingung von Spiegelungen. So bildet die Punktspiegelung am Ursprung, d. h. die Abbildung $-\mathrm{id}$ mit der Abbildungsmatrix (8.35), die drei Basisvektoren auf ihr Negatives ab und man erhält

$$V(-\boldsymbol{e}_1, -\boldsymbol{e}_2, -\boldsymbol{e}_3) = -1.$$

Zwar ergeben die Bilder der Basisvektoren, $-\boldsymbol{e}_1, -\boldsymbol{e}_2, -\boldsymbol{e}_3$, weiterhin ein Orthonormalsystem, aber kein Rechtssystem mehr und daher auch kein System, das durch eine Drehung aus $\boldsymbol{e}_1, \boldsymbol{e}_2, \boldsymbol{e}_3$ hervorgehen könnte.

Mit den zwei Bedingungen (8.33) und (8.38) ist eine Drehmatrix eindeutig festgelegt:

Jede orthogonale Matrix mit der Determinante $+1$ *ist eine Drehmatrix.*[5]

[5] Diese Aussage gilt nicht nur für $n = 3$, sondern für beliebige Dimension n.

Antwort auf Zwischenfrage (5)
Gefragt war nach der Orthogonalität der Matrix D und warum $D^{-1} = D^{\mathrm{T}}$ ist.

Die Bedingung $D^{\mathrm{T}} D = E_n$ ist gleichbedeutend mit

$$\sum_i d_{ik} d_{il} = \delta_{kl}.$$

Diese Gleichung kann man Skalarprodukt auffassen: Die k-te Spalte von D wird mit der l-ten Spalte multipliziert. Für $k \neq l$ kommt dabei 0 heraus, gleichbedeutend mit der Orthogonalität der Spalten von D.

Aufgrund von $D^{\mathrm{T}} D = E_n$ ist D^{T} die Matrix, mit der man D multiplizieren muss, um die Einheitsmatrix zu erhalten. Das aber heißt $D^{\mathrm{T}} = D^{-1}$.

Zwischenfrage (6)
Beschreiben die Matrizen

$$M_1 = \begin{pmatrix} -1 & 0 & 0 \\ 0 & -1 & 0 \\ 0 & 0 & 1 \end{pmatrix}, \qquad M_2 = \begin{pmatrix} -1 & 0 & 0 \\ 0 & 1 & 0 \\ 0 & 0 & 1 \end{pmatrix}$$

Drehungen? Was „machen“ diese Matrizen mit einem Vektor?

8.5.3 Beispiel

Wir diskutieren die Abbildung $f : \mathbb{R}^3 \to \mathbb{R}^3$, die in der kanonischen Basis $\mathcal{E}$ dargestellt wird durch die Matrix

$$A = \begin{pmatrix} 0 & \frac{1}{\sqrt{3}} & -\sqrt{\frac{2}{3}} \\ -\frac{1}{\sqrt{3}} & \frac{2}{3} & \frac{\sqrt{2}}{3} \\ \sqrt{\frac{2}{3}} & \frac{\sqrt{2}}{3} & \frac{1}{3} \end{pmatrix}.$$

Zunächst prüfen wir, ob es sich bei dieser Abbildung um eine Drehung handelt: Es ist

$$A^{\mathrm{T}} A = \begin{pmatrix} 0 & -\frac{1}{\sqrt{3}} & \sqrt{\frac{2}{3}} \\ \frac{1}{\sqrt{3}} & \frac{2}{3} & \frac{\sqrt{2}}{3} \\ -\sqrt{\frac{2}{3}} & \frac{\sqrt{2}}{3} & \frac{1}{3} \end{pmatrix} \begin{pmatrix} 0 & \frac{1}{\sqrt{3}} & -\sqrt{\frac{2}{3}} \\ -\frac{1}{\sqrt{3}} & \frac{2}{3} & \frac{\sqrt{2}}{3} \\ \sqrt{\frac{2}{3}} & \frac{\sqrt{2}}{3} & \frac{1}{3} \end{pmatrix} = \begin{pmatrix} 1 & 0 & 0 \\ 0 & 1 & 0 \\ 0 & 0 & 1 \end{pmatrix}$$

und außerdem zeigt eine kurze Rechnung, dass $\det A = 1$ gilt. Die Matrix A ist daher eine Drehmatrix und bei der Abbildung $\boldsymbol{f}$ handelt es sich um eine Drehung.

Zur Bestimmung der Drehachse ermitteln wir den Eigenraum der Abbildung $\boldsymbol{f}$ zum Eigenwert 1, d. h., wir lösen das Gleichungssystem $(A - 1E_3)\boldsymbol{x} = \boldsymbol{0}$:

$$\begin{array}{ccc|c} -1 & \frac{1}{\sqrt{3}} & -\sqrt{\frac{2}{3}} & 0 \\ -\frac{1}{\sqrt{3}} & -\frac{1}{3} & \frac{\sqrt{2}}{3} & 0 \\ \sqrt{\frac{2}{3}} & \frac{\sqrt{2}}{3} & -\frac{2}{3} & 0 \end{array} \quad \begin{array}{cc} (-\frac{1}{\sqrt{3}}) & \sqrt{\frac{2}{3}} \\ \downarrow & \\ & \downarrow \end{array} \quad \Leftrightarrow \begin{array}{ccc|c} -1 & \frac{1}{\sqrt{3}} & -\sqrt{\frac{2}{3}} & 0 \\ 0 & -\frac{2}{3} & \frac{2\sqrt{2}}{3} & 0 \\ 0 & \frac{2\sqrt{2}}{3} & -\frac{4}{3} & 0 \end{array}$$

$$\Leftrightarrow \begin{array}{ccc|c} -1 & \frac{1}{\sqrt{3}} & -\sqrt{\frac{2}{3}} & 0 \\ 0 & -\frac{2}{3} & \frac{2\sqrt{2}}{3} & 0 \end{array},$$

also $x_2 = \sqrt{2}\,x_3$ und $x_1 = \frac{1}{\sqrt{3}}\,x_2 - \sqrt{\frac{2}{3}}\,x_3 = 0$. Die Drehachse entspricht somit dem Eigenraum

$$\mathrm{ER}_1 = \left\{ \begin{pmatrix} 0 \\ \sqrt{2}\,s \\ s \end{pmatrix} \middle| s \in \mathbb{R} \right\}.$$

Lesehilfe

Da wir wissen, dass es sich um eine dreidimensionale Drehung handelt, wissen wir auch, dass es den Eigenwert 1 gibt. Er muss nicht berechnet werden.

Wir wollen nun die Abbildung in einer rechtshändig orientierten Orthonormalbasis $\mathcal{E}^*$ darstellen, deren 1-Vektor auf der Drehachse liegt. Wir konstruieren eine solche Basis: Als ersten Vektor wählen wir einen normierten Vektor aus ER_1:

$$\boldsymbol{e}_1^* = \frac{1}{\sqrt{3}} \begin{pmatrix} 0 \\ \sqrt{2} \\ 1 \end{pmatrix}.$$

Der zweite Vektor muss senkrecht auf dem ersten stehen und normiert sein. Das ist zum Beispiel für

$$\boldsymbol{e}_2^* = \begin{pmatrix} 1 \\ 0 \\ 0 \end{pmatrix}$$

der Fall. Den dritten Vektor erhalten wir aus dem Vektorprodukt der ersten beiden

$$\boldsymbol{e}_3^* = \boldsymbol{e}_1^* \times \boldsymbol{e}_2^* = \frac{1}{\sqrt{3}} \begin{vmatrix} \boldsymbol{e}_1 & \boldsymbol{e}_2 & \boldsymbol{e}_3 \\ 0 & \sqrt{2} & 1 \\ 1 & 0 & 0 \end{vmatrix} = \frac{1}{\sqrt{3}} \begin{pmatrix} 0 \\ 1 \\ -\sqrt{2} \end{pmatrix}$$

und haben nun mit $\{e_1^*, e_2^*, e_3^*\} = \mathcal{E}^*$ ein rechtshändiges Orthonormalsystem. Die Basistransformation $\mathcal{E} \xrightarrow{T} \mathcal{E}^*$ wird vermittelt durch die Matrix

$$T = \begin{pmatrix} 0 & 1 & 0 \\ \sqrt{\frac{2}{3}} & 0 & \frac{1}{\sqrt{3}} \\ \frac{1}{\sqrt{3}} & 0 & -\sqrt{\frac{2}{3}} \end{pmatrix}.$$

Bei der Matrix T handelt es sich ebenfalls um eine Drehmatrix. Ihre Inverse entspricht daher der Transponierten und wir erhalten für die Matrix A^*, mit der die Abbildung $\boldsymbol{f}$ in der Basis $\mathcal{E}^*$ beschrieben wird:

$$\begin{aligned} A^* = T^{-1}AT &= \begin{pmatrix} 0 & \sqrt{\frac{2}{3}} & \frac{1}{\sqrt{3}} \\ 1 & 0 & 0 \\ 0 & \frac{1}{\sqrt{3}} & -\sqrt{\frac{2}{3}} \end{pmatrix} \begin{pmatrix} 0 & \frac{1}{\sqrt{3}} & -\sqrt{\frac{2}{3}} \\ -\frac{1}{\sqrt{3}} & \frac{2}{3} & \frac{\sqrt{2}}{3} \\ \sqrt{\frac{2}{3}} & \frac{\sqrt{2}}{3} & \frac{1}{3} \end{pmatrix} \begin{pmatrix} 0 & 1 & 0 \\ \sqrt{\frac{2}{3}} & 0 & \frac{1}{\sqrt{3}} \\ \frac{1}{\sqrt{3}} & 0 & -\sqrt{\frac{2}{3}} \end{pmatrix} \\ &= \begin{pmatrix} 1 & 0 & 0 \\ 0 & 0 & 1 \\ 0 & -1 & 0 \end{pmatrix}. \end{aligned}$$

In der Basis $\mathcal{E}^*$ ist das Verhalten der Abbildung $\boldsymbol{f}$ leicht abzulesen: Es handelt sich um eine Drehung um die 1^*-Achse mit dem Winkel $-\pi/2$.

Lesehilfe

Das Ergebnis des obigen Matrizenprodukts aus drei 3×3-Matrizen mit Wurzeln lässt sich natürlich nicht einfach so sehen. Vielmehr erfordert seine Ausführung etwas Schreib- und Rechenarbeit, die dann auf das recht einfache Ergebnis führt.

Antwort auf Zwischenfrage (6)

Gefragt war, ob die Matrizen M_1, M_2 Drehungen beschreiben und was sie geometrisch bewirken.

Beide Matrizen sind offensichtlich orthogonal und es ist $\det M_1 = 1$ und $\det M_2 = -1$. Somit beschreibt M_1 eine Drehung und M_2 nicht.

Bei M_1 handelt es sich um eine Drehung um die z-Achse um π, denn es ist

$$M_1 = \begin{pmatrix} -1 & 0 & 0 \\ 0 & -1 & 0 \\ 0 & 0 & 1 \end{pmatrix} = \begin{pmatrix} \cos\pi & -\sin\pi & 0 \\ \sin\pi & \cos\pi & 0 \\ 0 & 0 & 1 \end{pmatrix}.$$

Bei dieser Drehung bleibt die z-Komponente eines Vektors erhalten, während die x- und y-Komponente ihr Vorzeichen wechseln,

$$M_1 \begin{pmatrix} x \\ y \\ z \end{pmatrix} = \begin{pmatrix} -x \\ -y \\ z \end{pmatrix}.$$

Mit M_2 haben wir

$$M_2 \begin{pmatrix} x \\ y \\ z \end{pmatrix} = \begin{pmatrix} -1 & 0 & 0 \\ 0 & 1 & 0 \\ 0 & 0 & 1 \end{pmatrix} \begin{pmatrix} x \\ y \\ z \end{pmatrix} = \begin{pmatrix} -x \\ y \\ z \end{pmatrix},$$

es wechselt also nur die x-Komponente ihr Vorzeichen. Dies entspricht einer Spiegelung an der yz-Ebene.

Das Wichtigste in Kürze

- Im **gewöhnlichen** $\mathbb{R}^3$ geben die Längen und Winkel, die sich aus dem Skalarprodukt ergeben, die geometrischen Verhältnisse wieder.
- Die **Projektion** eines Vektors auf eine Richtung wird mithilfe des Skalarprodukts ermittelt. Der Vektor kann in seine Anteile längs und senkrecht zu einer Richtung zerlegt werden.
- Das **Vektorprodukt** ist ein spezielles Produkt zweier Vektoren des $\mathbb{R}^3$. Es erlaubt die Berechnung der Fläche des Parallelogramms, das von den beiden Vektoren aufgespannt wird.
- Das **Spatprodukt** ist ein spezielles Produkt dreier Vektoren des $\mathbb{R}^3$. Es entspricht dem Volumen des Parallelepipeds, das durch diese Vektoren aufgespannt wird.
- Drehungen werden in Orthonormalbasen durch **Drehmatrizen** beschrieben.
- Eine Drehmatrix ist **orthogonal** und besitzt die **Determinante** $+1$. ◄

Und was bedeuten die Formeln?

$$\boldsymbol{x} \cdot \boldsymbol{y} = \begin{pmatrix} x_1 \\ x_2 \\ x_3 \end{pmatrix} \cdot \begin{pmatrix} y_1 \\ y_2 \\ y_3 \end{pmatrix} = x_1 y_1 + x_2 y_2 + x_3 y_3,$$

$$|\boldsymbol{x}| = \sqrt{x_1^2 + x_2^2 + x_3^2}, \quad \boldsymbol{x} \cdot \boldsymbol{y} = |\boldsymbol{x}||\boldsymbol{y}| \cos \angle(\boldsymbol{x}, \boldsymbol{y}),$$

$$a_e = \boldsymbol{a} \cdot \boldsymbol{e}, \quad \boldsymbol{a} = \boldsymbol{a}_{\|} + \boldsymbol{a}_{\perp} = (\boldsymbol{a} \cdot \boldsymbol{e})\boldsymbol{e} + \boldsymbol{a}_{\perp},$$

$$\boldsymbol{x} = \boldsymbol{d} + s\boldsymbol{a} + t\boldsymbol{b}, \quad \boldsymbol{n} \cdot (\boldsymbol{x} - \boldsymbol{d}) = 0,$$

$$\boldsymbol{n} \cdot \boldsymbol{x} = \boldsymbol{n} \cdot \boldsymbol{d} = c = n_1 x_1 + n_2 x_2 + n_3 x_3,$$

$$\boldsymbol{v} = \boldsymbol{a} \times \boldsymbol{b}, \quad |\boldsymbol{v}| = |\boldsymbol{a}||\boldsymbol{b}||\sin\angle(\boldsymbol{a},\boldsymbol{b})|, \quad \boldsymbol{a} \times \boldsymbol{b} = -\boldsymbol{b} \times \boldsymbol{a},$$

$$\boldsymbol{e}_1 \times \boldsymbol{e}_2 = \boldsymbol{e}_3, \quad \boldsymbol{e}_3 \times \boldsymbol{e}_2 = -\boldsymbol{e}_1,$$

$$\varepsilon_{ijk} = (\boldsymbol{e}_i \times \boldsymbol{e}_j) \cdot \boldsymbol{e}_k = \begin{cases} +1 & \text{falls } i, j, k \text{ zyklisch zu } 1, 2, 3 \\ -1 & \text{falls } i, j, k \text{ antizyklisch zu } 1, 2, 3 \\ 0 & \text{falls } i, j, k \text{ sonstwie gewählt,} \end{cases}$$

$$\boldsymbol{a} \times \boldsymbol{b} = \begin{vmatrix} \boldsymbol{e}_1 & \boldsymbol{e}_2 & \boldsymbol{e}_3 \\ a_1 & a_2 & a_3 \\ b_1 & b_2 & b_3 \end{vmatrix}, \quad v_i = \sum_{j,k=1}^{3} \varepsilon_{ijk} a_j b_k,$$

$$V(\boldsymbol{a},\boldsymbol{b},\boldsymbol{c}) = (\boldsymbol{a} \times \boldsymbol{b}) \cdot \boldsymbol{c} = \sum_{i,j,k=1}^{3} \varepsilon_{ijk} a_i b_j c_k = \begin{vmatrix} a_1 & b_1 & c_1 \\ a_2 & b_2 & c_2 \\ a_3 & b_3 & c_3 \end{vmatrix},$$

$$\boldsymbol{d}(\boldsymbol{x}) \cdot \boldsymbol{d}(\boldsymbol{x}) = \boldsymbol{x} \cdot \boldsymbol{x}, \quad \sum_i d_{ik} d_{il} = \delta_{kl}, \quad D^{\mathrm{T}} D = E_n,$$

$$V(\boldsymbol{d}(\boldsymbol{e}_1), \boldsymbol{d}(\boldsymbol{e}_2), \boldsymbol{d}(\boldsymbol{e}_3)) = \begin{vmatrix} d_{11} & d_{12} & d_{13} \\ d_{21} & d_{22} & d_{23} \\ d_{31} & d_{32} & d_{33} \end{vmatrix} = +1.$$

Übungsaufgaben

A8.1 Wir betrachten im gewöhnlichen $\mathbb{R}^3$ die Vektoren

$$\boldsymbol{a} = \begin{pmatrix} 1 \\ 2 \\ -1 \end{pmatrix}, \quad \boldsymbol{b} = \begin{pmatrix} 0 \\ 3 \\ 1 \end{pmatrix}, \quad \boldsymbol{c} = \begin{pmatrix} 1 \\ 1 \\ 1 \end{pmatrix}, \quad \boldsymbol{d} = \begin{pmatrix} -2 \\ 0 \\ -2 \end{pmatrix}.$$

a) Gib die zu den Vektoren $\boldsymbol{a}$, $\boldsymbol{b}$, $\boldsymbol{c}$, $\boldsymbol{d}$ gehörenden normierten Vektoren $\boldsymbol{a}^0$, $\boldsymbol{b}^0$, $\boldsymbol{c}^0$ und $\boldsymbol{d}^0$ an.

b) Berechne jeweils den Winkel, den die Vektorenpaare $(\boldsymbol{a},\boldsymbol{b})$, $(\boldsymbol{c},\boldsymbol{d})$ und $(\boldsymbol{a},\boldsymbol{d})$ einschließen. Welchen Winkel schließen die kanonischen Basisvektoren $\boldsymbol{e}_i$, $i = 1, 2, 3$, untereinander ein?

c) Zerlege den Vektor $\boldsymbol{a}$ in seinen Anteil in Richtung von $\boldsymbol{b}$ und den Anteil senkrecht zu $\boldsymbol{b}$. Gib außerdem die Projektionen des Vektors $\boldsymbol{a}$ auf die x-, y- und z-Achse an.

A8.2 Eine Ebene im gewöhnlichen $\mathbb{R}^3$ werde beschrieben durch die Gleichung

$$x - 2y + z = -4.$$

a) Gib die Gleichung der Ebene in der Form $\boldsymbol{n} \cdot (\boldsymbol{x} - \boldsymbol{d}) = 0$ an, d. h., ermittle passende Vektoren $\boldsymbol{n}$ und $\boldsymbol{d}$.

b) Beschreibe die Ebene in der Punktrichtungsform $\boldsymbol{x} = \boldsymbol{a} + s\boldsymbol{b} + u\boldsymbol{c}$, d. h., gib passende Vektoren $\boldsymbol{a}, \boldsymbol{b}, \boldsymbol{c}$ an.

c) Liegt der Punkt $(1, 1, -3)$ in der Ebene? Falls ja, wie lauten seine Parameterwerte für s und u in der Punktrichtungsform?

A8.3 Jemand sagt: „Wenn ich die Hesse-Normalenform $\boldsymbol{n}^0 \cdot \boldsymbol{x} - c_0 = 0$ einer Ebene kenne, kann ich den Abstand eines Punkts $\boldsymbol{a}$ von der Ebene leicht ausrechnen: Ich setze einfach $\boldsymbol{x} = \boldsymbol{a}$ in die Gleichung ein und auf der rechten Seite erhalte ich dann statt der 0 eine Zahl s, die den Abstand angibt. Bei $s > 0$ liegt $\boldsymbol{a}$ auf der Seite der Ebene, in die $\boldsymbol{n}^0$ zeigt, und bei $s < 0$ auf der anderen Seite.“ Hat sie (mit allem) recht?

A8.4 Welchen Flächeninhalt nimmt das Parallelogramm ein, das von den Vektoren $(4, 2)$ und $(1, -5)$ aufgespannt wird?

A8.5 Im gewöhnlichen $\mathbb{R}^3$ seien die beiden folgenden Ebenen gegeben:

$$E_1 = \left\{ \begin{pmatrix} -1 \\ 2 \\ 1 \end{pmatrix} + s \begin{pmatrix} 3 \\ 2 \\ -1 \end{pmatrix} + u \begin{pmatrix} 3 \\ 2 \\ 1 \end{pmatrix} \;\middle|\; s, u \in \mathbb{R} \right\}$$

$$E_2 = \left\{ \begin{pmatrix} 2 \\ -2 \\ 0 \end{pmatrix} + s \begin{pmatrix} 0 \\ 0 \\ 2 \end{pmatrix} + u \begin{pmatrix} 4 \\ -2 \\ 0 \end{pmatrix} \;\middle|\; s, u \in \mathbb{R} \right\}.$$

a) Berechne den Durchschnitt der Ebenen E_1 und E_2. Gib die Punktrichtungsform dieser Gerade an.

b) Welchen Abstand hat der Punkt $\boldsymbol{a} = (-1, 0, 0)$ von der Ebene E_2?

A8.6 Für den Abstand s eines Punkts $\boldsymbol{a}$ von einer Gerade mit dem Stützvektor $\boldsymbol{d}$ und dem Richtungsvektor $\boldsymbol{r}$ findest du im Internet die Lösung

$$s = \frac{|(\boldsymbol{a} - \boldsymbol{d}) \times \boldsymbol{r}|}{|\boldsymbol{r}|}.$$

Wie(so) funktioniert diese Formel?

A8.7 Gegeben seien die Vektoren

$$\boldsymbol{a} = \begin{pmatrix} 1 \\ 1 \\ 0 \end{pmatrix}, \quad \boldsymbol{b} = \begin{pmatrix} 1 \\ 0 \\ -1 \end{pmatrix}, \quad \boldsymbol{c} = \begin{pmatrix} 2 \\ -2 \\ 0 \end{pmatrix}, \quad \boldsymbol{d} = \begin{pmatrix} -1 \\ 2 \\ -1 \end{pmatrix}.$$

Zeige, dass die Ebene $E = \{\boldsymbol{a} + s\boldsymbol{b} + u\boldsymbol{c} \mid s, u \in \mathbb{R}\}$ und die Gerade $g = \{\boldsymbol{c} + s\boldsymbol{d} \mid s \in \mathbb{R}\}$ parallel zueinander sind und berechne ihren Abstand.

A8.8 Sind die folgenden Aussagen richtig oder falsch? Begründe jeweils deine Antwort.

(I) Es sei $\{\boldsymbol{a}_1, \boldsymbol{a}_2, \boldsymbol{a}_3\}$ eine Orthogonalbasis des $\mathbb{R}^3$. Dann ist die Matrix

$$A := \begin{pmatrix} \uparrow & \uparrow & \uparrow \\ \boldsymbol{a}_1 & \boldsymbol{a}_2 & \boldsymbol{a}_3 \\ \downarrow & \downarrow & \downarrow \end{pmatrix},$$

die spaltenweise aus den Vektoren $\boldsymbol{a}_i$ gebildet wird, eine orthogonale Matrix.

(II) Mit den obigen Bezeichnungen gelte $\det A = c$. Setzt man dann $B := A/\sqrt[3]{c}$, so besitzt B die Determinante $+1$.

(III) Mit den obigen Bezeichnungen ist die Matrix B eine Drehmatrix.

A8.9 Zeige, dass die Orthonormalbasis

$$\mathcal{B} = \{\boldsymbol{b}_1, \boldsymbol{b}_2, \boldsymbol{b}_3\} = \left\{ \begin{pmatrix} \cos\phi \\ -\sin\phi\cos\theta \\ \sin\phi\sin\theta \end{pmatrix}, \begin{pmatrix} \sin\phi \\ \cos\phi\cos\theta \\ -\cos\phi\sin\theta \end{pmatrix}, \begin{pmatrix} 0 \\ \sin\theta \\ \cos\theta \end{pmatrix} \right\}$$

rechtshändig orientiert ist.

A8.10 Sind die folgenden Aussagen richtig oder falsch? Begründe jeweils deine Antwort.

(I) Eine Spiegelung im $\mathbb{R}^2$ kann auch eine Drehung sein.

(II) Eine Spiegelung im $\mathbb{R}^3$ kann durch geschickt gewählte Drehungen rückgängig gemacht werden.

(III) Eine Drehung im $\mathbb{R}^2$ ändert jeden Vektor $\boldsymbol{x} \neq \boldsymbol{0}$.

(IV) Eine Drehung im $\mathbb{R}^3$ ändert jeden Vektor $\boldsymbol{x} \neq \boldsymbol{0}$.

9 Lösungen der Übungsaufgaben

L1.1 Siehe Abb. 9.1.

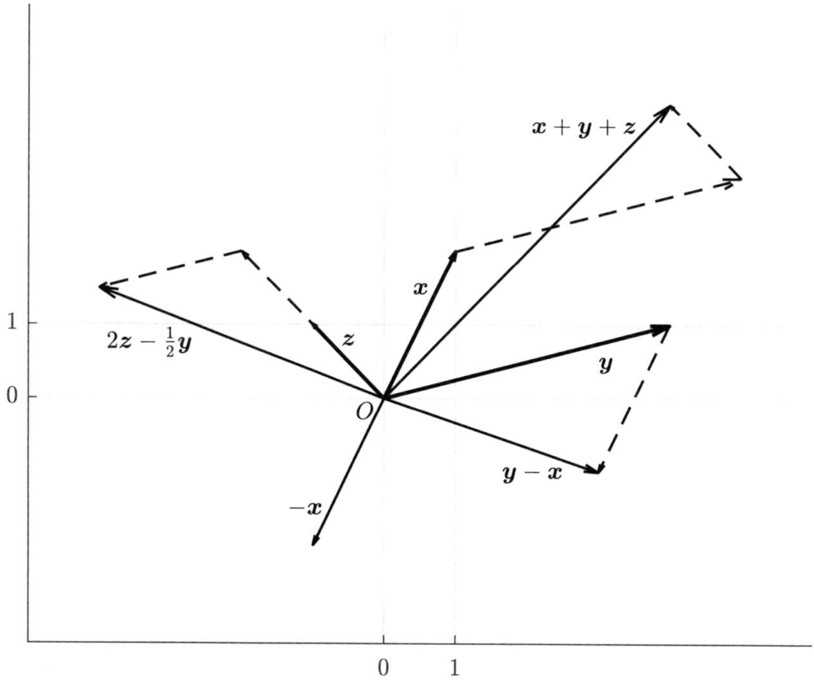

Abb. 9.1 Die Addition von Ortsvektoren nach der Parallelogrammregel kann erfolgen, indem die Vektoren aneinandergehängt werden

J. Balla, *Lineare Algebra*, https://doi.org/10.1007/978-3-662-67667-7_9

L1.2

$$\begin{aligned}
\boldsymbol{x}+\boldsymbol{y}+\boldsymbol{z} &= (1,0,-2,-3)+(5,-1,2,5)+(0,0,-7,7)=(6,-1,-7,9)\\
-\boldsymbol{x} &= (-1,0,2,3)\\
\boldsymbol{x}-\boldsymbol{y} &= (-4,1,-4,-8)\\
3\boldsymbol{x} &= (3,0,-6,-9)\\
2\boldsymbol{x}-\frac{3}{2}\boldsymbol{z} &= \left(2,0,\frac{13}{2},-\frac{33}{2}\right).
\end{aligned}$$

L1.3 Die Menge $U_1 = \{(0,s^2)\,|\,s \in \mathbb{R}\}$ ist gegenüber den linearen Operationen nicht abgeschlossen, denn es ist $(0,1) \in U_1$, aber $(-1)(0,1) = (0,-1) \notin U_1$. Somit ist U_1 kein Unterraum.

Die Menge $U_2 = \{(0,s^3)\,|\,s \in \mathbb{R}\}$ ist gleich $\{(0,u)\,|\,u \in \mathbb{R}\}$. Sie ist abgeschlossen gegenüber den linearen Operationen und bildet einen Unterraum.

Die Menge $U_3 = \{(s,s^3)\,|\,s \in \mathbb{R}\}$ ist nicht abgeschlossen gegenüber den linearen Operationen: Es ist $(1,1) \in U_3$, aber $(1,1)+(1,1) = (2,2) \notin U_3$.

L1.4

(I) Richtig. Neben dem Nullraum und dem $\mathbb{R}^2$ selbst sind alle Ursprungsgeraden Unterräume, d. h. alle Mengen $U_m := \{(s,ms)\,|\,s \in \mathbb{R}\}$ mit $m \in \mathbb{R}$.

(II) Richtig. Da der $\mathbb{R}^2$ in Form der Menge $\{(x,y,0)\,|\,x,y \in \mathbb{R}\}$ als Unterraum des $\mathbb{R}^3$ aufgefasst werden kann, besitzt der $\mathbb{R}^3$ erst recht unendlich viele Unterräume. Neben den Ursprungsgeraden kommen jetzt noch unendlich viele Ursprungsebenen hinzu.

(III) Richtig. Ein echter Unterraum ist eine echte Teilmenge, d. h., der $\mathbb{R}^2$ selbst ist damit ausgeschlossen. Der Durchschnitt zweier verschiedener Ursprungsgeraden oder einer Ursprungsgerade mit dem Nullraum ergibt der Nullraum.

(IV) Falsch. Der Durchschnitt zweier verschiedener Ursprungsebenen ergibt eine Ursprungsgerade.

L2.1 **a)** Man sieht, dass die zweite Gleichung das (-4)-fache der ersten Gleichung ist. Das Gleichungssystem enthält also zweimal dieselbe und damit letztlich nur eine Gleichung, die nach x aufgelöst $x = -1 - 2y$ lautet. Wir haben also die Lösungsmenge

$$\mathbb{L} = \{(x,y)\,|\,x = -1-2y,\, y \in \mathbb{R}\}.$$

b) Dieses Gleichungssystem unterscheidet sich nur in einer Ziffer von a). Sie bewirkt, dass die zweite Gleichung kein Vielfaches der ersten Gleichung ist, sondern im Widerspruch zu ihr steht. Das Gleichungssystem besitzt daher keine Lösung, es ist $\mathbb{L} = \emptyset$.

c) Wir lösen das Gleichungssystem mit dem Additionsverfahren, das wir abgekürzt schreiben:

$$\begin{array}{cc|cc} 1/2 & 2 & 0 & (-6) \\ 3 & 4 & 1 & \downarrow \end{array} \quad \Leftrightarrow \quad \begin{array}{cc|c} 1/2 & 2 & 0 \\ 0 & -8 & 1 \end{array}.$$

Von unten nach oben erhalten wir nun $y = -1/8$ und $x = -4y = 1/2$.

d) Wir verwenden erneut das Additionsverfahren, wobei wir zunächst die erste und dritte Gleichung tauschen:

$$
\begin{array}{ccc|cc} -1 & 2/3 & 1 & -6 & (1/2) \\ 1/2 & 7 & 1/2 & 2 & \downarrow \\ 0 & -1 & -2 & 2 & \end{array}
\quad\Leftrightarrow\quad
\begin{array}{ccc|cc} -1 & 2/3 & 1 & -6 & \\ 0 & 22/3 & 1 & -1 & (3/22) \\ 0 & -1 & -2 & 2 & \downarrow \end{array}
$$

$$
\Leftrightarrow\quad
\begin{array}{ccc|c} -1 & 2/3 & 1 & -6 \\ 0 & 22/3 & 1 & -1 \\ 0 & 0 & -41/22 & 41/22 \end{array}\;.
$$

Von unten nach ergibt dies $z = -1$, $y = -\frac{3}{22} - \frac{3}{22}z = 0$, $x = \frac{2}{3}y + z + 6 = 5$.

e) Das Additionsverfahren ergibt

$$
\begin{array}{ccc|cc} -1 & 0 & -2 & -7 & (1/4) \\ 1/4 & 2 & 1 & 29/4 & \downarrow \\ 0 & 8 & 2 & 22 & \end{array}
\quad\Leftrightarrow\quad
\begin{array}{ccc|cc} -1 & 0 & -2 & -7 & \\ 0 & 2 & 1/2 & 22/4 & (-4) \\ 0 & 8 & 2 & 22 & \downarrow \end{array}
$$

$$
\Leftrightarrow\quad
\begin{array}{ccc|c} -1 & 0 & -2 & -7 \\ 0 & 2 & 1/2 & 22/4 \\ 0 & 0 & 0 & 0 \end{array}\;.
$$

Die dritte Zeile ist eine leere Aussage und das Gleichungssystem enthält somit nur zwei linear unabhängige Gleichungen. Es ist $y = -\frac{1}{4}z + \frac{11}{4}$ und $x = -2y + 7 = \frac{1}{2}z + \frac{3}{2}$ und die Lösungsmenge kann geschrieben werden als

$$
\mathbb{L} = \left\{ (x, y, z) \,\middle|\, x = \frac{1}{2}z + \frac{3}{2} \wedge y = -\frac{1}{4}z + \frac{11}{4}, z \in \mathbb{R} \right\}.
$$

f) Das Additionsverfahren ergibt ähnlich wie bei e)

$$
\begin{array}{ccc|cc} -1 & 0 & -2 & -7 & (1/4) \\ 1/4 & 2 & 1 & 0 & \downarrow \\ 0 & 8 & 2 & 11 & \end{array}
\quad\Leftrightarrow\quad
\begin{array}{ccc|cc} -1 & 0 & -2 & -7 & \\ 0 & 2 & 1/2 & -7/4 & (-4) \\ 0 & 8 & 2 & 11 & \downarrow \end{array}
$$

$$
\Leftrightarrow\quad
\begin{array}{ccc|c} -1 & 0 & -2 & -7 \\ 0 & 2 & 1/2 & 22/4 \\ 0 & 0 & 0 & 18 \end{array}\;.
$$

Die letzte Gleichung ist nun allerdings nicht erfüllbar, gleichbedeutend damit, dass sich die Gleichungen des Gleichungssystems widersprechen. Es ist daher $\mathbb{L} = \emptyset$.

L2.2 Der Vektor $(1, 0, 0) \in \mathbb{R}^3$ ist im Erzeugnis der Menge M, wenn das Gleichungssystem

$$
\begin{array}{cc|c} 1 & 0 & 1 \\ 1 & 1 & 0 \\ 0 & 1 & 0 \end{array}
$$

lösbar ist. Das ist aber offensichtlich nicht der Fall: Die erste Gleichung ergibt $c_1 = 1$ und die dritte $c_2 = 1$, was aber mit der zweiten Gleichung nicht vereinbar ist. Also ist $(1, 0, 0) \notin \langle M \rangle$.

L2.3 Der Vektor $\boldsymbol{v}_3$ darf keine Linearkombination der Vektoren $\boldsymbol{v}_1, \boldsymbol{v}_2$ sein. Wählt man irgendeinen Vektor mit „krummen" Zahlen, so hat man wahrscheinlich einen passenden gefunden, muss es aber rechnerisch prüfen. Wählt man beispielsweise $\boldsymbol{v}_3 = \begin{pmatrix} 0 \\ 0 \\ 1 \end{pmatrix}$, sieht man es sofort.

Der Nullvektor macht jede Menge linear abhängig. Also kann man einfach $\boldsymbol{v}_4 = \boldsymbol{0}$ wählen. Ebenso macht jede andere Linearkombination der Vektoren $\boldsymbol{v}_1, \boldsymbol{v}_2$ als Wahl für $\boldsymbol{v}_4$ die Menge M_2 linear abhängig.

L2.4 Wir lösen die entsprechenden Gleichungssysteme:

$$\begin{array}{ccc|cll} 1 & 2 & 1 & -2 & (-2) & (-1) \\ 2 & 1 & 1 & 1 & \downarrow & \\ 1 & 1 & 2 & 0 & & \downarrow \end{array} \quad \Leftrightarrow \quad \begin{array}{ccc|cl} 1 & 2 & 1 & -2 & \\ 0 & -3 & -1 & 5 & (-1/3) \\ 0 & -1 & 1 & 2 & \downarrow \end{array}$$

$$\Leftrightarrow \quad \begin{array}{ccc|c} 1 & 2 & 1 & -2 \\ 0 & -3 & -1 & 5 \\ 0 & 0 & 4/3 & 1/3 \end{array}$$

und rückwärts Einsetzen ergibt $c_3 = \frac{1}{4}$, $c_2 = -\frac{1}{3}c_3 - \frac{5}{3} = -\frac{7}{4}$, $c_1 = -2 - 2c_2 - c_3 = \frac{5}{4}$.

Nun zu M_2:

$$\begin{array}{ccc|cll} 3 & -4 & -2 & -2 & (-1/3) & (5/3) \\ 1 & 1 & 3 & 1 & \downarrow & \\ -5 & 2 & -4 & 0 & & \downarrow \end{array} \quad \Leftrightarrow \quad \begin{array}{ccc|cl} 3 & -4 & -2 & -2 & \\ 0 & 7/3 & 11/3 & 5/3 & (2) \\ 0 & -14/3 & -22/3 & -10/3 & \downarrow \end{array}$$

$$\Leftrightarrow \quad \begin{array}{ccc|c} 3 & -4 & -2 & -2 \\ 0 & 7 & 11 & 5 \end{array} .$$

Das Gleichungssystem ist mehrdeutig lösbar. Mit der Wahl von $c_3 = 0$, $c_2 = \frac{5}{7}$ und $c_1 = -\frac{2}{3} + \frac{4}{3}c_2 = \frac{6}{21}$ erhalten wir einen „funktionierenden" Satz von Koeffizienten einer Linearkombination. Das mehrdeutig lösbare Gleichungssystem bedeutet zweierlei: Einerseits sind die Vektoren von M_2 nicht linear unabhängig, sie liegen also in einer Ebene, und außerdem liegt der Vektor $\boldsymbol{x}$ in derselben Ebene.

L2.5 Der Vektorraum $\mathbb{R}^5$ ist fünfdimensional, jede Basis enthält daher genau fünf Vektoren. Die Menge M_1 hat sechs Vektoren und die Menge M_2 vier. Beide können daher keine Basen sein.

Die Menge M_2 kann durch Hinzunahme eines weiteren Vektors zu einer Basis ergänzt werden, wenn sie linear unabhängig ist, d. h., wenn das Gleichungssystem

$$\begin{array}{cccc|c} 1 & 2 & 1 & 0 & 0 \\ 2 & 0 & 0 & 0 & 0 \\ 7 & 0 & 1 & 0 & 0 \\ 0 & 3 & 1 & 0 & 0 \\ 1 & 4 & 1 & 1 & 0 \end{array}$$

eindeutig lösbar ist. Das lässt sich hier durch Hinsehen entscheiden: Aus der zweiten Gleichung folgt $c_1 = 0$, damit folgt aus der dritten Gleichung $c_3 = 0$, mit der vierten folgt nun $c_2 = 0$ und mit der fünften Gleichung schließlich auch $c_4 = 0$. Als ergänzenden fünften Vektor könnte man beispielsweise $(1, 0, 0, 0, 0)$ wählen: Mit ihm bleiben die obigen Schlüsse gültig und die ergänzte erste Gleichung führt zu $c_5 = 0$, man hat also insgesamt eine aus fünf Vektoren bestehende linear unabhängige Menge.

L2.6 Es ist

$$\boldsymbol{x} = \begin{pmatrix} 1 \\ 2 \\ 1 \end{pmatrix} + 2\begin{pmatrix} 2 \\ 1 \\ 1 \end{pmatrix} + 3\begin{pmatrix} 1 \\ 1 \\ 2 \end{pmatrix} = \begin{pmatrix} 8 \\ 7 \\ 9 \end{pmatrix}$$

und die Koordinaten von $\boldsymbol{x}$ hinsichtlich $\mathcal{E}$ lauten somit $8, 7, 9$. Die Koordinaten hinsichtlich $\mathcal{B}$ ergeben sich als Lösungen des Gleichungssystems

$$\begin{array}{ccc|c} 1 & 1 & 1 & 8 \\ 0 & 1 & 1 & 7\,. \\ 0 & 0 & 1 & 9 \end{array}$$

Also ist $x_3^{\mathcal{B}} = 9$, $x_2^{\mathcal{B}} = 7 - 9 = -2$ und $x_1^{\mathcal{B}} = 8 - 9 + 2 = 1$.

L2.7

(I) Richtig. Da ein Unterraum insbesondere selbst ein Vektorraum ist, besitzt er auch eine Basis.

(II) Richtig. Die Basis des Unterraums ist eine linear unabhängige Menge, die daher zu einer Basis des gesamten Raums ergänzt werden kann.

(III) Richtig. Ein echter Unterraum kann nicht dieselbe Dimension wie der Raum selbst haben, weil mit seiner Basis ansonsten notwendigerweise der gesamte Raum aufgespannt würde.

(IV) Falsch. 2-Tupel haben nur zwei Komponenten und 3-Tupel drei, es sind also ganz andere „Objekte". Dessen ungeachtet kann man 2-Tupel in den $\mathbb{R}^3$ einbetten, indem man ihnen beispielsweise eine dritte Komponente 0 hinzufügt, also die Menge

$$\{(x_1, x_2, 0) \mid x_1, x_2 \in \mathbb{R}\}$$

bildet, die ein Unterraum des $\mathbb{R}^3$ ist.

L3.1 Es ist

$$f(\boldsymbol{x}_1) + f(\boldsymbol{x}_2) = \boldsymbol{x}_1 + \boldsymbol{a} + \boldsymbol{x}_2 + \boldsymbol{a} = \boldsymbol{x}_1 + \boldsymbol{x}_2 + 2\boldsymbol{a},$$

aber

$$f(\boldsymbol{x}_1 + \boldsymbol{x}_2) = \boldsymbol{x}_1 + \boldsymbol{x}_2 + \boldsymbol{a}.$$

Ebenso ist

$$f(c\boldsymbol{x}) = c\boldsymbol{x} + \boldsymbol{a} \neq c f(\boldsymbol{x}) = c\boldsymbol{x} + c\boldsymbol{a} \qquad \text{für } c \neq 1.$$

L3.2 Es ist

$$f\left(\begin{pmatrix}1\\2\\3\end{pmatrix}\right) = f(\boldsymbol{e}_1 + 2\boldsymbol{e}_2 + 3\boldsymbol{e}_3) = f(\boldsymbol{e}_1) + 2f(\boldsymbol{e}_2) + 3f(\boldsymbol{e}_3)$$
$$= \begin{pmatrix}1\\2\\3\end{pmatrix} + 2\begin{pmatrix}4\\5\\6\end{pmatrix} + 3\begin{pmatrix}7\\8\\9\end{pmatrix} = \begin{pmatrix}30\\36\\42\end{pmatrix}.$$

Die Abbildung f ist ein Isomrphismus, wenn die Bilder der Basisvektoren linear unabhängig sind. Das entsprechende Gleichungssystem lautet

$$\begin{array}{ccc|c} 1 & 4 & 7 & 0 \\ 2 & 5 & 8 & 0 \\ 3 & 6 & 9 & 0 \end{array} \quad \begin{array}{cc} (-2) & (-3) \\ \downarrow & \\ & \downarrow \end{array} \quad \Leftrightarrow \quad \begin{array}{ccc|c} 1 & 2 & 3 & 0 \\ 0 & -3 & -6 & 0 \\ 0 & -6 & -12 & 0 \end{array}$$

und ist nicht eindeutig lösbar, sondern es besitzt eine eindimensionale Lösungsmenge. Die Abbildung ist somit nicht bijektiv, sondern sie besitzt den zweidimensionalen Bildraum

$$f(\mathbb{R}^3) = \left\{c_1\begin{pmatrix}1\\2\\3\end{pmatrix} + c_2\begin{pmatrix}4\\5\\6\end{pmatrix} \,\middle|\, c_1, c_2 \in \mathbb{R}\right\}.$$

L3.3 **a)** Die Aussage $f(\boldsymbol{e}_i) = a\boldsymbol{e}_1 + b\boldsymbol{e}_2 + c\boldsymbol{e}_3$ ist gleichbedeutend mit

$$f(\boldsymbol{e}_i) = \begin{pmatrix}a\\b\\c\end{pmatrix}.$$

Die Abbildungsmatrizen können somit abgelesen werden:

$$A = \begin{pmatrix}1 & 1 & 1\\ 2 & 0 & 1\\ 0 & 2 & 2\end{pmatrix}, \qquad B = \begin{pmatrix}-2 & -1 & 0\\ 1 & -1 & 3\\ -3 & -1 & -1\end{pmatrix}.$$

b) Wir prüfen die lineare Unabhängigkeit der Bildvektoren: Für $\boldsymbol{f}$ haben wir

$$\begin{array}{ccc|c} 1 & 1 & 1 & 0 \\ 2 & 0 & 1 & 0 \\ 0 & 2 & 2 & 0 \end{array} \quad \begin{array}{c} (-2) \\ \downarrow \\ \end{array} \quad \Leftrightarrow \quad \begin{array}{ccc|c} 1 & 1 & 1 & 0 \\ 0 & -2 & -1 & 0 \\ 0 & 2 & 2 & 0 \end{array}\,,$$

d. h., die Abbildung ist bijektiv, gleichbedeutend mit $\operatorname{rg} \boldsymbol{f} = 3$.

Für $\boldsymbol{g}$ haben wir

$$\begin{array}{ccc|c} -2 & -1 & 0 & 0 \\ 1 & -1 & 3 & 0 \\ -3 & -1 & -1 & 0 \end{array} \quad \begin{array}{cc} (1/2) & (-3/2) \\ \downarrow & \\ & \downarrow \end{array} \quad \Leftrightarrow \quad \begin{array}{ccc|c} -2 & -1 & 0 & 0 \\ 0 & -3/2 & 3 & 0 \\ 0 & 1/2 & -1 & 0 \end{array}\,,$$

d. h., wir erhalten eine eindimensionale Lösungsmenge und damit ist $\operatorname{rg} \boldsymbol{g} = 2$ und $\boldsymbol{g}$ ist kein Isomorphismus.

c)

$$\boldsymbol{f}(\boldsymbol{x}) = \begin{pmatrix} 1 & 1 & 1 \\ 2 & 0 & 1 \\ 0 & 2 & 2 \end{pmatrix} \begin{pmatrix} 2 \\ -1 \\ 0 \end{pmatrix} = \begin{pmatrix} 1 \\ 4 \\ -2 \end{pmatrix}, \qquad \boldsymbol{f}(\boldsymbol{y}) = A \begin{pmatrix} 1 \\ 2 \\ 3 \end{pmatrix} = \begin{pmatrix} 6 \\ 5 \\ 10 \end{pmatrix},$$

$$\boldsymbol{g}(\boldsymbol{x}) = \begin{pmatrix} -2 & -1 & 0 \\ 1 & -1 & 3 \\ -3 & -1 & -1 \end{pmatrix} \begin{pmatrix} 2 \\ -1 \\ 0 \end{pmatrix} = \begin{pmatrix} -3 \\ 3 \\ -5 \end{pmatrix}, \quad \boldsymbol{g}(\boldsymbol{y}) = B \begin{pmatrix} 1 \\ 2 \\ 3 \end{pmatrix} = \begin{pmatrix} -4 \\ 8 \\ -8 \end{pmatrix},$$

$$\boldsymbol{f}(\boldsymbol{x} + \boldsymbol{y}) = \boldsymbol{f}(\boldsymbol{x}) + \boldsymbol{f}(\boldsymbol{y}) = \begin{pmatrix} 1 \\ 4 \\ -2 \end{pmatrix} + \begin{pmatrix} 6 \\ 5 \\ 10 \end{pmatrix} = \begin{pmatrix} 7 \\ 9 \\ 8 \end{pmatrix}.$$

L3.4 Die Drehung wird beschrieben durch die Matrix

$$D_{45^\circ} = \begin{pmatrix} \cos 45^\circ & 0 & -\sin 45^\circ \\ 0 & 1 & 0 \\ \sin 45^\circ & 0 & \cos 45^\circ \end{pmatrix} = \begin{pmatrix} \frac{1}{2}\sqrt{2} & 0 & -\frac{1}{2}\sqrt{2} \\ 0 & 1 & 0 \\ \frac{1}{2}\sqrt{2} & 0 & \frac{1}{2}\sqrt{2} \end{pmatrix}.$$

Ihre Spalten entsprechen den Bildern der Basisvektoren. Ferner ist

$$\boldsymbol{d}\left(\begin{pmatrix} 1 \\ 1 \\ 1 \end{pmatrix}\right) = \begin{pmatrix} \frac{1}{2}\sqrt{2} & 0 & -\frac{1}{2}\sqrt{2} \\ 0 & 1 & 0 \\ \frac{1}{2}\sqrt{2} & 0 & \frac{1}{2}\sqrt{2} \end{pmatrix} \begin{pmatrix} 1 \\ 1 \\ 1 \end{pmatrix} = \begin{pmatrix} 0 \\ 1 \\ \sqrt{2} \end{pmatrix}.$$

Die Vektoren, die auf die Basisvektoren abgebildet werden, lassen sich durch die Rückdrehung der Basisvektoren ermitteln. Sie wird beschrieben durch

$$D_{-45^\circ} = \begin{pmatrix} \frac{1}{2}\sqrt{2} & 0 & \frac{1}{2}\sqrt{2} \\ 0 & 1 & 0 \\ -\frac{1}{2}\sqrt{2} & 0 & \frac{1}{2}\sqrt{2} \end{pmatrix}.$$

Diese Matrix enthält spaltenweise die Urbilder der Basisvektoren, d. h., es ist

$$\boldsymbol{d}\left(\begin{pmatrix} \frac{1}{2}\sqrt{2} \\ 0 \\ -\frac{1}{2}\sqrt{2} \end{pmatrix}\right) = \begin{pmatrix} 1 \\ 0 \\ 0 \end{pmatrix}, \ \boldsymbol{d}\left(\begin{pmatrix} 0 \\ 1 \\ 0 \end{pmatrix}\right) = \begin{pmatrix} 0 \\ 1 \\ 0 \end{pmatrix}, \ \boldsymbol{d}\left(\begin{pmatrix} \frac{1}{2}\sqrt{2} \\ 0 \\ \frac{1}{2}\sqrt{2} \end{pmatrix}\right) = \begin{pmatrix} 0 \\ 0 \\ 1 \end{pmatrix}.$$

L3.5 Es ist

$$\operatorname{rg}\begin{pmatrix} 1 & 1 \\ 1 & 1 \end{pmatrix} = 1, \quad \operatorname{rg}\begin{pmatrix} 1 & -1 \\ 1 & 1 \end{pmatrix} = 2, \quad \operatorname{rg}\begin{pmatrix} 1 & -1 \\ -1 & 1 \end{pmatrix} = 1,$$

$$\operatorname{rg}\begin{pmatrix} \sqrt{2} & \sqrt{2} & \sqrt{2} \\ 0 & \sqrt{3} & \sqrt{3} \\ 0 & 0 & 2 \end{pmatrix} = 3, \quad \operatorname{rg}\begin{pmatrix} 1 & 0 & 1 \\ 0 & 1 & 0 \\ 1 & 0 & 1 \end{pmatrix} = 2.$$

Die Matrix F hängt vom Winkel α ab, aber sie besitzt für alle Werte von α den Rang 3: Zunächst sind $\sin\alpha$ und $\cos\alpha$ nicht gleichzeitig 0. Für $\sin\alpha = 0$ oder $\cos\alpha = 0$ ist der Rang offensichtlich. Für $\cos\alpha \neq 0$ haben wir

$$\operatorname{rg}\begin{pmatrix} \cos\alpha & -\sin\alpha & 0 \\ \sin\alpha & \cos\alpha & 0 \\ 0 & 0 & 1 \end{pmatrix} \begin{matrix} -\frac{\sin\alpha}{\cos\alpha} \\ \downarrow \\ \end{matrix} = \operatorname{rg}\begin{pmatrix} \cos\alpha & -\sin\alpha & 0 \\ 0 & \cos\alpha + \frac{\sin^2\alpha}{\cos\alpha} & 0 \\ 0 & 0 & 1 \end{pmatrix}$$

mit $\cos\alpha + \frac{\sin^2\alpha}{\cos\alpha} = \frac{1}{\cos^2\alpha} \neq 0$. Schließlich ist

$$\operatorname{rg}\begin{pmatrix} -4 & 3 & -2 \\ -5 & 1 & 3 \\ 1 & 1 & -2 \end{pmatrix} \begin{matrix} \updownarrow \\ \\ \updownarrow \end{matrix}$$

$$= \operatorname{rg}\begin{pmatrix} 1 & 1 & -2 \\ -5 & 1 & 3 \\ -4 & 3 & -2 \end{pmatrix} \begin{matrix} (5) & (4) \\ \downarrow & \\ & \downarrow \end{matrix} = \operatorname{rg}\begin{pmatrix} 1 & 1 & -2 \\ 0 & 6 & -7 \\ 0 & 7 & -10 \end{pmatrix} = 3,$$

$$\operatorname{rg}\begin{pmatrix} 3 & 1 & -2 \\ -1 & 0 & 2 \\ 5 & 2 & -2 \end{pmatrix} (1) \leftrightarrow (2)$$

$$= \operatorname{rg}\begin{pmatrix} 1 & 3 & -2 \\ 0 & -1 & 2 \\ 2 & 5 & -2 \end{pmatrix} \begin{matrix} (-2) \\ \\ \downarrow \end{matrix} = \operatorname{rg}\begin{pmatrix} 1 & 3 & -2 \\ 0 & -1 & 2 \\ 0 & -1 & 2 \end{pmatrix} = 2.$$

L3.6

(I) Falsch. Zum Beispiel sind die Abbildungen **id** und −**id** beide bijektiv, ihre Summe ergibt jedoch die Nullabbildung, die nicht bijektiv ist.

(II) Richtig. Der Bildraum der ersten Abbildung ist der gesamte Raum. Er wird durch die zweite Abbildung wieder auf den gesamten Raum abgebildet.

(III) Falsch. Beispielsweise ergibt die Summe der zwei zweidimensionalen Abbildungen, die durch die Matrizen $\begin{pmatrix} 1 & 0 \\ 0 & 0 \end{pmatrix}$ bzw. $\begin{pmatrix} 0 & 0 \\ 0 & 1 \end{pmatrix}$ beschrieben werden, die identische Abbildung.

(IV) Richtig. Die nicht bijektive Abbildung besitzt als Bild nur einen echten Unterraum des gesamten Raums. Auch wenn es sich dabei um die erste Abbildung handelt, kann die nachfolgende bijektive Abbildung diesen Unterraum wieder nur auf einen gleichdimensionalen Unterraum abbilden.

L3.7 **a)** Es ist

$$C = A + B = \begin{pmatrix} -1 & 0 & 1 \\ 3 & -1 & 4 \\ -3 & 1 & 1 \end{pmatrix}$$

und

$$\operatorname{rg} C = \operatorname{rg} \begin{pmatrix} -1 & 0 & 1 \\ 3 & -1 & 4 \\ -3 & 1 & 1 \end{pmatrix} \begin{matrix} (3) & (-3) \\ \downarrow & \\ & \downarrow \end{matrix} = \operatorname{rg} \begin{pmatrix} -1 & 0 & 1 \\ 0 & -1 & 7 \\ 0 & 1 & -2 \end{pmatrix} = 3,$$

d. h., $\boldsymbol{f} + \boldsymbol{g}$ ist bijektiv.

b) Die gesuchten Bilder der Basisvektoren entsprechen den Spalten der Abbildungsmatrizen. Wir haben also die Matrizen A und C zu invertieren:

$$\begin{array}{ccc|ccc} 1 & 1 & 1 & 1 & 0 & 0 \\ 2 & 0 & 1 & 0 & 1 & 0 \\ 0 & 2 & 2 & 0 & 0 & 1 \end{array} \begin{matrix} (-2) \\ \downarrow \\ \end{matrix} \rightsquigarrow \begin{array}{ccc|ccc} 1 & 1 & 1 & 1 & 0 & 0 \\ 0 & -2 & -1 & -2 & 1 & 0 \\ 0 & 2 & 2 & 0 & 0 & 1 \end{array} \begin{matrix} \\ (1) \\ \downarrow \end{matrix}$$

$$\rightsquigarrow \begin{array}{ccc|ccc} 1 & 1 & 1 & 1 & 0 & 0 \\ 0 & -2 & -1 & -2 & 1 & 0 \\ 0 & 0 & 1 & -2 & 1 & 1 \end{array} \begin{matrix} \\ (-\frac{1}{2}) \\ \end{matrix} \rightsquigarrow \begin{array}{ccc|ccc} 1 & 1 & 1 & 1 & 0 & 0 \\ 0 & 1 & \frac{1}{2} & 1 & -\frac{1}{2} & 0 \\ 0 & 0 & 1 & -2 & 1 & 1 \end{array} \begin{matrix} & \uparrow \\ \uparrow & \\ (-\frac{1}{2}) & (-1) \end{matrix}$$

$$\rightsquigarrow \begin{array}{ccc|ccc} 1 & 1 & 0 & 3 & -1 & -1 \\ 0 & 1 & 0 & 2 & -1 & -\frac{1}{2} \\ 0 & 0 & 1 & -2 & 1 & 1 \end{array} \begin{matrix} \uparrow \\ (-1) \\ \end{matrix} \rightsquigarrow \begin{array}{ccc|ccc} 1 & 0 & 0 & 1 & 0 & -\frac{1}{2} \\ 0 & 1 & 0 & 2 & -1 & -\frac{1}{2} \\ 0 & 0 & 1 & -2 & 1 & 1 \end{array},$$

d. h.

$$A^{-1} = \begin{pmatrix} 1 & 0 & -\frac{1}{2} \\ 2 & -1 & -\frac{1}{2} \\ -2 & 1 & 1 \end{pmatrix}$$

und $\boldsymbol{f}^{-1}(\boldsymbol{e}_1) = \begin{pmatrix} 1 \\ 2 \\ -2 \end{pmatrix}$, $\boldsymbol{f}^{-1}(\boldsymbol{e}_2) = \begin{pmatrix} 0 \\ -1 \\ 1 \end{pmatrix}$, $\boldsymbol{f}^{-1}(\boldsymbol{e}_3) = \begin{pmatrix} -1/2 \\ -1/2 \\ 1 \end{pmatrix}$.

Die Matrix C ist analog zu invertieren. Die Inversion von 3×3-Matrizen (oder größer) ist etwas mühsam und man wird dazu gerne auf ein Computerprogramm zurückgreifen: In MATLAB[1] beispielsweise führt die Eingabe von

```
clear all
C=[-1 0 1; 3 -1 4; -3 1 1]
format rat
inv(C)
```

zur Ausgabe der inversen Matrix

$$C^{-1} = \begin{pmatrix} -1 & 1/5 & 1/5 \\ -3 & 2/5 & 7/5 \\ 0 & 1/5 & 1/5 \end{pmatrix},$$

wobei „`format rat`" bewirkt, dass die Ausgabe in Form von Brüchen und nicht als Dezimalzahlen erfolgt. Mit C^{-1} haben wir spaltenweise die Vektoren $(\boldsymbol{f} + \boldsymbol{g})^{-1}(\boldsymbol{e}_i)$, $i = 1, 2, 3$, vor uns.

c) Es ist

$$P_1 = AB = \begin{pmatrix} -4 & -3 & 2 \\ -7 & -3 & -1 \\ -4 & -4 & 4 \end{pmatrix}, \quad P_2 = BA = \begin{pmatrix} -4 & -2 & -3 \\ -1 & 7 & 6 \\ -5 & -5 & -6 \end{pmatrix}$$

und $P_3 = E_3$. Mit $\boldsymbol{g}$ sind auch $\boldsymbol{f} \circ \boldsymbol{g}$ und $\boldsymbol{g} \circ \boldsymbol{f}$ keine Isomorphismen, während $\boldsymbol{f}^{-1} \circ \boldsymbol{f} = \mathbf{id}$ ein Isomorphismus ist.

L3.8 Es ist $(ABC)^{-1}ABC = E_n$, weil $(ABC)^{-1}$ die inverse Matrix zu ABC ist. Wir multiplizieren diese Gleichung von rechts mit $C^{-1}B^{-1}A^{-1}$,

$$(ABC)^{-1}ABCC^{-1}B^{-1}A^{-1} = E_nC^{-1}B^{-1}A^{-1} = C^{-1}B^{-1}A^{-1},$$

und haben darin

$$ABCC^{-1}B^{-1}A^{-1} = ABB^{-1}A^{-1} = AA^{-1} = E_n$$

und damit die gewünschte Gleichung.

L3.9 **a)** Die Fragen bedeuten alle letztlich dasselbe: Reguläre Matrizen sind umkehrbar, sie beschreiben bijektive Abbildungen und invertierbar ist einfach das lateinische Wort für umkehrbar. Man sieht, dass alle Matrizen bis auf F regulär sind.

b) Die Inversion der 2×2-Matrizen fällt leicht und ergibt

$$L_1^{-1} = \begin{pmatrix} 1 & 0 \\ \frac{1}{10} & 1 \end{pmatrix}, \quad L_2^{-1} = \begin{pmatrix} 1 & 0 \\ \frac{1}{2} & 1 \end{pmatrix}, \quad Z^{-1} = \begin{pmatrix} 1 & -5 \\ 0 & 1 \end{pmatrix}.$$

[1] Mit GNU Octave steht alternativ eine kostenlose wissenschaftliche Programmiersprache zur Verfügung, deren Syntax weitgehend mit MATLAB kompatibel ist.

Ferner ist $E_4^{-1} = E_4$. Die Inversion von D_4 macht etwas Mühe, wenn man sie mit dem üblichen Schema ausführt, und ergibt

$$D_4^{-1} = \begin{pmatrix} \frac{1}{2}\sqrt{3} & \frac{1}{2} & 0 & 0 \\ -\frac{1}{2} & \frac{1}{2}\sqrt{3} & 0 & 0 \\ 0 & 0 & \frac{1}{2}\sqrt{2} & \frac{1}{2}\sqrt{2} \\ 0 & 0 & -\frac{1}{2}\sqrt{2} & \frac{1}{2}\sqrt{2} \end{pmatrix}.$$

Allerdings handelt es sich bei D_4 um eine vierdimensionale Drehmatrix, mit der die 1- und 2-Komponenten um 30° und die 3- und 4-Komponenten um 45° verdreht werden. Sie kann daher auch durch Umkehrung des Drehsinns invertiert werden, natürlich mit demselben Ergebnis.

c) Für das Produkt $L_2 Z L_1$ verwenden wir das Falk-Schema:

$$\begin{array}{cc|cc|cc} & & 1 & 5 & 1 & 0 \\ & & 0 & 1 & -\frac{1}{10} & 1 \\ \hline 1 & 0 & 1 & 5 & \frac{1}{2} & 5 \\ -\frac{1}{2} & 1 & -\frac{1}{2} & -\frac{3}{2} & -\frac{7}{20} & -\frac{3}{2} \end{array}, \quad \text{also } L_2 Z L_1 = \begin{pmatrix} \frac{1}{2} & 5 \\ -\frac{7}{20} & -\frac{3}{2} \end{pmatrix}.$$

Auch die Inversion könnte man als dreifaches Matrizenprodukt ermitteln, $(L_2 Z L_1)^{-1} = L_1^{-1} Z^{-1} L_2^{-1}$, invertiert aber einfacher direkt und erhält

$$(L_2 Z L_1)^{-1} = \begin{pmatrix} \frac{1}{2} & 5 \\ -\frac{7}{20} & -\frac{3}{2} \end{pmatrix}^{-1} = \begin{pmatrix} -\frac{3}{2} & -5 \\ \frac{7}{20} & \frac{1}{2} \end{pmatrix}.$$

Schließlich ist

$$D_4 F = \begin{pmatrix} \frac{1}{2}\sqrt{3} & -\frac{1}{2} & 0 & 0 \\ \frac{1}{2} & \frac{1}{2}\sqrt{3} & 0 & 0 \\ 0 & 0 & 0 & 0 \\ 0 & 0 & \sqrt{2} & \sqrt{2} \end{pmatrix} \quad \text{und} \quad (E_4 D_4)^{-1} = D_4^{-1}.$$

L3.10 Der linearen Abbildung $\boldsymbol{f}$ sei hinsichtlich einer Basis die Matrix $A \in \mathbb{K}^{n \times n}$ zugeordnet. Die Gleichung $\boldsymbol{f}(\boldsymbol{x}) = \boldsymbol{0}$, deren Lösungen $\boldsymbol{x}$ den Kern der Abbildung ergeben, ist dann gleichbedeutend mit dem homogenen linearen Gleichungssystem $A\boldsymbol{x} = \boldsymbol{0}$. Dieses Gleichungssystem ist genau dann eindeutig lösbar mit $\boldsymbol{x} = \boldsymbol{0}$, wenn die Matrix A regulär ist, und damit genau dann, wenn $\boldsymbol{f}$ bijektiv ist.

L4.1

(I) Richtig. Ist bei einem Wechsel von $\mathcal{B}$ zu $\mathcal{B}^*$ $\boldsymbol{b}_k = \boldsymbol{b}_k^*$, so wird $\boldsymbol{b}_k^*$ in der Basis $\mathcal{B}$ dargestellt durch $(0, \ldots, 1, \ldots, 0)$, wo die 1 an der k-ten Stelle steht.

(II) Richtig. Hier haben wir es mit einer normalen Basistransformation zu tun, die ebenso wie alle anderen durch eine Matrix beschrieben werden kann.

(III) Richtig. Befindet sich der k-te Vektor von $\mathcal{B}$ an der l-ten Stelle in $\mathcal{B}^*$, so ist $\boldsymbol{b}_l^{*\mathcal{B}} = (0, \ldots, 1, \ldots, 0)$, wo die 1 an der k-ten Stelle steht. Da die Transformation eindeutig sein muss, erhält man für $l = 1, \ldots, n$ die n verschiedenen Spalten der Einheitsmatrix.

(IV) Richtig. Eine solche Matrix T beschreibt eine Basistransformation wie in (III). Wechselt der k-te Vektor von $\mathcal{B}$ an die l-te Stelle von $\mathcal{B}^*$, so wird dieser Wechsel durch die Rücktransformation, beschrieben durch T^{-1}, rückgängig gemacht. Somit tauschen k und l ihre Rollen, gleichbedeutend mit einer Transposition der Transformationsmatrizen.

L4.2 **a)** Zur Ermittlung der Transformationsmatrix drücken wir die neuen Basisvektoren durch die alten aus. Es ist offenbar

$$\boldsymbol{b}_1^* = -\boldsymbol{b}_2 \quad \text{und} \quad \boldsymbol{b}_2^* = \boldsymbol{b}_1,$$

d. h., wir haben

$$T = \begin{pmatrix} 0 & 1 \\ -1 & 0 \end{pmatrix}.$$

Nun ist

$$\begin{pmatrix} x^* \\ y^* \end{pmatrix} = T^{-1} \begin{pmatrix} x \\ y \end{pmatrix} = \begin{pmatrix} 0 & -1 \\ 1 & 0 \end{pmatrix} \begin{pmatrix} x \\ y \end{pmatrix} = \begin{pmatrix} -y \\ x \end{pmatrix}$$

der gesuchte Koordinatenvektor.

b) Die neue Abbildungsmatrix lautet

$$\begin{aligned} A^* = T^{-1} A T &= \begin{pmatrix} 0 & -1 \\ 1 & 0 \end{pmatrix} \begin{pmatrix} a & b \\ c & d \end{pmatrix} \begin{pmatrix} 0 & 1 \\ -1 & 0 \end{pmatrix} = \begin{pmatrix} 0 & -1 \\ 1 & 0 \end{pmatrix} \begin{pmatrix} -b & a \\ -d & c \end{pmatrix} \\ &= \begin{pmatrix} d & -c \\ -b & a \end{pmatrix}. \end{aligned}$$

Bijektivität ist eine Eigenschaft der Abbildung und sie hängt nicht von der Wahl einer Basis für eine Abbildungsmatrix ab. Auf Matrixebene bedeutet das: Genau dann, wenn die Abbildungsmatrix hinsichtlich einer Basis regulär ist, sind auch alle weiteren Abbildungsmatrizen hinsichtlich anderer Basen regulär.

L4.3 Die Transformationsbasis T des Übergangs $\mathcal{B} \to \mathcal{E}$ ist

$$T = B^{-1} = \begin{pmatrix} 2 & 1 & 0 \\ 1 & 2 & 1 \\ 0 & 0 & 2 \end{pmatrix}^{-1} = \begin{pmatrix} 2/3 & -1/3 & 1/6 \\ -1/3 & 2/3 & -1/3 \\ 0 & 0 & 1/2 \end{pmatrix}.$$

Der Koordinatenvektor von $(x, y, z)^{\mathcal{B}}$ in der kanonischen Basis lautet

$$\begin{pmatrix} x^{\mathcal{E}} \\ y^{\mathcal{E}} \\ z^{\mathcal{E}} \end{pmatrix} = x \begin{pmatrix} 2 \\ 1 \\ 0 \end{pmatrix} + y \begin{pmatrix} 1 \\ 2 \\ 0 \end{pmatrix} + z \begin{pmatrix} 0 \\ 1 \\ 2 \end{pmatrix} = \begin{pmatrix} 2x + y \\ x + 2y + z \\ 2z \end{pmatrix},$$

was sich auch als $\boldsymbol{x}^{\mathcal{E}} = T^{-1}\boldsymbol{x}^{\mathcal{B}} = B\boldsymbol{x}^{\mathcal{B}}$ schreiben bzw. erhalten lässt.

L4.4 Die Transformationsmatrix dieses Basiswechsels lautet $T = \begin{pmatrix} 1 & 1 \\ 0 & 1 \end{pmatrix}$ und damit haben wir

$$\begin{aligned} D^{\mathcal{B}} = T^{-1} D_\alpha T &= \begin{pmatrix} 1 & 1 \\ 0 & 1 \end{pmatrix}^{-1} \begin{pmatrix} \cos\alpha & -\sin\alpha \\ \sin\alpha & \cos\alpha \end{pmatrix} \begin{pmatrix} 1 & 1 \\ 0 & 1 \end{pmatrix} \\ &= \begin{pmatrix} 1 & -1 \\ 0 & 1 \end{pmatrix} \begin{pmatrix} \cos\alpha & \cos\alpha - \sin\alpha \\ \sin\alpha & \sin\alpha + \cos\alpha \end{pmatrix} \\ &= \begin{pmatrix} \cos\alpha - \sin\alpha & -2\sin\alpha \\ \sin\alpha & \sin\alpha + \cos\alpha \end{pmatrix}. \end{aligned}$$

Diese Matrix kann offenbar nicht in der Form $\begin{pmatrix} \cos\varepsilon & -\sin\varepsilon \\ \sin\varepsilon & \cos\varepsilon \end{pmatrix}$ geschrieben werden.

L4.5 Der Vektor $\boldsymbol{n} = (1, 1, 1)/\sqrt{3}$ hat die Länge 1 und liegt auf der Drehachse. Wir wählen die Euler-Winkel θ und ϕ daher so, dass gilt

$$\begin{pmatrix} \sin\phi\sin\theta \\ -\cos\phi\sin\theta \\ \cos\theta \end{pmatrix} = \begin{pmatrix} 1/\sqrt{3} \\ 1/\sqrt{3} \\ 1/\sqrt{3} \end{pmatrix},$$

d. h., es ist

$$\cos\theta = \frac{1}{\sqrt{3}}, \quad \sin\theta = \sqrt{1 - \cos^2\theta} = \sqrt{\frac{2}{3}}, \quad \cos\phi = -\frac{1}{\sqrt{2}}, \quad \sin\phi = \frac{1}{\sqrt{2}}.$$

Damit ist

$$T_{zx'} = \begin{pmatrix} -\frac{1}{\sqrt{2}} & -\frac{1}{\sqrt{6}} & \frac{1}{\sqrt{3}} \\ \frac{1}{\sqrt{2}} & -\frac{1}{\sqrt{6}} & \frac{1}{\sqrt{3}} \\ 0 & \sqrt{\frac{2}{3}} & \frac{1}{\sqrt{3}} \end{pmatrix} \quad \text{und} \quad T_{zx'}^{-1} = \begin{pmatrix} -\frac{1}{\sqrt{2}} & \frac{1}{\sqrt{2}} & 0 \\ -\frac{1}{\sqrt{6}} & -\frac{1}{\sqrt{6}} & \sqrt{\frac{2}{3}} \\ \frac{1}{\sqrt{3}} & \frac{1}{\sqrt{3}} & \frac{1}{\sqrt{3}} \end{pmatrix}.$$

Die Drehung erfolgt mit $\alpha = 120°$, d. h., wir haben

$$D_z(\alpha) = \begin{pmatrix} \cos\alpha & -\sin\alpha & 0 \\ \sin\alpha & \cos\alpha & 0 \\ 0 & 0 & 1 \end{pmatrix} = \begin{pmatrix} -\frac{1}{2} & -\frac{\sqrt{3}}{2} & 0 \\ \frac{\sqrt{3}}{2} & -\frac{1}{2} & 0 \\ 0 & 0 & 1 \end{pmatrix}.$$

Die gesuchte Abbildungsmatrix erhalten wir nun als

$$D_{\boldsymbol{n}}(\alpha) = T_{zx'} D_z(\alpha) T_{zx'}^{-1} = \begin{pmatrix} 0 & 0 & 1 \\ 1 & 0 & 0 \\ 0 & 1 & 0 \end{pmatrix}.$$

Hinweis
Zwar ist hier „nur" das Produkt dreier Drehmatrizen zu bilden, aber seine Ausführung ist recht aufwändig. Positiv ausgedrückt: Wenn du handschriftlich das obige einfache Ergebnis erhalten hast, bereiten dir Matrizenmultiplikationen oder Wurzeln keine Probleme :-)

Das Ergebnis lässt sich geometrisch verstehen: Die drei kanonischen Basisvektoren liegen allesamt auf demselben Kegel um die Raumdiagonale. Eine Drehung um diese Achse belässt sie auf diesem Kegel, sie werden nur weitergedreht. Bei einer Drehung um 120° wird $\boldsymbol{e}_x$ auf $\boldsymbol{e}_y$ gedreht, $\boldsymbol{e}_y$ auf $\boldsymbol{e}_z$ und $\boldsymbol{e}_z$ auf $\boldsymbol{e}_x$. Diese Bilder der Basisvektoren sind in der Abbildungsmatrix $D_{\boldsymbol{n}}(\alpha)$ zu sehen.

L5.1

(I) Richtig. Eine Determinantenform wird 0 für linear abhängige Argumentvektoren und das ist bei n-mal demselben Vektor natürlich der Fall. Eine Sonderrolle nimmt allerdings der Fall $n = 1$ ein: Hier ist $\Delta(\boldsymbol{x}) \neq 0$ für $\boldsymbol{x} \neq \boldsymbol{0}$.

(II) Richtig. Eine Determinantenform ist linear bezüglich jeder Argumentposition, d. h., es ist $\Delta(\ldots, c\boldsymbol{x}_k, \ldots) = c\Delta(\ldots, \boldsymbol{x}_k, \ldots)$. Bei n Argumenten ergibt das n-mal den Faktor c vor der Determinantenform.

(III) Falsch. Zwar sind beide Determinantenformen auf einer Basis ungleich 0, aber ihr Wert kann sich um eine Konstante c unterscheiden, d. h., es ist $\Delta(\boldsymbol{b}_1, \ldots, \boldsymbol{b}_n) = c\Delta^*(\boldsymbol{b}_1, \ldots, \boldsymbol{b}_n)$.

(IV) Falsch. Zwei Transpositionen können sich auch gegenseitig aufheben (Hin- und Rücktausch).

(V) Richtig. Drei Transpositionen sind wegen $(-1)^3 = -1$ insgesamt eine ungerade Permutation und ergeben damit keinesfalls die identische Permutation.

L5.2 Ja, das stimmt. Zwei Matrizen A und B sind zueinander ähnlich, wenn es eine reguläre Matrix T gibt, sodass gilt $B = T^{-1}AT$. Nun ist

$$\det B = \det(T^{-1}AT) = (\det T^{-1})(\det A)(\det T)$$

und mit $\det T^{-1} = 1/\det T$ folgt $\det B = \det A$.

L5.3

$$\det A = \cos^2\alpha + \sin^2\alpha = 1, \quad \det B = ad - bc, \quad \det C = 22,$$
$$\det D = 2, \qquad \det E = 1, \qquad \det F = 1.$$

Für die Determinante von F ist einige Rechenarbeit erforderlich, bevor sich schließlich alles zu 1 ergänzt. Die 4×4-Determinante G kann wohl am einfachsten durch Überführung in eine obere Dreiecksdeterminante berechnet werden, die Determinante von H ist aufgrund der vielen Nullen auch mit dem Entwicklungssatz leicht zu erhalten:

$$\det G = 21, \quad \det H = 0.$$

Die Determinanten der Produkmatrizen ergeben sich aus den Produkten der Einzeldeterminanten:

$$\det(AC) = 22, \quad \det(EF) = 1, \quad \det(GH) = 0.$$

Die Matrizen mit Determinante ungleich 0 sind regulär.

L5.4 **a)** Die Koeffizientendeterminante ist

$$\begin{vmatrix} 1 & 2 \\ -1 & 4 \end{vmatrix} = 6 \neq 0.$$

Die Cramer-Regel ist daher anwendbar und ergibt

$$x_1 = \frac{1}{6}\begin{vmatrix} 3 & 2 \\ 1 & 4 \end{vmatrix} = \frac{5}{3} \quad \text{und} \quad x_2 = \frac{1}{6}\begin{vmatrix} 1 & 3 \\ -1 & 1 \end{vmatrix} = \frac{2}{3}.$$

b) Die Koeffizientendeterminante ist 0 und die Cramer-Regel ist somit nicht anwendbar. Die beiden Gleichungen sind identisch, die Lösung des Systems ist

$$\mathbb{L} = \{(x_1, x_2) \mid x_1 = 1 - 2x_2, x_2 \in \mathbb{R}\}.$$

c) Die Koeffizientendeterminante ist 0 und die Gleichungen widersprechen sich. Somit ist $\mathbb{L} = \emptyset$.

d) Wir haben die Koeffizientendeterminante

$$\begin{vmatrix} 3 & -1 & 2 \\ 1 & 1 & 1 \\ 4 & -2 & -1 \end{vmatrix} = -14 \neq 0$$

und damit ist

$$x_1 = -\frac{1}{14}\begin{vmatrix} 0 & -1 & 2 \\ 1 & 1 & 1 \\ 0 & -2 & -1 \end{vmatrix} = \frac{5}{14}, \quad x_2 = -\frac{1}{14}\begin{vmatrix} 3 & 0 & 2 \\ 1 & 1 & 1 \\ 4 & 0 & -1 \end{vmatrix} = \frac{11}{14},$$

$$x_3 = -\frac{1}{14}\begin{vmatrix} 3 & -1 & 0 \\ 1 & 1 & 1 \\ 4 & -2 & 0 \end{vmatrix} = -\frac{1}{7},$$

wobei man diese drei Determinanten sicher am einfachsten erhält, indem man jeweils nach der Spalte mit dem Lösungsvektor entwickelt.

e) Die Koeffizientendeterminante ist

$$\begin{vmatrix} 3 & -1 & 2 \\ 1 & 2 & 3 \\ -1 & 1 & -1 \end{vmatrix} = -7 \neq 0.$$

Da es sich um ein homogenes Gleichungssystem handelt, ist seine Lösung $x_1 = x_2 = x_3 = 0$.

L5.5 Eine Matrix ist inververtierbar, wenn ihre Determinante nicht verschwindet. Dann können 2×2-Matrizen mit

$$\begin{pmatrix} a & b \\ c & d \end{pmatrix}^{-1} = \frac{1}{ad - bc}\begin{pmatrix} d & -b \\ -c & a \end{pmatrix}$$

praktisch durch Hinsehen invertiert werden: So ist

$$A^{-1} = \frac{1}{4}\begin{pmatrix} 2 & -2 \\ 1 & 1 \end{pmatrix}, \quad \det B = 0, \quad C^{-1} = -\frac{1}{2}\begin{pmatrix} 0 & 1 \\ 2 & 0 \end{pmatrix}.$$

Ferner haben wir $\det D = -14$ und führen die Inversion mit der Formel

$$D^{-1} = \frac{1}{\det A}\tilde{D}^{\mathrm{T}}$$

durch, wo $\tilde{D}$ die Matrix ist, die die Adjunkten der Elemente von D enthält. Mit Blick auf die Matrix D erhalten wir

$$\tilde{D} = \begin{pmatrix} 1 & 5 & -6 \\ -5 & -11 & 2 \\ -3 & -1 & 4 \end{pmatrix}, \quad \text{d. h.} \quad D^{-1} = -\frac{1}{14}\begin{pmatrix} 1 & -5 & -3 \\ 5 & -11 & -1 \\ -6 & 2 & 4 \end{pmatrix}.$$

Die Matrix E ist eine Diagonalblockmatrix mit einem 2×2-Block, siehe C, und zwei 1×1-Blöcken. Somit ist

$$E^{-1} = \begin{pmatrix} 1/2 & 0 & 0 & 0 \\ 0 & 0 & -1/2 & 0 \\ 0 & -1 & 0 & 0 \\ 0 & 0 & 0 & -1/3 \end{pmatrix}.$$

L6.1

(I) Richtig. Wenn $\boldsymbol{x}$ Eigenvektor zum Eigenwert t ist, so gilt wegen der Linearität der Abbildung für ein Vielfaches $c\boldsymbol{x}$

$$\boldsymbol{f}(c\boldsymbol{x}) = c\boldsymbol{f}(\boldsymbol{x}) = c(t\boldsymbol{x}) = t(c\boldsymbol{x}).$$

Streng genommen müsste man allerdings $c = 0$ ausschließen, weil $\mathbf{0}$ per Definition kein Eigenvektor ist.

(II) Falsch. Beispielsweise sind bei einer dreidimensionalen Drehung genau die Vektoren auf der Drehachse Eigenvektoren zu 1. Eine Linearkombination mit einem solchen Vektor liegt i. Allg. aber abseits der Drehachse.

(III) Richtig. Für $\boldsymbol{x} \neq \mathbf{0}$ kann nicht gleichzeitig $\boldsymbol{f}(\boldsymbol{x}) = t_1\boldsymbol{x}$ und $\boldsymbol{f}(\boldsymbol{x}) = t_2\boldsymbol{x}$ mit $t_1 \neq t_2$ gelten.

(IV) Richtig. Wenn eine Abbildung den gesamten Raum als Eigenraum zu Eigenwert t besitzt, so gilt $\boldsymbol{f}(\boldsymbol{x}) = t\boldsymbol{x}$ für alle $\boldsymbol{x} \in V$, gleichbedeutend mit $\boldsymbol{f} = t\,\mathbf{id}$.

(V) Falsch. Das gleiche charakteristische Polynom bedeutet zwar dieselben Eigenwerte, aber die Eigenräume und damit die Abbildungen können unterschiedlich sein. Zum Beispiel besitzen die zweidimensionalen Abbildungen mit den Abbildungsmatrizen $\begin{pmatrix} 1 & 0 \\ 0 & 1 \end{pmatrix}$ bzw. $\begin{pmatrix} 1 & 1 \\ 0 & 1 \end{pmatrix}$ dasselbe charakteristische Polynom, sind aber unterschiedlich.

L6.2 Das charakteristische Polynom der ersten Abbildung ist

$$|A - tE_2| = \begin{vmatrix} 1-t & 2 \\ 2 & 4-t \end{vmatrix} = (1-t)(4-t) - 4 = t^2 - 5t = t(t-5)$$

und wir haben die Eigenwerte 0 und 5. Der Eigenraum zu 0 ergibt sich aus dem Gleichungssystem $\begin{array}{cc|c} 1 & 2 & 0 \\ 2 & 4 & 0 \end{array}$ zu

$$\mathrm{ER}_0 = \left\{ \begin{pmatrix} x_1 \\ x_2 \end{pmatrix} \middle| \, x_1 = -2x_2 \right\} = \left\{ \begin{pmatrix} -2s \\ s \end{pmatrix} \middle| \, s \in \mathbb{R} \right\}.$$

Der Eigenraum zu 5 folgt aus $\begin{array}{cc|c} -4 & 2 & 0 \\ 2 & -1 & 0 \end{array}$:

$$\mathrm{ER}_5 = \left\{ \begin{pmatrix} x_1 \\ x_2 \end{pmatrix} \middle| \, x_2 = 2x_1 \right\} = \left\{ \begin{pmatrix} s \\ 2s \end{pmatrix} \middle| \, s \in \mathbb{R} \right\}.$$

Für die zweite Abbildung haben wir

$$|B - tE_2| = \begin{vmatrix} 1-t & -2 \\ 2 & 4-t \end{vmatrix} = (1-t)(4-t) + 4 = t^2 - 5t + 8.$$

Dieses Polynom besitzt keine reellen Nullstellen und die Abbildung hat somit keine Eigenwerte oder Eigenvektoren.

Schließlich ist

$$|C - tE_2| = \begin{vmatrix} 1-t & 2 \\ 1 & 4-t \end{vmatrix} = (1-t)(4-t) - 2 = t^2 - 5t + 2$$

und wir haben die Nullstellen $t_{1,2} = \frac{5\pm\sqrt{17}}{2}$. Für den Eigenraum zu t_1 ist das Gleichungssystem

$$\begin{array}{cc|c} 1 - \frac{5+\sqrt{17}}{2} & 2 & 0 \\ 1 & 4 - \frac{5+\sqrt{17}}{2} & 0 \end{array} \quad \Leftrightarrow \quad \begin{array}{cc|c} \frac{-3-\sqrt{17}}{2} & 2 & 0 \\ 1 & \frac{3-\sqrt{17}}{2} & 0 \end{array}$$

zu lösen. Zwar sieht man es diesem Gleichungssystem nicht unmittelbar an, aber seine beiden Gleichungen sind Vielfache voneinander und zu seiner Lösung können wir uns auf eine Gleichung beschränken, z. B. die zweite:

$$\mathrm{ER}_{\frac{5+\sqrt{17}}{2}} = \left\{ \begin{pmatrix} x_1 \\ x_2 \end{pmatrix} \middle| \, x_1 = \frac{\sqrt{17}-3}{2} x_2 \right\} = \left\{ \begin{pmatrix} \frac{\sqrt{17}-3}{2} s \\ s \end{pmatrix} \middle| \, s \in \mathbb{R} \right\}.$$

Analog haben wir für t_2 das Gleichungssystem

$$\begin{array}{cc|c} \frac{-3+\sqrt{17}}{2} & 2 & 0 \\ 1 & \frac{3+\sqrt{17}}{2} & 0 \end{array}$$

und den Eigenraum

$$\mathrm{ER}_{\frac{5-\sqrt{17}}{2}} = \left\{ \begin{pmatrix} x_1 \\ x_2 \end{pmatrix} \middle| \, x_1 = -\frac{3+\sqrt{17}}{2} x_2 \right\} = \left\{ \begin{pmatrix} \frac{3+\sqrt{17}}{2} s \\ -s \end{pmatrix} \middle| \, s \in \mathbb{R} \right\}.$$

L6.3

(I) Richtig. Das charakteristische Polynom ist ein Polynom zweiten Grads. Ein Eigenwert ist gleichbedeutend mit einem Linearfaktor, den das Polynom enthält. Dann verbleibt noch ein zweiter Linearfaktor. Soll nur ein Eigenwert vorliegen, müssen beide Linearfaktoren identisch sein.

(II) Richtig. In diesem Fall besitzt jeder der drei verschiedenen Eigenwerte einen Eigenraum der Dimension 1, sodass es eine Basis aus Eigenvektoren gibt, in der die Abbildungsmatrix eine Diagonalmatrix ist.

(III) Falsch. Wenn einer der drei Eigenwerte 0 ist, ist die Abbildung nicht bijektiv.

(IV) Falsch. Zum Beispiel besitzt die Abbildung mit der Matrix $\mathrm{diag}(1, 2, 3)$ den Eigenwert 1, sie ist aber keine Drehung.

(V) Richtig. Ein Polynom vierten Grads kann drei Nullstellen besitzen, zwei einfache und eine doppelte Nullstelle.

L6.4 **a)** Das charakteristische Polynom von f ist

$$p_f(t) = \begin{vmatrix} -3-t & 0 & -2 \\ 1 & -6-t & 1 \\ 1 & -3 & -t \end{vmatrix} = -(t^3 + 9t^2 + 23t + 15),$$

wie man nach kurzer Rechnung (beispielsweise durch Entwickeln nach der ersten Zeile) erhält. Eine erste Nullstelle errät man: $t_1 = -1$. Das Abspalten des entsprechenden Linearfaktors ergibt

$$p_f(t) = -(t+1)(t^2 + 8t + 15).$$

Der quadratische Term besitzt zwei weitere Nullstellen und wir können das charakteristische Polynom vollständig faktorisiert angeben:

$$p_f(t) = -(t+1)(t+3)(t+5),$$

d. h., wir haben drei einfache Eigenwerte: $t_1 = -1, t_2 = -3, t_3 = -5$.

Der Eigenraum zu $t_1 = -1$ ergibt sich aus

$$\begin{array}{ccc|c} -2 & 0 & -2 & 0 \\ 1 & -5 & 1 & 0 \\ 1 & -3 & 1 & 0 \end{array} \quad \Leftrightarrow \quad x_1 = -x_3 \wedge x_2 = 0,$$

d. h.

$$\mathrm{ER}_{-1} = \left\{ \begin{pmatrix} -s \\ 0 \\ s \end{pmatrix} \middle| \, s \in \mathbb{R} \right\}.$$

Für $t_2 = -3$ haben wir

$$\begin{array}{ccc|c} 0 & 0 & -2 & 0 \\ 1 & -3 & 1 & 0 \\ 1 & -3 & 3 & 0 \end{array} \quad \Leftrightarrow \quad x_3 = 0 \wedge x_1 = 3x_2,$$

d. h.

$$\mathrm{ER}_{-3} = \left\{ \begin{pmatrix} 3s \\ s \\ 0 \end{pmatrix} \middle| s \in \mathbb{R} \right\}$$

und für $t_3 = -5$

$$\begin{array}{ccc|c} 2 & 0 & -2 & 0 \\ 1 & -1 & 1 & 0 \\ 1 & -3 & 5 & 0 \end{array} \quad \Leftrightarrow \quad \begin{array}{ccc|c} 2 & 0 & -2 & 0 \\ 0 & -1 & 2 & 0 \\ 0 & -3 & 6 & 0 \end{array} \quad \Leftrightarrow \quad x_2 = 2x_3 \wedge x_1 = x_3,$$

d. h.

$$\mathrm{ER}_{-5} = \left\{ \begin{pmatrix} s \\ 2s \\ s \end{pmatrix} \middle| s \in \mathbb{R} \right\}.$$

Beispielsweise ist

$$\mathcal{B} = \left\{ \begin{pmatrix} -1 \\ 0 \\ 1 \end{pmatrix}, \begin{pmatrix} 3 \\ 1 \\ 0 \end{pmatrix}, \begin{pmatrix} 1 \\ 2 \\ 1 \end{pmatrix} \right\}$$

eine Basis des $\mathbb{R}^3$, die aus Eigenvektoren von $\boldsymbol{f}$ besteht.

b) Aufgrund der vielen Nullen in der Abbildungsmatrix B erhält man das charakteristische Polynom mit dem Entwicklungssatz sofort in faktorisierter Form:

$$p_g(t) = \begin{vmatrix} 3-t & 0 & 0 & 5/2 \\ 5 & -2-t & 0 & 5/2 \\ 10 & -10 & 3-t & 0 \\ 0 & 0 & 0 & -2-t \end{vmatrix} = (-2-t)^2(3-t)^2 = (t+2)^2(t-3)^2,$$

d. h., wir haben die zwei zweifachen Eigenwerte $t_1 = -2$ und $t_2 = 3$.

Der Eigenraum zu $t_1 = -2$ ergibt sich aus dem Gleichungssystem

$$\begin{array}{cccc|c} 5 & 0 & 0 & 5/2 & 0 \\ 5 & 0 & 0 & 5/2 & 0 \\ 10 & -10 & 5 & 0 & 0 \\ 0 & 0 & 0 & 0 & 0 \end{array} \quad \Leftrightarrow \quad \begin{array}{cccc|c} 5 & 0 & 0 & 5/2 & 0 \\ 10 & -10 & 5 & 0 & 0 \end{array}$$

$$\Leftrightarrow \quad \begin{array}{cccc|c} 2 & 0 & 0 & 1 & 0 \\ 2 & -2 & 1 & 0 & 0 \end{array}$$

$$\Leftrightarrow \quad x_4 = -2x_1 \ \wedge \ x_3 = 2x_2 - 2x_1,$$

d. h.

$$\mathrm{ER}_{-2} = \left\{ \begin{pmatrix} s \\ u \\ 2u - 2s \\ -2s \end{pmatrix} \middle| \, s, u \in \mathbb{R} \right\}.$$

Für $t_2 = 3$ haben wir

$$\begin{array}{cccc|c} 0 & 0 & 0 & 5/2 & 0 \\ 5 & -5 & 0 & 5/2 & 0 \\ 10 & -10 & 0 & 0 & 0 \\ 0 & 0 & 0 & -5 & 0 \end{array} \quad \Leftrightarrow \quad x_4 = 0 \ \wedge \ x_3 \in \mathbb{R} \ \wedge \ x_1 = x_2,$$

d. h.

$$\mathrm{ER}_3 = \left\{ \begin{pmatrix} s \\ s \\ u \\ 0 \end{pmatrix} \middle| \, s, u \in \mathbb{R} \right\}.$$

Lesehilfe
Eine Nullzeile in einem Gleichungssystem ist eine leere Aussage und eine Nullspalte besagt, dass die entsprechende Variable frei gewählt werden kann (aufgrund der Vorfaktoren 0 spielt ihr Wert in keiner Gleichung keine Rolle, sie kann daher jeden beliebigen Wert annehmen).

Da sich zu den zwei zweifachen Eigenwerten jeweils zweidimensionale Eigenräume ergeben haben, kann eine Basis aus Eigenvektoren von $\boldsymbol{g}$ angegeben werden, beispielsweise

$$\mathcal{B} = \left\{ \begin{pmatrix} 1 \\ 0 \\ -2 \\ -2 \end{pmatrix}, \begin{pmatrix} 0 \\ 1 \\ 2 \\ 0 \end{pmatrix}, \begin{pmatrix} 1 \\ 1 \\ 0 \\ 0 \end{pmatrix}, \begin{pmatrix} 0 \\ 0 \\ 1 \\ 0 \end{pmatrix} \right\}.$$

L7.1

(I) Falsch. Zwar ist die Abbildungsvorschrift symmetrisch, aber es handelt es nicht um eine Bilinarform. Für eine Bilinearform müsste beispielsweise $\beta(2\boldsymbol{x}, \boldsymbol{y}) = 2\beta(\boldsymbol{x}, \boldsymbol{y})$ gelten, was mit dieser Zuordnung aber nur für $\boldsymbol{y} = \boldsymbol{0}$ stimmt und nicht für alle $\boldsymbol{y} \in \mathbb{R}^2$.

(II) Falsch. Eine positiv definite Bilinearform kann durchaus negative Werte annehmen. Sie ist allerdings positiv, wenn zweimal derselbe Argumentvektor $\boldsymbol{x} \neq \boldsymbol{0}$ verwendet wird.

(III) Richtig. Zunächst handelt es sich tatsächlich um eine Bilinearform und außerdem ist

$$\begin{aligned}\gamma(\boldsymbol{x}, \boldsymbol{x}) &= 4x_1^2 - 2x_1x_2 - 2x_2x_1 + 3x_2^2 = 4x_1^2 - 4x_1x_2 + 3x_2^2\\ &= (2x_1)^2 - 2(2x_1)x_2 + x_2^2 + 2x_2^2\\ &= (2x_1 - x_2)^2 + 2x_2^2 > 0\end{aligned}$$

für $\boldsymbol{x} \neq \boldsymbol{0}$.

Lesehilfe
Man kann zeigen, dass ein Ausdruck nichtnegativ ist, indem man ihn als Summe von Quadraten schreibt. Genau das ist oben passiert: Die ersten zwei Summanden wurden zu diesem Zweck quadratisch ergänzt.

(IV) Richtig. Die Bilinearform γ ist symmetrisch. Es ist $\gamma(\boldsymbol{x}, \boldsymbol{y}) = \gamma(\boldsymbol{y}, \boldsymbol{x})$, weil die gemischten Ausdrücke in der Mitte denselben Vorfaktor 2 haben.

L7.2 **a)** Vektoren $\boldsymbol{x} = (x_1, x_2, x_3)$ sind orthogonal zu $(1, -2, 3)$, wenn ihr Skalarprodukt verschwindet, d. h., wenn gilt

$$\begin{pmatrix}1\\-2\\3\end{pmatrix} \cdot \begin{pmatrix}x_1\\x_2\\x_3\end{pmatrix} = x_1 - 2x_2 + 3x_3 = 0.$$

Dies ist der Fall für alle Vektoren $\boldsymbol{x}$ mit $x_1 = 2x_2 - 3x_3$, also alle Vektoren der Menge

$$\mathbb{L}_1 = \left\{\begin{pmatrix}2s - 3u\\s\\u\end{pmatrix} \middle| s, u \in \mathbb{R}\right\} = \left\{s\begin{pmatrix}2\\1\\0\end{pmatrix} + u\begin{pmatrix}-3\\0\\1\end{pmatrix} \middle| s, u \in \mathbb{R}\right\}.$$

b) Sollen die Vektoren $\boldsymbol{x}$ zusätzlich zum Vektor $(-4, 5, -6)$ orthogonal sein, müssen sie auch die entsprechende zweite Bedingung erfüllen und wir haben das

Gleichungssystem

$$\begin{array}{rrr|r} 1 & -2 & 3 & 0 \\ -4 & 5 & -6 & 0 \end{array} \quad \Leftrightarrow \quad \begin{array}{rrr|r} 1 & -2 & 3 & 0 \\ 0 & -3 & 6 & 0 \end{array},$$

d. h. $x_2 = 2x_3$ und $x_1 = 2x_2 - 3x_3 = x_3$, gleichbedeutend mit

$$\mathbb{L}_2 = \left\{ \begin{pmatrix} s \\ 2s \\ s \end{pmatrix} \middle| \, s \in \mathbb{R} \right\} = \left\{ s \begin{pmatrix} 1 \\ 2 \\ 1 \end{pmatrix} \middle| \, s \in \mathbb{R} \right\}.$$

L7.3 Wir prüfen zunächst die Normierung:

$$\begin{aligned} \boldsymbol{b}_1 \cdot \boldsymbol{b}_1 &= \cos^2\phi + \sin^2\phi\cos^2\theta + \sin^2\phi\sin^2\theta \\ &= \cos^2\phi + \sin^2\phi(\cos^2\theta + \sin^2\theta) = 1 \\ \boldsymbol{b}_2 \cdot \boldsymbol{b}_2 &= \sin^2\phi + \cos^2\phi\cos^2\theta + \cos^2\phi\sin^2\theta = 1 \\ \boldsymbol{b}_3 \cdot \boldsymbol{b}_3 &= \sin^2\theta + \cos^2\theta = 1, \end{aligned}$$

wie man unter wiederholter Verwendung des „trigonometrischen Phythagoras", d. h. der Formel $\sin^2 x + \cos^2 x = 1$, praktisch sofort sieht. Ferner ist

$$\begin{aligned} \boldsymbol{b}_1 \cdot \boldsymbol{b}_2 &= \cos\phi\sin\phi - \sin\phi\cos\theta\cos\phi\cos\theta - \sin\phi\sin\theta\cos\phi\sin\theta \\ &= \cos\phi\sin\phi - \cos\phi\sin\phi(\cos^2\theta + \sin^2\theta) = 0 \\ \boldsymbol{b}_2 \cdot \boldsymbol{b}_3 &= 0 + \cos\phi\cos\theta\sin\theta - \cos\phi\sin\theta\cos\theta = 0 \\ \boldsymbol{b}_3 \cdot \boldsymbol{b}_1 &= 0 - \sin\theta\sin\phi\cos\theta + \cos\theta\sin\phi\sin\theta = 0. \end{aligned}$$

L7.4 Die Menge $\{\boldsymbol{v}_1, \boldsymbol{v}_4, \boldsymbol{v}_7\}$ ist ein Orthogonalsystem, alle Vektoren mit der Länge 1.

Die Menge $\{\boldsymbol{v}_1, \boldsymbol{v}_5, \boldsymbol{v}_6\}$ ist ein Orthogonalsystem, ein Vektor mit der Länge 1 und zwei mit der Länge $\sqrt{2}$.

Die Menge $\{\boldsymbol{v}_2, \boldsymbol{v}_3, \boldsymbol{v}_7\}$ ist ein Orthogonalsystem, ein Vektor mit der Länge 1 und zwei mit der Länge $\sqrt{2}$.

L7.5 Nein, das stimmt nicht. Die Gleichungen

$$\boldsymbol{w}_{k+1} := \boldsymbol{v}_{k+1} - \sum_{i=1}^{k} (\boldsymbol{v}_{k+1} \cdot \boldsymbol{e}_i)\boldsymbol{e}_i$$

funktionieren nur, wenn die Vektoren $\boldsymbol{e}_i$ normiert sind. Andernfalls werden nicht die richtigen Anteile aus dem Vektor $\boldsymbol{v}_{k+1}$ „herausprojiziert". Zur Durchführung des Verfahrens müssen die Vektoren daher zwingend normiert werden. Dessen ungeachtet können als Ergebnis für ein Orthogonalsystem auch die nicht normierten Vektoren $\boldsymbol{w}_i$ angegeben werden.

L7.6 Wir verwenden das Schmidt-Orthonormierungsverfahren. Zunächst setzen wir

$$\boldsymbol{a}_1 := \frac{1}{2\sqrt{2}}\begin{pmatrix} 2 \\ 0 \\ -2 \end{pmatrix} = \frac{1}{\sqrt{2}}\begin{pmatrix} 1 \\ 0 \\ -1 \end{pmatrix}.$$

Als nächstes berechnen wir

$$\boldsymbol{w}_2 = \boldsymbol{b}_2 - (\boldsymbol{b}_2 \cdot \boldsymbol{a}_1)\boldsymbol{a}_1 = \begin{pmatrix} 0 \\ -1 \\ 2 \end{pmatrix} - \frac{1}{2}(-2)\begin{pmatrix} 1 \\ 0 \\ -1 \end{pmatrix} = \begin{pmatrix} 1 \\ -1 \\ 1 \end{pmatrix}$$

und damit

$$\boldsymbol{a}_2 := \frac{1}{\sqrt{3}}\begin{pmatrix} 1 \\ -1 \\ 1 \end{pmatrix}.$$

Schließlich bilden wir

$$\begin{aligned} \boldsymbol{w}_3 &= \boldsymbol{b}_3 - (\boldsymbol{b}_3 \cdot \boldsymbol{a}_1)\boldsymbol{a}_1 - (\boldsymbol{b}_3 \cdot \boldsymbol{a}_2)\boldsymbol{a}_2 \\ &= \begin{pmatrix} 1 \\ 3 \\ -2 \end{pmatrix} - \frac{1}{2}(+3)\begin{pmatrix} 1 \\ 0 \\ -1 \end{pmatrix} - \frac{1}{3}(-4)\begin{pmatrix} 1 \\ -1 \\ 1 \end{pmatrix} = \begin{pmatrix} 5/6 \\ 5/3 \\ 5/6 \end{pmatrix} = \frac{5}{6}\begin{pmatrix} 1 \\ 2 \\ 1 \end{pmatrix} \end{aligned}$$

und

$$\boldsymbol{a}_3 := \frac{1}{\sqrt{6}}\begin{pmatrix} 1 \\ 2 \\ 1 \end{pmatrix}.$$

Diese Vektoren $\boldsymbol{a}_1, \boldsymbol{a}_2, \boldsymbol{a}_3$ sind nicht die einzig möglichen Lösungen. Es könnten jeweils auch ihre Negativen gewählt werden, sodass insgesamt sechs verschiedene Systeme möglich sind.

L8.1 **a)** Es ist

$$\boldsymbol{a}^0 = \frac{1}{\sqrt{6}}\begin{pmatrix} 1 \\ 2 \\ -1 \end{pmatrix}, \ \boldsymbol{b}^0 = \frac{1}{\sqrt{10}}\begin{pmatrix} 0 \\ 3 \\ 1 \end{pmatrix}, \ \boldsymbol{c}^0 = \frac{1}{\sqrt{3}}\begin{pmatrix} 1 \\ 1 \\ 1 \end{pmatrix}, \ \boldsymbol{d}^0 = \frac{1}{\sqrt{2}}\begin{pmatrix} -1 \\ 0 \\ -1 \end{pmatrix}.$$

b) Die Winkel ergeben sich aus den Skalarprodukten:

$$\cos \angle(\boldsymbol{a}, \boldsymbol{b}) = \boldsymbol{a}^0 \cdot \boldsymbol{b}^0 = \frac{5}{2\sqrt{15}}, \quad \text{d. h.} \quad \angle(\boldsymbol{a}, \boldsymbol{b}) \approx 49{,}8^\circ$$
$$\cos \angle(\boldsymbol{c}, \boldsymbol{d}) = \boldsymbol{c}^0 \cdot \boldsymbol{d}^0 = -\frac{2}{\sqrt{6}}, \quad \text{d. h.} \quad \angle(\boldsymbol{c}, \boldsymbol{d}) \approx 144{,}7^\circ$$
$$\cos \angle(\boldsymbol{a}, \boldsymbol{d}) = \boldsymbol{a}^0 \cdot \boldsymbol{d}^0 = 0, \quad \text{d. h.} \quad \angle(\boldsymbol{a}, \boldsymbol{d}) = 90^\circ.$$

Die kanonischen Basisvektoren sind wechselseitig orthogonal zueinander, d. h., sie schließen Winkel von 90° ein.

c) Es ist

$$\boldsymbol{a}_{\|} = (\boldsymbol{a} \cdot \boldsymbol{b}^0)\boldsymbol{b}^0 = \frac{1}{2}\begin{pmatrix} 0 \\ 3 \\ 1 \end{pmatrix} \quad \text{und} \quad \boldsymbol{a}_{\perp} = \boldsymbol{a} - \boldsymbol{a}_{\|} = \frac{1}{2}\begin{pmatrix} 2 \\ 1 \\ -3 \end{pmatrix}.$$

Die Projektionen eines Vektors auf die Koordinatenachsen entsprechen seinen Komponenten, d. h., $\boldsymbol{a}$ besitzt die Projektionen 1, 2, -1 auf die x-Achse, y-Achse bzw. z-Achse.

L8.2 **a)** Ein Normalenvektor $\boldsymbol{n} = (1, -2, 1)$ der Ebene lässt sich ablesen. Als Vektor $\boldsymbol{d}$ ist ein beliebiger Punkt der Ebene geeignet. Beispielsweise erfüllt $(0, 2, 0)$ die Ebenengleichung, sodass wir insgesamt

$$\begin{pmatrix} 1 \\ -2 \\ 1 \end{pmatrix} \cdot \left(\boldsymbol{x} - \begin{pmatrix} 0 \\ 2 \\ 0 \end{pmatrix}\right) = 0$$

als Normalengleichung angeben können.

b) Der Vektor $\boldsymbol{d}$ kann ebenso als Stützvektor der Punktrichtungsform verwendet werden, wir wählen also $\boldsymbol{a} = \boldsymbol{d}$. Die Richtungsvektoren $\boldsymbol{b}$ und $\boldsymbol{c}$ müssen senkrecht zum Normalenvektor und linear unabhängig sein: Das ist z. B. für $\boldsymbol{b} = (2, 1, 0)$ und $\boldsymbol{c} = (1, 0, -1)$ der Fall, d. h., wir haben

$$\boldsymbol{x} = \begin{pmatrix} 0 \\ 2 \\ 0 \end{pmatrix} + s\begin{pmatrix} 2 \\ 1 \\ 0 \end{pmatrix} + u\begin{pmatrix} 1 \\ 0 \\ -1 \end{pmatrix}.$$

c) Dass der Punkt $(1, 1, -3)$ in der Ebene liegt, erkennt man mit der Koordinatengleichung sofort. Die zugehörigen Parameterwerte s und u ergeben sich aus dem Gleichungssystem

$$\begin{pmatrix} 1 \\ 1 \\ -3 \end{pmatrix} = \begin{pmatrix} 0 \\ 2 \\ 0 \end{pmatrix} + s\begin{pmatrix} 2 \\ 1 \\ 0 \end{pmatrix} + t\begin{pmatrix} 1 \\ 0 \\ -1 \end{pmatrix}, \quad \text{d. h.} \quad \begin{array}{cc|c} 2 & 1 & 1 \\ 1 & 0 & -1 \\ 0 & -1 & -3 \end{array}.$$

Aus der zweiten Gleichung folgt $s = -1$ und aus der dritten $u = 3$ (und die erste Gleichung ist ebenso erfüllt).

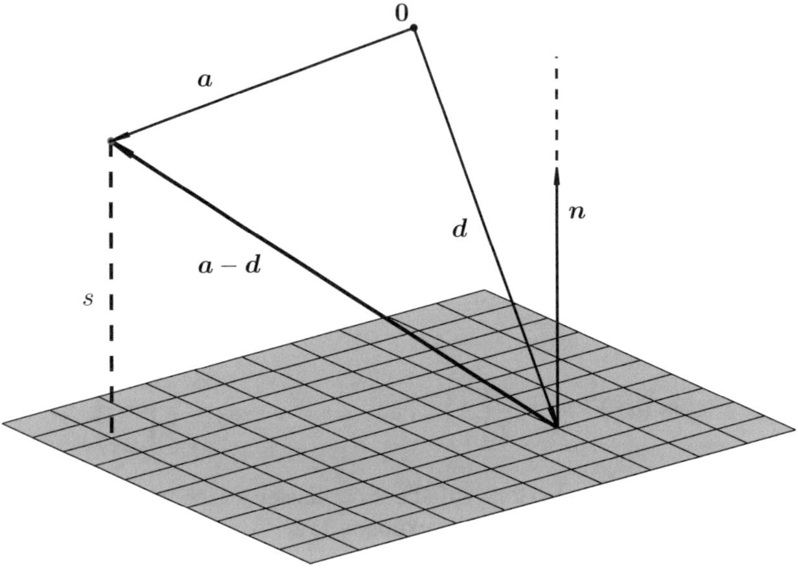

Abb. 9.2 Der „gerichtete" Abstand s eines Punkts $\boldsymbol{a}$ von einer Ebene mit dem Stützvektor $\boldsymbol{d}$ entspricht der Projektion des Vektors $\boldsymbol{a} - \boldsymbol{d}$ auf die Normalenrichtung der Ebene

L8.3 Ja, das stimmt. Um das zu sehen, ermitteln wir den Abstand eines Punkts $\boldsymbol{a}$ von einer Ebene mit dem Normalenvektor $\boldsymbol{n}$ und dem Stützvektor $\boldsymbol{d}$: Er entspricht der Projektion des Vektors $\boldsymbol{a} - \boldsymbol{d}$ auf die Richtung von $\boldsymbol{n}$, siehe Abb. 9.2, d. h., wir haben

$$s = (\boldsymbol{a} - \boldsymbol{d}) \cdot \frac{\boldsymbol{n}}{|\boldsymbol{n}|} = (\boldsymbol{a} - \boldsymbol{d}) \cdot \boldsymbol{n}^0$$

zu berechnen. Die Hesse-Normalenform der Ebene lautet nun aber

$$\boldsymbol{n}^0 \cdot (\boldsymbol{x} - \boldsymbol{d}) = \boldsymbol{n}^0 \cdot \boldsymbol{x} - c_0 = 0,$$

sodass sich s tatsächlich „durch Einsetzen von $\boldsymbol{a}$ in die Hesse-Normalenform" ergibt. Die Projektion s ist positiv, wenn $\boldsymbol{a} - \boldsymbol{d}$ und $\boldsymbol{n}^0$ in dieselbe Richtung zeigen, und andernfalls ist sie negativ.

L8.4 Wir verwenden das Vektorprodukt, indem wir die Vektoren um eine dritte Komponente 0 ergänzen: Es ist

$$\begin{pmatrix} 4 \\ 2 \\ 0 \end{pmatrix} \times \begin{pmatrix} 1 \\ -5 \\ 0 \end{pmatrix} = \begin{pmatrix} 0 \\ 0 \\ -22 \end{pmatrix},$$

gleichbedeutend mit einem Flächeninhalt von 22.

L8.5 **a)** Zur Ermittlung des Durchschnitts wollen wir die Koordinatengleichungen der Ebenen verwenden. Zunächst zur Ebene E_1: Zur Ermittlung eines Normalenvektors bilden wir das Kreuzprodukt

$$\begin{pmatrix} 3 \\ 2 \\ -1 \end{pmatrix} \times \begin{pmatrix} 3 \\ 2 \\ 1 \end{pmatrix} = \begin{pmatrix} 4 \\ -6 \\ 0 \end{pmatrix}$$

und wir verwenden $\boldsymbol{n}_1 := (2, -3, 0)$. Damit haben wir

$$\begin{pmatrix} 2 \\ -3 \\ 0 \end{pmatrix} \cdot \begin{pmatrix} x \\ y \\ z \end{pmatrix} = 2x - 3y = \begin{pmatrix} 2 \\ -3 \\ 0 \end{pmatrix} \cdot \begin{pmatrix} -1 \\ 2 \\ 1 \end{pmatrix} = -8$$

als Koordinatengleichung. Analog für E_2:

$$\begin{pmatrix} 0 \\ 0 \\ 2 \end{pmatrix} \times \begin{pmatrix} 4 \\ -2 \\ 0 \end{pmatrix} = \begin{pmatrix} 4 \\ 8 \\ 0 \end{pmatrix}$$

und wir wählen $\boldsymbol{n}_2 := (1, 2, 0)$ und erhalten

$$\begin{pmatrix} 1 \\ 2 \\ 0 \end{pmatrix} \cdot \begin{pmatrix} x \\ y \\ z \end{pmatrix} = x + 2y = \begin{pmatrix} 1 \\ 2 \\ 0 \end{pmatrix} \cdot \begin{pmatrix} 2 \\ -2 \\ 0 \end{pmatrix} = -2.$$

Der Durchschnitt der beiden Ebenen entspricht der Lösungsmenge des Gleichungssystems

$$\left.\begin{matrix} 2 & 3 & 0 \\ 1 & 2 & 0 \end{matrix}\,\right|\begin{matrix} -8 \\ -2 \end{matrix} \quad \Leftrightarrow \quad \left.\begin{matrix} 1 & 2 & 0 \\ 2 & 3 & 0 \end{matrix}\,\right|\begin{matrix} -2 \\ -8 \end{matrix} \quad \Leftrightarrow \quad \left.\begin{matrix} 1 & 2 & 0 \\ 0 & -1 & 0 \end{matrix}\,\right|\begin{matrix} -2 \\ -4 \end{matrix},$$

d. h., wir haben $y = 4$, $x = -2y - 2 = -10$, $z \in \mathbb{R}$ oder mit

$$\mathbb{L} = \left\{ \begin{pmatrix} -10 \\ 4 \\ z \end{pmatrix} \,\middle|\, z \in \mathbb{R} \right\} = \left\{ \begin{pmatrix} -10 \\ 4 \\ 0 \end{pmatrix} + s \begin{pmatrix} 0 \\ 0 \\ 1 \end{pmatrix} \,\middle|\, s \in \mathbb{R} \right\}$$

die Punktrichtungsform der Lösungsgerade.

b) Wir berechnen die Projektion s des Vektors

$$\boldsymbol{a} - \boldsymbol{d}_2 = \begin{pmatrix} -1 \\ 0 \\ 0 \end{pmatrix} - \begin{pmatrix} 2 \\ -2 \\ 0 \end{pmatrix} = \begin{pmatrix} -3 \\ 2 \\ 0 \end{pmatrix}$$

auf die Richtung von $\boldsymbol{n}_2 = (1, 2, 0)$,

$$s = \frac{1}{\sqrt{5}} \begin{pmatrix} 1 \\ 2 \\ 0 \end{pmatrix} \cdot \begin{pmatrix} -3 \\ 2 \\ 0 \end{pmatrix} = \frac{1}{\sqrt{5}},$$

und haben damit den gesuchten Abstand, siehe Abb. 9.2.

L8.6 Die Vektoren $\boldsymbol{a} - \boldsymbol{d}$ und $\boldsymbol{r}$ spannen ein Parallelogramm auf, dessen Flächeninhalt F sich als $|(\boldsymbol{a} - \boldsymbol{d}) \times \boldsymbol{r}|$ berechnen lässt, siehe Abb. 9.3. Unter einer Scherung geht dieses Parallelogramm über in ein Rechteck mit gleichem Flächeninhalt $F = s|\boldsymbol{r}|$, dessen Seitenlänge s dem gesuchten Abstand des Punkts $\boldsymbol{a}$ von der Gerade entspricht. Somit ist

$$s = \frac{F}{|\boldsymbol{r}|} = \frac{|(\boldsymbol{a} - \boldsymbol{d}) \times \boldsymbol{r}|}{|\boldsymbol{r}|}.$$

L8.7 Wir ermitteln einen Normalenvektor der Ebene E: Es ist

$$\boldsymbol{b} \times \boldsymbol{c} = \begin{pmatrix} 1 \\ 0 \\ -1 \end{pmatrix} \times \begin{pmatrix} 2 \\ -2 \\ 0 \end{pmatrix} = \begin{pmatrix} -2 \\ -2 \\ -2 \end{pmatrix}$$

und wir wählen $\boldsymbol{n} := (1, 1, 1)$. Die Gerade g ist parallel zur Ebene E, wenn ihr Richtungsvektor $\boldsymbol{d}$ orthogonal zu $\boldsymbol{n}$ ist, und tatsächlich ist $\boldsymbol{d} \cdot \boldsymbol{n} = 0$.

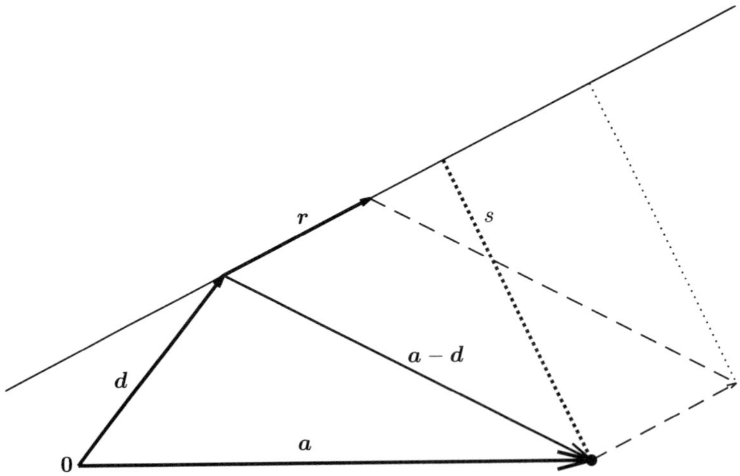

Abb. 9.3 Der Abstand s eines Punkts $\boldsymbol{a}$ von einer Gerade mit dem Stützvektor $\boldsymbol{d}$ und dem Richtungsvektor $\boldsymbol{r}$ entspricht der Höhe des Rechtecks mit der Basis $|\boldsymbol{r}|$, das denselben Flächeninhalt wie das durch die Vektoren $\boldsymbol{a} - \boldsymbol{d}$ und $\boldsymbol{r}$ aufgespannte Parallelogramm besitzt

Für den Abstand betrachten wir einen „Verbindungsvektor“ zwischen Ebene und Gerade, beispielsweise den Vektor

$$\boldsymbol{s} := \boldsymbol{a} - \boldsymbol{c} = \begin{pmatrix} 1 \\ 1 \\ 0 \end{pmatrix} - \begin{pmatrix} 2 \\ -2 \\ 0 \end{pmatrix} = \begin{pmatrix} -1 \\ 3 \\ 0 \end{pmatrix}.$$

Seine Projektion auf die Normalenrichtung $\boldsymbol{n}$ ergibt den gesuchten Abstand:

$$\boldsymbol{n}^0 \cdot \boldsymbol{s} = \frac{1}{\sqrt{3}} \begin{pmatrix} 1 \\ 1 \\ 1 \end{pmatrix} \cdot \begin{pmatrix} -1 \\ 3 \\ 0 \end{pmatrix} = \frac{2}{\sqrt{3}}.$$

L8.8

(I) Falsch. Eine orthogonale Matrix muss normierte Spaltenvektoren besitzen. Die Vektoren einer Orthogonalbasis sind aber i. Allg. nicht normiert.

(II) Richtig. Für die 3×3-Matrix B ist

$$\det B = \det(A/\sqrt[3]{c}) = \left(1/\sqrt[3]{c}\right)^3 \det A = (1/c)c = 1.$$

(III) Falsch. Eine Drehmatrix muss orthogonal sein und das ist bei der Matrix B ebenso wie bei A i. Allg. nicht der Fall. Sehen wir uns ein Beispiel an: Die Matrix

$$A = \begin{pmatrix} 4 & 0 & 0 \\ 0 & 1 & -1 \\ 0 & 1 & 1 \end{pmatrix}$$

ist eine Matrix mit wechselseitig orthogonalen Spaltenvektoren. Ihre Determinante ist 8. Die Matrix $B = A/\sqrt[3]{8} = A/2$, also die Matrix

$$B = \begin{pmatrix} 2 & 0 & 0 \\ 0 & 1/2 & -1/2 \\ 0 & 1/2 & 1/2 \end{pmatrix}$$

besitzt zwar die Determinante 1, ist aber offenbar weiterhin keine orthogonale Matrix.

L8.9 Wir prüfen, ob gilt $\boldsymbol{b}_2 \times \boldsymbol{b}_3 = \boldsymbol{b}_1$ (natürlich kann man ebenso $\boldsymbol{b}_1 \times \boldsymbol{b}_2 = \boldsymbol{b}_3$ prüfen, aber $\boldsymbol{b}_2 \times \boldsymbol{b}_3$ ist vermutlich leichter zu rechnen als $\boldsymbol{b}_1 \times \boldsymbol{b}_2$): Tatsächlich ist

$$\boldsymbol{b}_2 \times \boldsymbol{b}_3 = \begin{pmatrix} \sin\phi \\ \cos\phi\cos\theta \\ -\cos\phi\sin\theta \end{pmatrix} \times \begin{pmatrix} 0 \\ \sin\theta \\ \cos\theta \end{pmatrix} = \begin{pmatrix} \cos\phi \\ -\sin\phi\cos\theta \\ \sin\phi\sin\theta \end{pmatrix}.$$

Dabei reicht es aus, nur die erste Komponente des Ergebnisvektors zu ermitteln. Ergibt sich tatsächlich $+\cos\phi$, ist die Orthonormalbasis rechtshändig, ergäbe sich $-\cos\phi$, wäre sie linkshändig.

L8.10

(I) Richtig. Eine Drehung um 180° entspricht einer Punktspiegelung am Ursprung.

(II) Falsch. Eine Spiegelung im $\mathbb{R}^3$ besitzt die Determinante -1. Jede Umkehrabbildung muss dann ebenso die Determinante -1 besitzen, was mit Drehungen grundsätzlich nicht erreicht werden kann.

(III) Richtig. Sofern man von dem trivialen Fall des Drehwinkels 0 absieht, wird jeder Vektor verändert, eben gedreht.

(IV) Falsch. Die Vektoren, die auf der Drehachse liegen, bleiben bei einer Drehung unverändert.

Stichwortverzeichnis

J. Balla, *Lineare Algebra*, https://doi.org/10.1007/978-3-662-67667-7

Printed in the United States
by Baker & Taylor Publisher Services